高职高专教育"十二五"规划教材·公共基础类

应用高等数学

（第2版）

主　编　冯兰军　赵国瑞

副主编　何月俏　崔庆岳

参　编　王晓峰　赵彩月

北京邮电大学出版社
www.buptpress.com

内 容 简 介

本书根据教育部制定的"高职高专教育高等数学教学基本要求",结合编者多年教学经验,按照"以应用为目的,以必需够用为度"的原则编写而成。

全书共分 6 章,整体结构合理,语言叙述通俗。主要内容包括函数、极限与连续、导数与微分、导数的应用、不定积分、定积分及其应用、二元微积分初步。书后附有微积分发展简史、初等数学常用公式和习题答案。

本书既可作为高等职业院校、高等专科学校、成人高等院校工科类各专业高等数学课程教材,也可供准备参加广东省本科插班生考试的考生作为参考教材。

图书在版编目(CIP)数据

应用高等数学 / 冯兰军,赵国瑞主编 . --2 版 . -- 北京:北京邮电大学出版社,2015.9(2018.3 重印)

ISBN 978-7-5635-4514-8

Ⅰ.①应… Ⅱ.①冯… ②赵… Ⅲ.①高等数学－高等职业教育－教材 Ⅳ.①O13

中国版本图书馆 CIP 数据核字(2015)第 204572 号

书 名:	应用高等数学(第 2 版)	
著作责任者:	冯兰军 赵国瑞 主编	
责 任 编 辑:	满志文	
出 版 发 行:	北京邮电大学出版社	
社 址:	北京市海淀区西土城路 10 号(邮编:100876)	
发 行 部:	电话:010-62282185 传真:010-62283578	
E-mail:	publish@bupt.edu.cn	
经 销:	各地新华书店	
印 刷:	北京九州迅驰传媒文化有限公司	
开 本:	787 mm×1 092 mm 1/16	
印 张:	16.5(含习题集)	
字 数:	403 千字(含习题集)	
版 次:	2015 年 9 月第 2 版 2018 年 3 月第 5 次印刷	

ISBN 978-7-5635-4514-8 定 价:36.80 元

前　　言

本教材是根据教育部最新制定的"高职高专教育高等数学教学基本要求",结合编者多年的教学经验,及每年 4 000 人的学生教学情况,"以应用为目的,以必需够用为度"的原则编写而成的。本教材具有结构严谨,逻辑清晰,讲解透彻,通俗易懂,便于自学等优点,可作为高等专科学校、成人高等院校工科类各专业高等数学课程教材,也可作为参加广东省本科插班生考试的考生参考教材。

本教材具有以下特色:

(1) 内容简练,语言通俗。本教材本着够用为度的原则,留下最急需的知识,摒弃了大量的理论证明;对数学概念、定理大多采用学生容易理解、容易记住的方式进行叙述。例如,极限概念用描述性定义学生更容易接受;分部积分公式中 u 的确定使用口诀"五指山上觅对象——反常",学生更容易记住。

(2) 习题配置合理,便于精讲多练。在各章节的编写过程中,每个知识点后面都编排了针对性很强的课堂练习,方便教师的教学和学生的学习,使学生能趁热打铁,迅速消化吸收新知识;每节后面还编排了大量的课后练习,方便学生复习巩固本节内容。

(3) 以人为本,合理分层。我们把教学内容分为基本内容、一般内容和提高内容三个层次,基本内容、一般内容放在一块编排,提高内容作为选学内容,可根据专业及学生的实际情况灵活掌握;课后练习也作了相应编排,分为基本题、一般题、提高题三部分,基本题和一般题是要求大多数学生应该掌握的,提高题则留给数学基础较好的学生选做。

(4) 注重学生的可持续发展,对于学有余力、有心参加专插本考试的学生,我们在每章的最后开辟了历年真题部分,有助于大家的学习。

(5) 本书附赠习题集,便于学生练习使用,也便于教师测验使用。

教材使用方面,讲授学时约为 76 学时,第 1～5 章为一元函数微积分,第 6 章为二元函数微积分,第 7 章为常微分方程(可根据学时情况选讲)。

本教材由广州城建职业学院人文学院数学教研室老师参与编写,冯兰军、赵国瑞任主编,何月俏、崔庆岳任副主编,广州司法职业学校的王晓峰、赵彩月参与部分章节的编写。

由于编者水平有限,不足之处在所难免,恳请广大的教师和读者提出宝贵的意见。

最后在此感谢各位编辑辛勤的后期工作!

编　者

目　　录

第1章 函数、极限与连续

函数描述了客观世界中量与量之间的依赖关系,它是高等数学重要的基本概念之一,也是高等数学研究的主要对象。极限概念是在研究变量在某一过程中的变化趋势时引出的,高等数学中的几个重要概念,如连续、导数、定积分等,都是用极限来定义的,掌握好极限理论和方法是学好微积分的必要前提。本章我们主要对函数进行复习和作一些有关的补充,并详细介绍数列与函数极限的概念,求极限的方法及函数的连续性。

1.1 函 数

1.1.1 预备知识

1. 集合

具有某种属性的元素 x 的全体称为一个集合,记为 A,x 称为集合的元素,记 $A=\{x\mid x$ 所具有的特征$\}$。

例如,由不等式 $4<x<8$ 表示的实数集合记为 $A=\{x\mid 4<x<8\}$。

集合也可以用其他大写的英文字母表示。如果 x 是集合 A 中的元素,记为 $x\in A$。否则,记为 $x\notin A$。

由全体实数构成的集合记为 $\mathbf{R}$,由自然数构成的集合记为 $\mathbf{N}$,整数集合记为 $\mathbf{Z}$,有理数集合记为 $\mathbf{Q}$,无理数集合记为 $\mathbf{W}$。显然,$\mathbf{N}$、$\mathbf{Z}$、$\mathbf{Q}$、$\mathbf{W}$ 都包含于 $\mathbf{R}$ 内,故它们分别为 $\mathbf{R}$ 的子集。

2. 区间

设 a,b 均为实数,且 $a<b$,则称 $\{x\mid a<x<b\}$ 表示的实数 x 的集合为开区间,记为 (a,b)。即 $(a,b)=\{x\mid a<x<b\}$。

类似地,称 $[a,b]=\{x\mid a\leqslant x\leqslant b\}$ 为闭区间;$(a,b]=\{x\mid a<x\leqslant b\}$ 以 及 $[a,b)=\{x\mid a\leqslant x<b\}$ 为半开半闭区间。

以上区间为有限区间,a 与 b 分别称为区间的端点,右端点与左端点的差称为区间的长度。在讨论问题时,为方便起见也常用 I 表示上述各区间。

引入无穷大的记号 ∞,则以下各区间为无限区间:

$(a,+\infty)=\{x\mid a<x<+\infty\}=\{x\mid x>a\}$,$[a,+\infty)=\{x\mid a\leqslant x<+\infty\}=\{x\mid x\geqslant a\}$;

$(-\infty,b)=\{x\mid -\infty<x<b\}=\{x\mid x<b\}$,$(-\infty,b]=\{x\mid -\infty<x\leqslant b\}=\{x\mid x\leqslant b\}$;

$(-\infty,+\infty)=\{x\mid -\infty<x<+\infty\}=\{x\mid x\in\mathbf{R}\}$,即表示全体实数的集合。

应当注意的是,∞ 是一个记号,并不表示一个很大的数,且不能参与运算。

有了区间的概念之后,不等式或不等式组的解常用区间来表示。

3. 邻域

设 $\delta > 0$,x_0 是一个实数,称集合

$$\{x \mid |x - x_0| < \delta\}$$

为点 x_0 的 δ 邻域,记为 $U(x_0, \delta)$,即 $U(x_0, \delta) = \{x \mid |x - x_0| < \delta\}$。其中,$x_0$ 为邻域的中心,δ 为邻域的半径。

在数轴上,点 x_0 的 δ 邻域表示以点 x_0 为中心,长度为 2δ 的开区间 $(x_0 - \delta, x_0 + \delta)$。

如果 x 在 x_0 的 δ 邻域内变化但不能取 x_0,即 x 满足不等式 $0 < |x - x_0| < \delta$,则称此邻域为点 x_0 的去心邻域,记为 $\mathring{U}(x_0, \delta)$,即 $\mathring{U}(x_0, \delta) = \{x \mid 0 < |x - x_0| < \delta\}$,相应地,称 $U(x_0, \delta)$ 为点 x_0 的有心邻域。

例如,3 的 0.01 邻域,就是满足不等式 $|x - 3| < 0.01$ 的实数 x 的集合,即 $2.99 < x < 3.01$,也就是开区间 $(2.99, 3.01)$。

又如,满足不等式 $0 < |x + 2| < 0.01$ 的实数 x 的集合,就表示点 -2 的去心邻域,半径也是 0.01。该邻域即开区间 $(-2.01, -2) \cup (-2, -1.99)$。

其中符号 $\cup$ 是集合运算的一种符号,表示两个集合的并集,即 $A \cup B = \{x \mid x \in A$ 或 $x \in B\}$。

 练一练

用区间表示下列各邻域:

(1) $U(1, 0.1)$;　　(2) 点 3 的 0.001 邻域;　　(3) 点 -3 的 0.002 去心邻域。

1.1.2　函数的概念

1. 函数的定义

在我们的周围,变化无处不在,无时不有。在同一个自然现象或技术过程中,往往同时存在着几个变量,这些变量不是彼此孤立的,而是按照一定的规律相互联系着,其中一个量变化时,另外的变量也跟着变化;前者的值一旦确定,后者的值也就随之唯一确定。我们先观察下面的实例。

例1　某种机器的销售单价为每台 5 万元,销售总收入 R 万元与销售量 x 台的关系为:

$$R = 5x$$

x 在正整数内任取一个具体数值,根据上面的依赖关系,就得到一个确定的 R 值与之对应。

例2　某天一昼夜的气温 T 是随时间 t 的变化而变化的。气温的变化可以通过气温自动记录仪记录下来。如图 1-1 所示,利用气温自动记录仪我们得到一条曲线,对这一天 00:00～24:00 之间任一时刻 t_0,气温 T 都有一个确定的值 T_0 与它对应,如当 $t = 0$ 时,气温 $T = 10\ ℃$;当 $t = 12$ 时,气温 $T = 30\ ℃$。

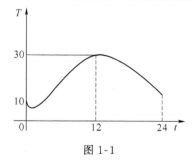

图 1-1

例 3　某人的父母每年在他生日的那天记录下他的身高，表 1-1 是他从 1 周岁到 10 周岁的身高。

表 1-1　某人的身高

年龄/岁	1	2	3	4	5	6	7	8	9	10
身高/m	0.77	0.90	0.97	1.04	1.14	1.21	1.26	1.32	1.37	1.43

由该表可知这个人的身高随着年龄的增长而增高，例如，想要知道他 6 岁时的身高，只要查表就知道为 1.21 m。

现实世界中广泛存在着的变量间的相依关系，这正是函数关系的客观背景。将变量间的这种相依关系抽象化并用数学语言表达出来，便得到了函数的概念。

定义 1　设 x 和 y 为两个变量，D 为一个给定的非空数集，如果按照某个法则 f，对每一个 $x\in D$，变量 y 总有唯一确定的数值与之对应，那么 y 称为 x 的函数，记作 $y=f(x)$，$x\in D$。其中变量 x 称为自变量，变量 y 称为函数或因变量，自变量的取值范围 D 称为函数的定义域。f 是函数符号，它表示 y 与 x 的对应规则。有时，函数符号也可以用其他字母来表示，如 $y=g(x)$，$y=\varphi(x)$ 等。

当 x 取数值 $x_0\in D$ 时，依法则 f 的对应值称为函数 $y=f(x)$ 在 $x=x_0$ 时的函数值，记作 $f(x_0)$ 或 $y\big|_{x=x_0}$。只有 $x_0\in D$ 时，才有对应的函数值，这时称函数 $y=f(x)$ 在 x_0 有定义，否则称函数 $f(x)$ 在 x_0 无定义。所有函数值组成的集合 $W=\{y\mid y=f(x),x\in D\}$ 称为函数 $y=f(x)$ 的值域。

关于函数概念，我们提出以下几点注释：

（1）函数的概念中涉及定义域、对应法则和值域三个要素。在这三个要素中，最重要的是定义域和因变量关于自变量的对应法则，这两者常称为函数的二要素。只有定义域与对应法则都相同的两个函数才是相同的函数。

（2）每个函数除定义域外，还有值域，它们随着函数的出现而出现，因此它们不可能是空集。

（3）上述定义中所说的函数只有一个自变量，这样的函数就称为一元函数。且对于自变量 x 在定义域 D 中的每一个值，因变量 y 有唯一确定的值与之对应（而不是两个或两个以上值），故称这样的函数为单值函数，如果对于自变量 x 在定义域 D 中的每一个值，因变量 y 的对应值不止一个，则称 y 是 x 的多值函数。在没有特别声明的情况下，以后凡提及的函数，均指一元单值函数。

（4）在函数的定义中，并没有要求自变量变化时函数值一定要变，只要求对于自变量 $x\in D$，都有确定的 $y\in W$ 和它对应。因此，常量 $y=C$ 也符合函数的定义，因为当 $x\in\mathbf{R}$ 时，所对应的 y 值都是确定的常数 C。

例 4　设 $f(x)=\dfrac{1}{x}\sin\dfrac{1}{x}$，求 $f\left(\dfrac{2}{\pi}\right)$，$f(x+1)$。

解　$f\left(\dfrac{2}{\pi}\right)=\dfrac{\pi}{2}\sin\dfrac{\pi}{2}=\dfrac{\pi}{2}$；　$f(x+1)=\dfrac{1}{x+1}\sin\dfrac{1}{x+1}$。

例 5　设 $f(x+1)=x^2-3x$，求 $f(x)$。

解　令 $x+1=t$，则 $x=t-1$，有　$f(t)=(t-1)^2-3(t-1)=t^2-5t+4$，

所以 $f(x)=x^2-5x+4$

例 6　求下列函数的定义域。

（1）$y=\dfrac{1}{(x-1)(x+4)}$。

分析 因为是分式,所以要求分母不等于零。

解 $(x-1)(x+4)\neq 0$,定义域为 $x\neq 1$,且 $x\neq -4$,用区间表示,即 $D=(-\infty,-4)\cup(-4,1)\cup(1,+\infty)$。

(2) $y=\sqrt{3-x}$。

分析 因为是二次根式,所以要求被开方数 $3-x$ 必须大于等于零。

解 $3-x\geq 0$,所以定义域为 $x\leq 3$,用区间表示,即 $D=(-\infty,3]$。

(3) $y=\dfrac{1}{x}\ln(x+1)$。

分析 首先有分式,要求分母 x 不等于零,其次有对数,要求真数 $x+1$ 大于零,所以,定义域是两者的公共部分。

解 由 $\begin{cases} x\neq 0, \\ x+1>0, \end{cases}$ 解得 $\begin{cases} x\neq 0, \\ x>-1。 \end{cases}$

所以定义域为 $x>-1$ 且 $x\neq 0$,用区间表示,即 $D=(-1,0)\cup(0,+\infty)$。

应当指出,在实际应用问题中,除了要根据解析式子本身来确定自变量的取值范围外,还要考虑到变量的实际意义,一般而言,经济变量往往取正值,即变量都大于 0。

例 7 下列各对函数是否为同一函数。

(1) $f(x)=x,g(x)=\sqrt{x^2}$;　　　　(2) $f(x)=\sin^2 x+\cos^2 x,g(x)=1$;

(3) $y=f(x),u=f(t)$;　　　　(4) $f(x)=\dfrac{x}{x},g(x)=1$。

解 (1) 不相同。因为对应法则不同,事实上 $g(x)=|x|$。

(2) 相同。因为定义域与对应法则都相同。

(3) $y=f(x)$ 与 $u=f(t)$ 是表示同一函数,因为对应法则相同,函数的定义域也相同。

(4) 不相同,因为定义域不同。

由此可知一个函数由定义域与对应法则完全确定,而与用什么字母表示无关。

2. 函数的表示法

表示函数的方法有许多,最常见的有表格法、图像法及解析法(又称公式法)。

(1) 表格法:把自变量的一系列数值与对应的函数值列成表来表示它们的对应关系,如例 3。

(2) 图像法:用一条平面曲线表示自变量与函数的对应关系,它是函数关系的几何表示,如例 2。

(3) 解析法:用数学式子表示自变量与函数的对应关系,如例 1。

3. 分段函数

有时,我们会遇到一个函数在自变量不同的取值范围内用不同的式子来表示。

例 8 邮电局规定信函邮包重量不超过 50 克支付邮资 0.80 元,超过部分按 0.40 元/克支付邮资,信函邮包重量不得超过 5 000 克,则邮资 y(单位:元)与邮包重量 x(单位:克)的关系可由解析表达式表示为

$$y=\begin{cases} 0.80, & 0<x\leq 50, \\ 0.80+0.40(x-50), & 50<x\leq 5\,000。 \end{cases}$$

该函数的定义域为 $(0,5\,000]$,但它在定义域内不同的区间上是用不同的解析式来表示的,这样的函数称为分段函数。如下面几个特殊函数。

绝对值函数 $y=|x|=\begin{cases} x, & x\geq 0, \\ -x, & x<0。 \end{cases}$(图 1-2)与符号函数 $y=\operatorname{sgn} x=\begin{cases} -1, & x<0, \\ 0, & x=0, \\ 1, & x>0。 \end{cases}$(图 1-3)

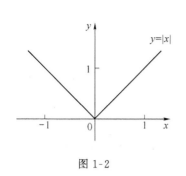

图 1-2

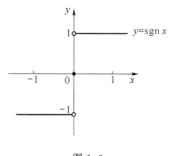

图 1-3

注意：分段函数是由几个关系式合起来表示一个函数，而不是几个函数。对于自变量 x 在定义域内的某个值，分段函数 y 只能确定唯一的值。分段函数的定义域是各段自变量取值集合的并集。

例 9　作出分段函数 $f(x)=\begin{cases}2, & x>2, \\ 2x-1, & 0<x\leqslant2, \text{的} \\ x^2-1, & x\leqslant0\end{cases}$

图像，并求函数的定义域及 $f\left(\dfrac{1}{2}\right)$、$f(-2)$、$f(2)$。

解　先分段作出分段函数的图像（图 1-4），函数 $f(x)$ 的定义域为 $(-\infty,+\infty)$。

因 $\dfrac{1}{2}\in(0,2]$，

故 $f\left(\dfrac{1}{2}\right)=2\times\dfrac{1}{2}-1=0$。

因 $-2\in(-\infty,0]$，

故 $f(-2)=(-2)^2-1=3$。

因 $2\in(0,2]$，

所以 $f(2)=3$。

图 1-4

 练一练

1. 求下列函数的定义域：

(1) $y=\dfrac{1}{\sqrt{2x-3}}$；　　　(2) $y=\dfrac{1}{x}+\ln(x^2-4)$；　　　(3) $y=\arcsin\dfrac{x-1}{3}$。

2. 设函数 $f(x)=\begin{cases}x+1, & x\leqslant0, \\ x^2-2, & x>0,\end{cases}$ 求 $f(0)$，$f(-2)$，$f(x-1)$。

1.1.3　函数的几种特性

1. 函数的有界性

定义 2　设函数 $y=f(x)$ 在集合 D 上有定义，如果存在正数 M，对于一切 $x\in D$，都有 $|f(x)|\leqslant M$，则称函数 $f(x)$ 在 D 上是有界的。否则称函数 $f(x)$ 在 D 上是无界的。

函数 $y=f(x)$ 在区间 (a,b) 内有界的几何意义是:曲线 $y=f(x)$ 在区间 (a,b) 内被限制在 $y=-M$ 和 $y=M$ 两条直线之间。

注意:

(1) 一个函数在某区间内有界,正数 M(也称界数)的取法不是唯一的。例如,$y=\sin x$ 在 $(-\infty,+\infty)$ 内是有界的,$|\sin x|\leqslant 1=M$,我们还可以取 $M=2$。

(2) 有界性跟区间有关。例如,$y=\dfrac{1}{x}$ 在区间 $(1,2)$ 内有界,但在区间 $(0,1)$ 内无界。由此可见,笼统地说某个函数是有界函数或无界函数是不确切的,必须指明所考虑的区间。

2. 函数的奇偶性

定义 3 设函数 $y=f(x)$ 的定义域 D 关于原点对称,如果对任意的 $x\in D$,有 $f(-x)=f(x)$,则称 $f(x)$ 为偶函数;若有 $f(-x)=-f(x)$,则称 $f(x)$ 为奇函数。

例如,$y=\cos x$,$y=x^2$ 是偶函数;$y=\sin x$,$y=x^3$ 是奇函数;$y=\sin x+\cos x$ 是非奇非偶函数。可以证明,奇函数的图像关于原点对称,如图 1-5(a)所示;偶函数的图像关于 y 轴对称,如图 1-5(b)所示。

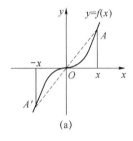 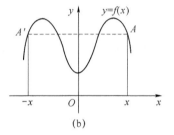

图 1-5

例 10 判断函数 $f(x)=x+\sin x$ 的奇偶性。

解 函数 $f(x)=x+\sin x$ 的定义域是 $(-\infty,+\infty)$,且有 $f(-x)=-x+\sin(-x)=-(x+\sin x)=-f(x)$,所以函数是奇函数。

3. 函数的单调性

定义 4 设函数 $y=f(x)$ 在区间 (a,b) 内有定义,如果对于任意的 $x_1,x_2\in(a,b)$,当 $x_1<x_2$ 时,有 $f(x_1)<f(x_2)$,则称函数 $f(x)$ 在 (a,b) 内单调增加;若 $f(x_1)>f(x_2)$,则称函数 $f(x)$ 在 (a,b) 内单调减少。

单调增加和单调减少的函数,统称为单调函数,相应的区间称为函数的单调区间。

单调增加函数,它的图像沿横轴正向而上升,如图 1-6(a)所示,单调减少函数,它的图像沿横轴正向而下降,如图 1-6(b)所示。

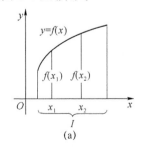 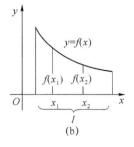

图 1-6

例如，函数 $f(x)=x^2$ 在区间 $[0,+\infty)$ 内是单调增加的，在区间 $(-\infty,0]$ 内是单调减少的；在区间 $(-\infty,+\infty)$ 内函数 $f(x)=x^2$ 不是单调的。又如，函数 $f(x)=x^3$ 在区间 $(-\infty,+\infty)$ 内是单调增加的。

例 11　证明函数 $f(x)=5x-2$ 在区间 $(-\infty,+\infty)$ 内是单调增加的。

证　取任意 $x_1,x_2\in(-\infty,+\infty)$，且 $x_1<x_2$，因 $f(x_1)-f(x_2)=(5x_1-2)-(5x_2-2)=5(x_1-x_2)<0$，即 $f(x_1)<f(x_2)$，故 $f(x)=5x-2$ 在区间 $(-\infty,+\infty)$ 内是单调增加的。

4. 函数的周期性

定义 5　对于函数 $y=f(x)$，如果存在正数 T，使得对于任意 $x\in D$，必有 $x\pm T\in D$，并且使 $f(x)=f(x+T)$ 恒成立，则称此函数 $f(x)$ 为周期函数，T 称为 $f(x)$ 的周期。周期函数的周期通常是指满足该等式的最小正数 T。

例如，$y=\sin x$ 是周期函数，周期为 2π；$y=\tan x$ 的周期为 π。

对周期为 l 的周期函数，如果把其定义域分成长度为 l 的许多区间，那么在每个区间上，函数图形有相同的形状，如图 1-7 所示。

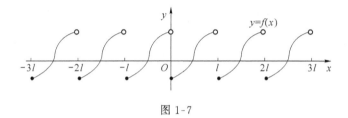

图 1-7

 练一练

1. 判别函数 $y=\dfrac{1}{x}$ 在下列区间内的有界性：

(1) $(-\infty,-2)$；　(2) $(-2,0)$；　(3) $(0,2)$；　(4) $(1,2)$；　(5) $(2,+\infty)$。

2. 判断下列函数的奇偶性。

(1) $y=x^2\cos x$；　　(2) $y=\dfrac{1}{2}(e^x-e^{-x})$；　　(3) $f(x)=\begin{cases}-x, & x<-1,\\ 1, & |x|\leqslant 1,\\ x, & x>1。\end{cases}$

1.1.4　反函数

在函数中，自变量与因变量的地位是相对的，任意一个变量都可根据需要作为自变量。例如，在自由落体运动规律中，t 是自变量，s 是因变量。则有公式 $s=\dfrac{1}{2}gt^2(t\geqslant 0)$，由公式可算出 t 时间内物体下落的路程 s。但有时也需要根据物体所经过的路程 s 来确定经过这段路程所需要的时间 t，这只要从上式中算出 t，就得到 $t=\sqrt{\dfrac{2s}{g}}(s\geqslant 0)$，这里 s 是自变量，t 就是因变量。上面两式反映了同一过程中两个变量之间地位的相对性，我们称它们互为反函数。

定义 6　设 $y=f(x)$ 是定义在 D 上的函数，值域为 W。如果对于任意的 $y\in W$，通过关系

式 $y=f(x)$，都有唯一确定的数值 $x\in D$ 与之对应，那么由此所确定的以 y 为自变量，x 为因变量的新函数称为函数 $y=f(x)$ 的反函数，其对应规律记作 f^{-1}，$y=f(x)$ 的反函数记作 $x=f^{-1}(y)$，它的定义域为 W，值域为 D。原来的函数 $y=f(x)$ 称为直接函数。

事实上，$y=f(x)$ 与 $x=f^{-1}(y)$ 互为反函数。

习惯上用 x 表示自变量，而用 y 表示函数，因此，往往把反函数 $x=f^{-1}(y)$ 改写成 $y=f^{-1}(x)$。

例 12 求函数 $y=2x+1$ 的反函数。

解 由 $y=2x+1$ 得 $x=\dfrac{y-1}{2}$，交换 x 和 y，得 $y=\dfrac{x-1}{2}$，即为 $y=2x+1$ 的反函数。

从上面的定义容易得出，求反函数的过程可以分为两步：

第一步，从 $y=f(x)$ 解出 $x=f^{-1}(y)$；

第二步，交换字母 x 和 y。

注意：(1) 如果一个函数存在反函数，它的对应关系必定是一一对应的。单调函数一定存在反函数。

（2）可以证明，在同一直角坐标系中，函数 $y=f(x)$ 的图像与反函数 $y=f^{-1}(x)$ 的图像关于直线 $y=x$ 对称，如图 1-8 所示。

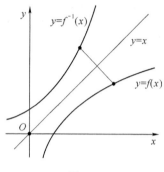

图 1-8

1.1.5 初等函数

1. 基本初等函数

在大量的函数关系中，有几种函数是最常见的、最基本的，它们是常数函数、幂函数、指数函数、对数函数、三角函数以及反三角函数，这几类函数称为基本初等函数。

（1）常数函数 $y=c$

它的定义域是 $(-\infty,+\infty)$，由于无论 x 取何值，都有 $y=c$，所以它的图像是过点 $(0,c)$ 平行于 x 轴的一条直线，如图 1-9 所示，它是偶函数。

（2）幂函数 $y=x^{a}$（a 为实数）

幂函数的情况比较复杂，我们分 $a>0$ 和 $a<0$ 来讨论。当 a 取不同值时，幂函数的定义域不同，为了便于比较，我们只讨论 $x\geqslant0$ 的情形，而 $x<0$ 时的图像可以根据函数的奇偶性确定。

当 $a>0$ 时，函数的图像过原点 $(0,0)$ 和点 $(1,1)$，在 $(0,+\infty)$ 内单调增加且无界，如图 1-10 所示。

当 $a<0$ 时，图像不过原点，但仍过点 $(1,1)$，在 $(0,+\infty)$ 内单调减少、无界，曲线以 x 轴和 y 轴为渐近线。

（3）指数函数 $y=a^{x}$（$a>0,a\neq1$）

它的定义域是 $(-\infty,+\infty)$。由于无论 x 取何值，总有 $a^{x}>0$，且 $a^{0}=1$，所以它的图像全部在 x 轴上方，且通过点 $(0,1)$。也就是说，它的值域是 $(0,+\infty)$。

① 当 $a>1$ 时，函数单调增加且无界，曲线以 x 轴的负半轴为渐近线；

② 当 $0<a<1$ 时，函数单调减少且无界，曲线以 x 轴的正半轴为渐近线，如图 1-11 所示。

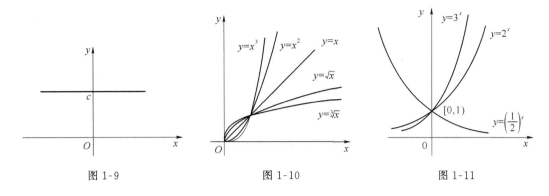

图 1-9　　　　　　　　图 1-10　　　　　　　　图 1-11

（4）对数函数 $y=\log_a x(a>0,a\neq 1)$

它的定义域是 $(0,+\infty)$，图像全部在 y 轴右方，值域是 $(-\infty,+\infty)$。无论 a 取何值，曲线都通过点 $(1,0)$。

① 当 $a>1$ 时，函数单调增加且无界，曲线以 y 轴负半轴为渐近线；

② 当 $0<a<1$ 时，函数单调减少且无界，曲线以 y 轴的正半轴为渐近线，如图 1-12 所示。

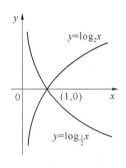

对数函数 $y=\log_a x$ 和指数函数 $y=a^x$ 互为反函数，它们的图像关于 $y=x$ 对称。

以无理数 $e=2.718\,281\,8\cdots$ 为底的对数函数 $y=\log_e x$ 称为自然对数函数，简记作 $y=\ln x$，是微积分中常用的函数。

（5）三角函数

三角函数包括下面六个函数：正弦函数 $y=\sin x$，余弦函数 $y=\cos x$，正切函数 $y=\tan x$，余切函数 $y=\cot x$，正割函数 $y=\sec x$，余割函数 $y=\csc x$。

图 1-12

注：① 在微积分中，三角函数的自变量 x 采用弧度制，而不用角度制。例如我们用 $\sin\dfrac{\pi}{6}$ 而不用 $\sin 30°$，$\sin 1$ 表示 1 弧度角的正弦值。

② 角度与弧度之间可以用公式 π 弧度 $=180°$ 来换算。

函数 $y=\sin x$ 的定义域为 $(-\infty,+\infty)$，值域为 $[-1,1]$，奇函数，以 2π 为周期，有界，如图 1-13 所示。

函数 $y=\cos x$ 的定义域为 $(-\infty,+\infty)$，值域为 $[-1,1]$，偶函数，以 2π 为周期，有界，如图 1-14 所示。

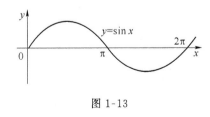

图 1-13

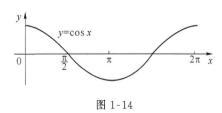

图 1-14

函数 $y=\tan x$ 的定义域为 $x\neq k\pi+\dfrac{\pi}{2}(k=0,\pm 1,\pm 2,\cdots)$，值域为 $(-\infty,+\infty)$，奇函数，以 π 为

周期,在每一个周期内单调增加,以直线 $x=k\pi+\dfrac{\pi}{2}(k=0,\pm1,\pm2,\cdots)$ 为渐近线,如图 1-15 所示。

函数 $y=\cot x$ 的定义域为 $x\neq k\pi(k=0,\pm1,\pm2,\cdots)$,值域为 $(-\infty,+\infty)$,奇函数,以 π 为周期,在每一个周期内单调减少,以直线 $x=k\pi(k=0,\pm1,\pm2,\cdots)$ 为渐近线,如图 1-16 所示。

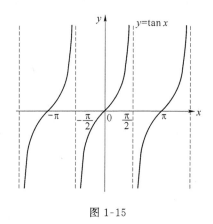

图 1-15   图 1-16

关于函数 $y=\sec x$ 和 $y=\csc x$ 我们不作详细讨论,只需知道它们分别为 $\sec x=\dfrac{1}{\cos x}$ 和 $\csc x=\dfrac{1}{\sin x}$。

(6) 反三角函数

常用的反三角函数有四个:反正弦函数 $y=\arcsin x$、反余弦函数 $y=\arccos x$、反正切函数 $y=\arctan x$、反余切函数 $y=\operatorname{arccot} x$,它们是相应三角函数的反函数。

① $y=\arcsin x$,定义域是 $[-1,1]$,值域 $\left[-\dfrac{\pi}{2},\dfrac{\pi}{2}\right]$,是单调增加的奇函数,有界,如图 1-17 所示。

② $y=\arccos x$,定义域是 $[-1,1]$,值域 $[0,\pi]$,是单调减少的函数,有界,如图 1-18 所示。

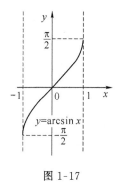
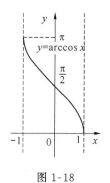

图 1-17   图 1-18

③ $y=\arctan x$,定义域是 $(-\infty,+\infty)$,值域是 $\left(-\dfrac{\pi}{2},\dfrac{\pi}{2}\right)$,它是单调增加的奇函数,在定义域上有界,如图 1-19 所示。

④ $y=\operatorname{arccot} x$,定义域是 $(-\infty,+\infty)$,值域是 $(0,\pi)$,它是单调减少的函数,在定义域上

有界,如图 1-20 所示。

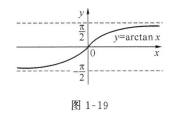 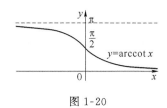

图 1-19　　　　　　　　　　　　图 1-20

这些函数的图像、性质在中学里已经学过,后续内容中会经常用到,请同学们课后认真复习。

我们把由上述六类基本初等函数经过有限次的四则运算后生成的函数称为简单函数。

2. 复合函数

复合函数并不是一类新函数,它只是反映了函数在表达式或者结构方面有着某些特点。在很多实际问题中,两个变量的联系有时不是直接的。例如,质量为 m 的物体,以速度 v_0 向上抛,由物理学知道,其动能 $E = \dfrac{1}{2}mv^2$,即动能 E 是速度 v 的函数;而 $v = v_0 - gt$,即速度 v 又是时间 t 的函数(不计空气阻力),于是得 $E = \dfrac{1}{2}m(v_0 - gt)^2$,这样就能把动能 E 通过速度 v 表示成了时间 t 的函数。又如,在函数 $y = \sin 2x$ 中,我们不难看出,这个函数值不是直接由自变量 x 来确定,而是通过 $2x$ 来确定的。如果用 u 表示 $2x$,那么函数 $y = \sin 2x$ 就可以表示成 $y = \sin u$,而 $u = 2x$。这也说明 y 与 x 函数的关系是通过变量 u 来确定的。我们给出下面的定义:

定义 7　设函数 $y = f(u)$ 的定义域为 D_f,函数 $u = \phi(x)$ 的值域为 W_ϕ,若 W_ϕ 与 D_f 的交集不等于空集,则对于任一 $x \in W_\phi \bigcap D_f$,通过 $u = \phi(x)$ 可将函数 $y = f(u)$ 表示成 x 的函数 $y = f[\phi(x)]$,这个新函数称为 x 的复合函数。

通常称 $f(u)$ 为外层函数,称 $\phi(x)$ 为内层函数,u 称为中间变量。

例 13　设 $f(x) = x^3, g(x) = 3^x$,求 $f[g(x)], g[f(x)]$。

解　$f[g(x)] = [g(x)]^3 = (3^x)^3 = 27^x, g[f(x)] = 3^{f(x)} = 3^{x^3}$。

注意:

(1) 只有当 $W_\phi \bigcap D_f \neq \varnothing$ 时,两个函数才可以构成一个复合函数。例如,$y = \ln u$ 与 $u = x - \sqrt{x^2 + 1}$ 就不能构成复合函数,因为 $u = x - \sqrt{x^2 + 1}$ 的值 $u < 0$ 与 $y = \ln u$ 的定义域 $u > 0$ 的交集为空集。

(2) 复合函数还可以由两个以上的函数复合而成,即中间变量可以有多个。例如,$y = \lg u$、$u = \sin v$、$v = \dfrac{x}{2}$,则 $y = \lg\sin\dfrac{x}{2}$,这里的 u, v 都是中间变量。

(3) 利用复合函数的概念,可以把一个较复杂的函数分解为若干个简单函数(即基本初等函数,或由基本初等函数经过有限次四则运算而成的函数)。

下面举例分析复合函数的复合过程,正确熟练地掌握这个方法,将会给以后的学习带来很多方便。

方法:从最外层开始,逐层分解,有几层运算就能分解出几个简单函数。

例 14 写出下列复合函数的复合过程：

(1) $y=2^{\sin x}$；

(2) $y=\lg(1-x)$；

(3) $y=\tan^3(2x^2+1)$；

(4) $y=\sqrt{\ln(a^x+3)}$。

解 (1) 由外层 $y=2^u$ 和内层 $u=\sin x$ 构成。

(2) $y=\lg u$，$u=1-x$。

(3) $y=u^3$，$u=\tan v$，$v=2x^2+1$。

(4) $y=u^{\frac{1}{2}}$，$u=\ln v$，$v=a^x+3$。

3．初等函数

由基本初等函数经过有限次四则运算及有限次复合运算构成，并且可用一个解析式表示的函数称为初等函数。

例如，$y=\sqrt[3]{x^2+1}$，$y=(1+\sin x)^2$，$y=\arccos\sqrt{1-x}$ 等都是初等函数。分段函数一般不是初等函数。

初等函数虽然是常见的重要函数，但是在工程技术中，非初等函数也会经常遇到。例如，符号函数、取整函数 $y=[x]$ 等分段函数就是非初等函数。在微积分运算中，常把一个初等函数分解为简单函数来研究，学会分析初等函数的结构是十分重要的。

练一练

1．作出下列函数的图像：

(1) $y=\sqrt{x}$；　　　　(2) $y=\dfrac{1}{x}$；　　　　(3) $y=x^4$；　　　　(4) $y=x^{\frac{1}{4}}$；

(5) $y=x^{-4}$；　　　　(6) $y=\mathrm{e}^x$；　　　　(7) $y=\ln x$。

2．下列函数可以看成由哪些简单函数复合而成？

(1) $y=2^{\cos x}$；　　　　(2) $y=\lg(1-3x^2)$；　　　　(3) $y=\cot^5(2x^3+1)$；

(4) $y=\sqrt[3]{\ln(a^x+3x^2)}$；　　(5) $y=\sin x^5$；　　　　(6) $y=\sin^5 x$；

(7) $y=\arcsin 5x$。

3．求证下列各题。

(1) 分子有理化：求证 $\dfrac{\sqrt{x+4}-2}{x}=\dfrac{1}{\sqrt{x+4}+2}$；

(2) 分母有理化：求证 $\dfrac{x-2}{\sqrt{x+2}-2}=\sqrt{x+2}+2$。

习题 1.1

A. 基本题

1. 下列各题中, 函数 $f(x)$ 和 $g(x)$ 是否相同? 为什么?

(1) $f(x)=\ln x^2, g(x)=2\ln x$;

(2) $f(x)=\sqrt{x^2}, g(x)=|x|$;

(3) $f(x)=\sqrt{1-\sin^2 x}, g(x)=\cos x$;

(4) $f(x)=\sqrt[3]{x^4-x^3}, g(x)=x \cdot \sqrt[3]{x-1}$。

2. 设函数 $f(x)=\begin{cases} x^2, & -2\leqslant x<0, \\ 2, & x=0, \\ \dfrac{1}{2}x-1, & 0<x\leqslant 6, \end{cases}$ 求 $f(-1), f(0), f(3), f(6)$。

3. 设 $f(x)=2x^2-3x+7$, 求 $f(0), f(4), f\left(-\dfrac{1}{2}\right), f(a), f(x+1)$。

4. 求下列函数的定义域。

(1) $y=\sqrt{x^2-4x+3}$;

(2) $y=\sqrt{4-x^2}+\dfrac{1}{\sqrt{x+1}}$;

(3) $y=\lg(x+2)+1$。

5. 下列函数可以看成由哪些简单函数复合而成?

(1) $y=\sqrt{3x-1}$; (2) $y=(1+\lg x)^5$;

(3) $y=e^{-x}$; (4) $y=\ln(1-x)$。

B. 一般题

6. 求下列函数的定义域。

(1) $y=\arcsin(x-3)$; (2) $y=\ln\dfrac{1+x}{1-x}$;

(3) $y=\sqrt{\ln(x-2)}$; (4) $y=\sqrt{x^2+x-6}+\arcsin\dfrac{2x+1}{7}$;

(5) $y=\dfrac{\lg(3-x)}{\sqrt{|x|-1}}$。

7. 判断下列函数的奇偶性。

(1) $y=\dfrac{1-x^2}{1+x^2}$; (2) $y=x(x-1)(x+1)$;

(3) $y=|\sin x|$; (4) $y=\sin x-\cos x$;

(5) $y=\ln(x+\sqrt{1+x^2})$。

8. 求下列函数的反函数。

(1) $y=\dfrac{x+2}{x-2}$; (2) $y=x^3+2$;

(3) $y=1+\lg(2x-3)$。

9. 下列函数可以看成由哪些简单函数复合而成?

(1) $y=\ln\sqrt{1+x}$;　　　　　　(2) $y=\arccos(1-x^2)$;

(3) $y=e^{\sqrt{x+1}}$;　　　　　　　(4) $y=\sin^3(2x^2+3)$;

(5) $y=\ln\sin(2x+1)^2$;　　　　(6) $y=\arctan^2\left(\dfrac{2x}{1-x^2}\right)$。

10. 设 $f(x)=x^2,\varphi(x)=2^x$,求 $f(f(x)),f(\varphi(x)),\varphi(f(x))$。

C. 提高题

11. 证明: $\dfrac{\ln(x+h)-\ln x}{h}=\dfrac{1}{x}\ln\left(1+\dfrac{h}{x}\right)^{\frac{x}{h}}$。

12. 求函数 $y=\dfrac{e^x-e^{-x}}{2}$ 的反函数。

13. 用铁皮做一个容积为 V 的圆柱形罐头筒,将它的全面积 A 表成底面半径 r 的函数。

14. 讨论函数 $y=\dfrac{x}{1+x^2}$ 的有界性。

1.2　数列的极限

前面已经有了函数的概念,但如果只停留在函数概念本身去研究运动,即如果仅仅把运动看成物体在某一时刻的位置,那就还没有达到揭示变量变化的内部规律的目的,没有脱离初等数学的领域。只有用动态的观点揭示出函数 $y=f(x)$ 所确定的两个变量之间的变化关系时,才算真正开始进入高等数学的研究领域。极限是进入高等数学的钥匙和工具,下面从最简单的也是最基本的数列极限开始研究。

1.2.1　数列的定义

在中学,已经接触过一些数列,如等比数列、等差数列等,下面给出数列的定义。

定义 8　以正整数 n 为自变量的函数,把它的函数值 $x_n=f(n)$ 依次写出来,就称为一个数列,即 $x_1,x_2,x_3,\cdots,x_n,\cdots$,记作 $\{x_n\}$,x_n 称为数列的通项。

简单地,也可以表述为:按一定规则排列的无穷多个数 $x_1,x_2,x_3,\cdots,x_n,\cdots$ 称为数列,简记作 $\{x_n\}$,其中,x_1 称为数列的第一项,x_2 称为数列的第二项,$\cdots$,x_n 称为数列的第 n 项,又称一般项或通项。

下面列举几个数列:

(1) 数列 $1,\dfrac{1}{2},\dfrac{1}{4},\dfrac{1}{8},\cdots,\dfrac{1}{2^n},\cdots$

(2) 数列 $1,-1,1,-1,\cdots,(-1)^{n+1},\cdots$

(3) 数列 $\sqrt{2},\sqrt{4},\sqrt{6},\cdots,\sqrt{2n},\cdots$

1.2.2　数列极限的概念

极限概念是由于求某些实际问题的精确解而产生的。我国古代数学家刘徽(公元三世纪)

利用圆内接正多边形来推算圆面积的方法——割圆术，就是极限思想在几何学上的应用。

设有一圆形，首先作内接正六边形，把它的面积记作 A_1；再作内接正十二边形，其面积记为 A_2；再作内接正二十四边形，其面积记为 A_3；循此下去每次边数加倍，一般地把内接正 $6 \times 2^{n-1}$ 边形的面积记为 $A_n(n=1,2,3\cdots)$。这样就得到一系列内接正多边形的面积：

$$A_1, A_2, A_3, \cdots, A_n, \cdots$$

它们构成一无限数列。n 越大，内接正多边形与圆的差别就越小，从而以 A_n 作为圆面积的近似值也越精确。但是无论 n 取得多么大。只要 n 取定了，A_n 终究只是多边形的面积，还不是圆面积。因此，设想 n 无限增大（记为 $n \to \infty$，读作 n 趋向无穷大）。即内接正多边形的边数无限增加，在这过程中，内接正多边形无限接近于圆，同时 A_n 也无限接近于某一确定的数值，这个确定的数值便理解为圆的面积。这个确定的数值在数学上称为上面这个数列 $A_1, A_2,$ $A_3, \cdots, A_n, \cdots$，当 $n \to \infty$ 的极限。在圆面积问题中我们看到，正是这个数列的极限精确地表达了圆的面积。在解决实际问题中逐渐形成的这种极限方法，正是高等数学的基本方法。

一个数列有无穷多项，我们常常需要了解这无穷多项的变化趋势。

例 15　观察下列数列的变化趋势：

（1）数列 $1, \dfrac{1}{2}, \dfrac{1}{4}, \dfrac{1}{8}, \cdots, \dfrac{1}{2^n}, \cdots$

这个数列的通项为 $x_n = \dfrac{1}{2^n}$，当 n 无限增大时，我们考察 $\dfrac{1}{2^n}$ 的变化趋势，如表 1-2 所示。

表 1-2

n	1	5	10	20	30
2^n	2	32	1 024	1 048 576	1 073 741 824
$\dfrac{1}{2^n}$	0.5	0.031 25	0.000 976 562 5	0.000 000 953 67	0.000 000 000 93

可见，当 n 无限增大时，2^n 无限增大，其倒数 $\dfrac{1}{2^n}$ 无限地趋近于常数 0。

（2）数列 $1, -1, 1, -1, \cdots, (-1)^{n+1}, \cdots$

数列的通项为 $x_n = (-1)^{n+1}$，当 n 无限增大时，x_n 总在 1 和 -1 两个数值上跳跃，永远不趋于一个固定的数。

（3）数列 $\sqrt{2}, \sqrt{4}, \sqrt{6}, \cdots, \sqrt{2n}, \cdots$

数列的通项为 $x_n = \sqrt{2n}$，当 n 无限增大时，数列的通项 x_n 将随着 n 的增大而无限增大，不趋于一个固定的数。

上述三个数列，当 n 无限增大时的变化趋势各不相同。如果数列中 x_n 随着 n 的无限增大而趋于某一个固定的常数，我们就认为该数列以这个常数为极限，即有下面的定义。

定义 9　给定数列 $\{x_n\}$，如果当 n 无限增大时，x_n 无限接近于一个确定的常数 A，那么 A 就称作数列 $\{x_n\}$ 的极限，记为 $\lim\limits_{n \to \infty} x_n = A$ 或当 $n \to \infty$ 时，$x_n \to A$。

如果 $\lim\limits_{n \to \infty} x_n = A$，也称数列 $\{x_n\}$ 收敛于 A。

如果数列没有极限，就说数列是发散的。

由例 15（1）知，数列 $\left\{\dfrac{1}{2^n}\right\}$ 是收敛的，且有 $\lim\limits_{n \to \infty} \dfrac{1}{2^n} = 0$。

由例 15(2)、(3)知,数列 $\{(-1)^{n+1}\}$ 和 $\{\sqrt{2n}\}$ 都是发散的。

一般地,我们有以下结论成立:

(1) $\lim\limits_{n\to\infty} C = C$;

(2) 当 $|q|<1$ 时,$\lim\limits_{n\to\infty} q^n = 0$;

(3) 当 $p>0$ 时,$\lim\limits_{n\to\infty}\dfrac{1}{n^p} = 0$。

1.2.3 数列极限的四则运算

下面给出数列极限的四则运算法则(证明从略)。

设有数列 $\{x_n\}$ 和 $\{y_n\}$,且 $\lim\limits_{n\to\infty} x_n = a$,$\lim\limits_{n\to\infty} y_n = b$,则

(1) $\lim\limits_{n\to\infty}(x_n \pm y_n) = \lim\limits_{n\to\infty} x_n \pm \lim\limits_{n\to\infty} y_n = a \pm b$;

(2) $\lim\limits_{n\to\infty}(x_n \cdot y_n) = \lim\limits_{n\to\infty} x_n \cdot \lim\limits_{n\to\infty} y_n = a \cdot b$;

(3) $\lim\limits_{n\to\infty}(C \cdot x_n) = C \cdot \lim\limits_{n\to\infty} x_n = C \cdot a$　(C 是常数);

(4) $\lim\limits_{n\to\infty}\left(\dfrac{x_n}{y_n}\right) = \lim\limits_{n\to\infty} x_n / \lim\limits_{n\to\infty} y_n = a/b$　($b \neq 0$)。

例 16 求下列各式的极限。

(1) $\lim\limits_{n\to\infty}\left(1+\dfrac{1}{n}\right)^3$;　　　　　　(2) $\lim\limits_{n\to\infty}\dfrac{3n+2}{2n-1}$。

解 (1) $\lim\limits_{n\to\infty}\left(1+\dfrac{1}{n}\right)^3 = \lim\limits_{n\to\infty}\left(1+\dfrac{1}{n}\right)\lim\limits_{n\to\infty}\left(1+\dfrac{1}{n}\right)\lim\limits_{n\to\infty}\left(1+\dfrac{1}{n}\right)$

$$= (1+0)(1+0)(1+0) = 1。$$

(2) 当 n 无限增大时,分式 $\dfrac{3n+2}{2n-1}$ 的分子和分母同时无限增大,上面的极限运算法则不能直接运用,此时可将分式中的分子和分母同时除以 n:

$$\lim_{n\to\infty}\frac{3n+2}{2n-1} = \lim_{n\to\infty}\frac{3+\dfrac{2}{n}}{2-\dfrac{1}{n}} = \frac{\lim\limits_{n\to\infty}\left(3+\dfrac{2}{n}\right)}{\lim\limits_{n\to\infty}\left(2-\dfrac{1}{n}\right)} = \frac{3+0}{2-0} = \frac{3}{2}$$

习题 1.2

1. 判别下列数列是否收敛。

(1) $\dfrac{1}{2}, \dfrac{2}{3}, \dfrac{3}{4}, \cdots, \dfrac{n}{n+1}, \cdots$

(2) $2, -2, 2, -2, \cdots, (-1)^{n+1}\times 2, \cdots$

(3) $0, \dfrac{1}{3}, 0, \dfrac{1}{6}, 0, \dfrac{1}{9}, \cdots$

2. 求下列各极限。

(1) $\lim\limits_{n\to\infty}\dfrac{5n-3}{n}$;　　　　(2) $\lim\limits_{n\to\infty}\dfrac{n^2-3}{n^2+1}$。

1.3　函数的极限

数列是定义在自然数集 **N** 上的整标函数 $y_n = f(n)$。前面我们讨论了这种特殊函数的极限，在理解了"无限逼近，无限趋近"的基础上，本节将沿着数列极限的思路，讨论一般函数的极限，主要研究以下两种情形：

（1）当自变量 x 的绝对值 $|x|$ 无限增大即趋向无穷大（记作 $x \to \infty$）时，对应的函数值 $f(x)$ 的变化趋势；

（2）当自变量 x 任意地接近于 x_0 或者说趋向于有限值 x_0（记作 $x \to x_0$）时，对应的函数值 $f(x)$ 的变化趋势。

1.3.1　当 $x \to \infty$ 时函数的极限

先看下面的例子：考查当 $x \to \infty$ 时函数 $f(x) = \dfrac{1}{x}$ 的变化趋势，如表 1-3 和表 1-4 所示。

表 1-3

x	1	2	10	100	1 000	10 000	⋯
y	1	0.5	0.1	0.01	0.001	0.000 1	⋯

表 1-4

x	-1	-2	-10	-100	$-1 000$	$-10 000$	⋯
y	-1	-0.5	-0.1	-0.01	-0.001	$-0.000 1$	⋯

由表 1-3 和表 1-4 中列出的数值可以看出，当自变量 x 的绝对值 $|x|$ 无限增大时，对应的函数值 y 无限接近一个确定的常数 0，从图 1-21 中也可观察到这一事实。

对于这种当 $x \to \infty$ 时函数 $f(x)$ 的变化趋势，给出下面的定义。

定义 10　如果当 x 的绝对值 $|x|$ 无限增大（即 $x \to \infty$）时，函数 $f(x)$ 无限接近于一个确定的常数 A，那么 A 就称为函数 $f(x)$ 当 $x \to \infty$ 时的极限，记为

$$\lim_{x \to \infty} f(x) = A \quad 或当 \; x \to \infty \; 时，函数 \; f(x) \to A。$$

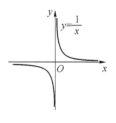

图 1-21

如果从某一时刻起，x 只能取正值或负值趋于无穷，则有下面的定义。

定义 11　如果当 $x > 0$ 且 $|x|$ 无限增大时，函数 $f(x)$ 无限地趋于一个常数 A，则称当 $x \to +\infty$ 时，函数 $f(x)$ 以 A 为极限。记作 $\lim\limits_{x \to +\infty} f(x) = A$ 或 $f(x) \to A (x \to +\infty)$。

定义 12　如果当 $x < 0$ 且 $|x|$ 无限增大时，函数 $f(x)$ 无限地趋于一个常数 A，则称当 $x \to -\infty$ 时，函数 $f(x)$ 以 A 为极限。记作 $\lim\limits_{x \to -\infty} f(x) = A$ 或 $f(x) \to A (x \to -\infty)$。

可以证明：$\lim\limits_{x\to\infty} f(x)=A$ 的充要条件是 $\lim\limits_{x\to+\infty} f(x)=A$ 且 $\lim\limits_{x\to-\infty} f(x)=A$。

由于"∞"不是数，它仅仅是一个记号，故提出以下几点注释：

（1）$x\to+\infty$ 表示当 $x>0$ 且 $|x|$ 无限增大，即 x 在水平方向上向右无限远离原点；$x\to-\infty$ 表示当 $x<0$ 且 $|x|$ 无限增大，即 x 在水平方向上向左无限远离原点；$x\to\infty$ 表示 $|x|$ 无限增大，它包含 $x\to+\infty$ 和 $x\to-\infty$ 两种情况；$y\to+\infty$ 表示当 $y>0$ 且 $|y|$ 无限增大，即 y 在铅垂方向上向上无限远离原点；$y\to-\infty$ 表示当 $y<0$ 且 $|y|$ 无限增大，即 y 在铅垂方向上向下无限远离原点；$y\to\infty$ 表示 $|y|$ 无限增大，它包含 $y\to+\infty$ 和 $y\to-\infty$ 两种情况。

（2）在数列极限中，自变量为 n，它只取自然数，$n\to\infty$ 类似于函数极限的 $x\to+\infty$，但不记作 $n\to+\infty$，而规定记作 $n\to\infty$。若 $\lim\limits_{x\to+\infty} f(x)=A$，则 $\lim\limits_{n\to\infty} f(n)=A$。

（3）如果函数 $y\to\infty$，那么它的极限是不存在的，但为了便于描述函数的这种变化趋势，我们也说"函数的极限是无穷大"，并沿用极限的符号。

例 17 求 $\lim\limits_{x\to+\infty}\dfrac{1}{5^x}$。

解 因为 $\lim\limits_{x\to+\infty}\dfrac{1}{5^x}=\lim\limits_{x\to+\infty}\left(\dfrac{1}{5}\right)^x$，由指数函数图像可知，当 x 无限增大时，$\left(\dfrac{1}{5}\right)^x$ 无限趋于 0，所以

$$\lim\limits_{x\to+\infty}\dfrac{1}{5^x}=0$$

例 18 讨论当 $x\to\infty$ 时，函数 $y=2^x$ 的极限。

解 $\lim\limits_{x\to-\infty}2^x=0$，$\lim\limits_{x\to+\infty}2^x=+\infty$，

虽然 $\lim\limits_{x\to-\infty}2^x$ 存在，但 $\lim\limits_{x\to+\infty}2^x$ 不存在，所以 $\lim\limits_{x\to\infty}2^x$ 不存在。

从图 1-21 和例 18 可知，$\lim\limits_{x\to\infty}\dfrac{1}{x}=0$ 反映出直线 $y=0$ 是函数 $y=\dfrac{1}{x}$ 的图像的水平渐近线；$\lim\limits_{x\to-\infty}2^x=0$ 反映出直线 $y=0$ 是函数 $y=2^x$ 的图像的水平渐近线。

一般地，如果 $\lim\limits_{x\to\infty} f(x)=c$（或 $\lim\limits_{x\to+\infty} f(x)=c$，$\lim\limits_{x\to-\infty} f(x)=c$），则直线 $y=c$ 是函数 $y=f(x)$ 图像的水平渐近线。

1.3.2 当 $x\to x_0$ 时函数的极限

先看下面的例子：

考查当 $x\to3$ 时函数 $f(x)=\dfrac{x}{3}+1$ 的变化趋势，如图 1-22 所示。

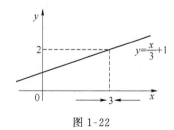

图 1-22

当 x 从 3 的左侧无限接近 3 时，对应的函数值的变化如表 1-5 所示。

表 1-5

x	2.9	2.99	2.999	2.999 9	$\cdots \to 3$
y	1.97	1.997	1.999 7	1.999 97	$\cdots \to 2$

当 x 从 3 的右侧无限接近 3 时，对应的函数值的变化如表 1-6 所示。

表 1-6

x	3.1	3.01	3.001	3.000 1	$\cdots \to 3$
y	2.03	2.003	2.000 3	2.000 03	$\cdots \to 2$

由此可知，当 $x \to 3$ 时，函数 $f(x) = \dfrac{x}{3} + 1$ 的值无限接近于 2。

对于这种当 $x \to x_0$ 时函数 $f(x)$ 的变化趋势，给出下面的定义。

定义 13　如果当 x 无限接近于定值 x_0（即 $x \to x_0$）时，函数 $f(x)$ 无限接近于一个确定的常数 A，那么 A 就称为函数 $f(x)$ 当 $x \to x_0$ 时的极限，记为

$$\lim_{x \to x_0} f(x) = A$$

或当 $x \to x_0$ 时函数

$$f(x) \to A$$

需要说明的是，在上面的定义中，我们假定函数 $f(x)$ 在 x_0 的左右近旁是有定义的；并且我们考虑的是当 $x \to x_0$ 时函数 $f(x)$ 的值的变化趋势，并不在意 $f(x)$ 在点 x_0 是否有定义。

例 19　讨论 $f(x) = \dfrac{2x^2 - 2}{x - 1}$ 当 $x \to 1$ 时是否有极限。

解　$f(x) = \dfrac{2x^2 - 2}{x - 1} = \dfrac{2(x^2 - 1)}{x - 1} = \dfrac{2(x - 1)(x + 1)}{x - 1} = 2x + 2$ ， $x \neq 1$，

当 x 无限接近 1 时，$f(x)$ 的值无限接近常数 4，故 $\lim\limits_{x \to 1} \dfrac{2x^2 - 2}{x - 1} = 4$。

从例 19 看出，求函数在某点 x_0 处的极限，与函数在该点是否有定义无关。

根据极限的定义，我们有下面的结论：

定理 1　如果在 x_0 的某一邻域内 $f(x) \geqslant 0$（或 $f(x) \leqslant 0$），且 $\lim\limits_{x \to x_0} f(x) = A$，则 $A \geqslant 0$（或 $A \leqslant 0$）。

证明从略。

我们给出以下几个常用结论：

(1) $\lim\limits_{\substack{x \to x_0 \\ (x \to \infty)}} c = c$。如 $\lim\limits_{x \to \infty} 5 = 5, \lim\limits_{x \to 4} 5 = 5$。

(2) $\lim\limits_{x \to x_0} \sin x = \sin x_0$；$\lim\limits_{x \to x_0} \cos x = \cos x_0$。如 $\lim\limits_{x \to 0} \sin x = \sin 0 = 0$；$\lim\limits_{x \to 0} \cos x = \cos 0 = 1$。

(3) 若 $f(x)$ 为多项式，则有 $\lim\limits_{x \to x_0} f(x) = f(x_0)$。如 $\lim\limits_{x \to 1}(x + 6) = 1 + 6 = 7, \lim\limits_{x \to 3} \dfrac{x^2 - 9}{x - 3} = \lim\limits_{x \to 3}(x + 3) = 3 + 3 = 6$。

1.3.3 当 $x \to x_0$ 时函数的左极限与右极限

我们前面讨论的当 $x \to x_0$ 时函数 $f(x)$ 的极限概念中，x 是既要从 x_0 的左侧同时也要从 x_0 的右侧趋向于 x_0 的。但有时只能或只需考虑 x 仅从 x_0 的左侧趋向于 x_0（记作 $x \to x_0^-$）的情形，或 x 仅从 x_0 的右侧趋向于 x_0（记作 $x \to x_0^+$）的情形，如果在其中某个过程中，函数 $f(x)$ 以常数 A 为极限，前者称常数 A 为函数 $f(x)$ 当 $x \to x_0$ 时的左极限，记作

$$\lim_{x \to x_0^-} f(x) = A \text{ 或 } f(x_0 - 0) = A$$

后者称常数 A 为函数 $f(x)$ 当 $x \to x_0$ 时的右极限，记作

$$\lim_{x \to x_0^+} f(x) = A \text{ 或 } f(x_0 + 0) = A$$

显然，我们有下面的结论：

定理 2 函数 $f(x)$ 当 $x \to x_0$ 时的极限存在的充要条件是当 $x \to x_0$ 时函数 $f(x)$ 的左右极限存在并相等。即

$$f(x_0 - 0) = f(x_0 + 0)$$

因此，即使 $f(x_0 - 0)$ 和 $f(x_0 + 0)$ 都存在，但它们不相等，则 $\lim_{x \to x_0} f(x)$ 仍不存在。

这里我们给出了用函数的单侧极限判别函数极限是否存在的方法。

由于分段函数在分段点两侧往往有不同的函数表达式，故在讨论该处的极限时，常先讨论分段点处的左、右极限，然后用上述方法判定在分段点处的极限是否存在。

例 20 求函数 $f(x) = \begin{cases} x+1, & x>0, \\ 0, & x=0, \\ x-1, & x<0, \end{cases}$ 当 $x \to 0$ 时的极限 $\lim_{x \to 0} f(x)$。

解 如图 1-23 所示。

$$\lim_{x \to 0^-} f(x) = \lim_{x \to 0^-} (x-1) = -1, \quad \lim_{x \to 0^+} f(x) = \lim_{x \to 0^+} (x+1) = 1$$

因为 $f(0-0) \neq f(0+0)$，故 $\lim_{x \to 0} f(x)$ 不存在。

例 21 设 $f(x) = \begin{cases} 0, & x<0 \\ x, & x \geqslant 0 \end{cases}$，研究当 $x \to 0$ 时，$f(x)$ 的极限是否存在？

解 因为 $\lim_{x \to 0^-} f(x) = \lim_{x \to 0^-} 0 = 0$，$\lim_{x \to 0^+} f(x) = \lim_{x \to 0^+} x = 0$，由定理知 $\lim_{x \to 0} f(x) = 0$。

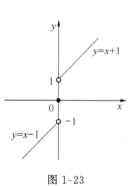

图 1-23

例 22 已知 $f(x) = \begin{cases} x+2, & x<0, \\ x^2+2, & 0 \leqslant x<1, \\ 2-x, & x \geqslant 1, \end{cases}$ 求 $\lim_{x \to 0} f(x)$，$\lim_{x \to 1} f(x)$。

解 这是一个分段函数，在分段点函数的极限应考虑左、右极限。

因 $\lim_{x \to 0^-} f(x) = \lim_{x \to 0^-} (x+2) = 2$，$\lim_{x \to 0^+} f(x) = \lim_{x \to 0^+} (x^2+2) = 2$，故 $\lim_{x \to 0} f(x) = 2$；

因为 $\lim_{x \to 1^-} f(x) = \lim_{x \to 1^-} (x^2+2) = 3$，$\lim_{x \to 1^+} f(x) = \lim_{x \to 1^+} (2-x) = 1$，而 $\lim_{x \to 1^-} f(x) \neq \lim_{x \to 1^+} f(x)$，

所以 $\lim_{x \to 1} f(x)$ 不存在。

习题 1.3

A. 基本题

1. 观察并写出下列函数的极限。

(1) $\lim\limits_{x\to 2}(x+2)$；　　(2) $\lim\limits_{x\to 2}\dfrac{x^2-4}{x-2}$；　　(3) $\lim\limits_{x\to -\infty}2^x$；　　(4) $\lim\limits_{x\to 2}x^2$。

B. 一般题

2. 设函数 $f(x)=\begin{cases}x+1, & 0<x<1,\\ 2, & 1\leqslant x<2,\end{cases}$ 求 $f(x)$ 在 $x=1$ 处的左、右极限并讨论 $f(x)$ 在 $x=1$ 处是否有极限存在。

3. 设函数 $f(x)=\begin{cases}x+3, & x<1,\\ 6x-2, & x\geqslant 1,\end{cases}$ 求 $\lim\limits_{x\to 1^-}f(x)$ 和 $\lim\limits_{x\to 1^+}f(x)$，并判断 $\lim\limits_{x\to 1}f(x)$ 是否存在？

4. 分析函数的变化趋势，并求极限：

(1) $y=\dfrac{1}{x^3}\ (x\to\infty)$；

(2) $y=\sin x\left(x\to\dfrac{\pi}{2}\right)$。

1.4　无穷小与无穷大

在思考无穷时，人们常往大的方面考虑。而实际上，它涉及两个方向：绝对值朝大的和朝小的两种方向的无穷。朝大的方向的问题称为无穷大问题，朝小的方向的问题就是无穷小的问题。无穷是一个抽象的说法，在有了极限概念之后，可以用极限来准确地定义这两个量，它们反映了自变量在某个变化过程中函数的两种特殊的变化趋势。

1.4.1　无穷小

1. 无穷小(量)的概念

在实际问题中，经常遇到以零为极限的变量。例如，单摆离开铅直位置而摆动，由于空气阻力和机械摩擦力的作用，它的振幅随着时间的增加而逐渐减小并趋近于零。又如，电容器放电时，其电压随着时间的增加而逐渐减小并趋近于零。

对于这样的变量，我们给出下面的定义：

定义 14　如果当 $x\to x_0$（或 $x\to\infty$）时，函数 $f(x)$ 的极限为 0，那么函数 $f(x)$ 称为当 $x\to x_0$（或 $x\to\infty$）时的无穷小量，简称为无穷小。

例如，$\lim\limits_{x\to 1}(x-1)=0$，所以函数 $x-1$ 是当 $x\to 1$ 时的无穷小；又如，$\lim\limits_{x\to\infty}\dfrac{1}{x}=0$，所以函数 $\dfrac{1}{x}$ 是当 $x\to\infty$ 时的无穷小。

经常用希腊字母 α、β、γ 等来表示无穷小量。

注意：

（1）切不可将无穷小与绝对值很小的数混为一谈，因为绝对值很小的数（如 0.000 000 01）当 $x \to x_0$（或 $x \to \infty$）时，其极限是这个常数本身，并不是零。

（2）说一个函数 $f(x)$ 是无穷小，必须指明自变量 x 的变化趋向。如函数 $x-1$ 是当 $x \to 1$ 时的无穷小，而当 x 趋向其他数值时，$x-1$ 就不是无穷小。

（3）常数"0"是可以看成无穷小的唯一的常数，而无穷小不一定是常数"0"。

2. 极限与无穷小的关系

定理 3 在自变量的同一变化过程 $x \to x_0$（或 $x \to \infty$）中，函数 $f(x)$ 的极限为 A 的充要条件是 $f(x) = A + \alpha(x)$，其中 $\alpha(x)$ 是当 $x \to x_0$（或 $x \to \infty$）时的无穷小。

3. 无穷小的性质

在自变量的同一变化过程中的无穷小具有以下性质：

性质 1 有限个无穷小的代数和仍是无穷小。

性质 2 有限个无穷小的乘积仍是无穷小。

性质 3 有界函数与无穷小的乘积仍是无穷小。

这些性质可以利用无穷小的定义和有界函数的定义来证明，这里从略。

例 23 求 $\lim\limits_{x \to 0} x \sin \dfrac{1}{x}$。

解 当 $x \to 0$ 时，因为 $\lim\limits_{x \to 0} x = 0$，$\left| \sin \dfrac{1}{x} \right| \leqslant 1$，即 $\sin \dfrac{1}{x}$ 是有界函数，根据无穷小的性质 3，可知 $\lim\limits_{x \to 0} x \sin \dfrac{1}{x} = 0$。

1.4.2 无穷大

定义 15 如果当 $x \to x_0$（或 $x \to \infty$）时，函数 $f(x)$ 的绝对值无限增大，那么函数 $f(x)$ 称作当 $x \to x_0$（或 $x \to \infty$）时的无穷大量，简称为无穷大。

注意： 函数 $f(x)$ 的绝对值无限增大表示 $f(x) \to \infty$（或 $\pm\infty$）。如果 $\lim\limits_{\substack{x \to x_0 \\ (x \to \infty)}} f(x) = +\infty$，就说函数 $f(x)$ 是当 $x \to x_0$（或 $x \to \infty$）时的正无穷大；如果 $\lim\limits_{\substack{x \to x_0 \\ (x \to \infty)}} f(x) = -\infty$，就说函数 $f(x)$ 是当 $x \to x_0$（或 $x \to \infty$）时的负无穷大。

例如，函数 $f(x) = \dfrac{1}{x-1}$，当 $x \to 1$ 时，$\left| \dfrac{1}{x-1} \right|$ 无限增大，

所以 $\lim\limits_{x \to 1} \dfrac{1}{x-1} = \infty$，如图 1-24 所示。

在几何上，上式表明直线 $x=1$ 是曲线 $y = \dfrac{1}{x-1}$ 的铅垂渐近线。

一般地，若 $\lim\limits_{x \to x_0} f(x) = \infty$（$\lim\limits_{x \to x_0^-} f(x) = \infty$ 或 $\lim\limits_{x \to x_0^+} f(x) = \infty$），则直线 $x = x_0$ 是曲线 $y = f(x)$ 的铅垂渐近线。

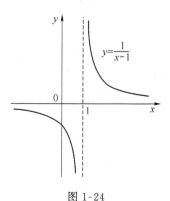

图 1-24

又如，因 $\lim\limits_{x\to 0}\dfrac{1}{x}=\infty$，$\lim\limits_{x\to +\infty}e^x=+\infty$，$\lim\limits_{x\to 0^+}\ln x=-\infty$，故 $y=\dfrac{1}{x}$ 是当 $x\to 0$ 时的无穷大；$y=e^x$ 是当 $x\to +\infty$ 时的正无穷大；$y=\ln x$ 是当 $x\to 0^+$ 时的负无穷大。

注意：

（1）无穷大量是变量，一个不论多大的常数，例如，1 000 万等都不能作为无穷大量。

（2）无穷大量与自变量的变化过程有关。例如，当 $x\to\infty$ 时，x^2 是无穷大量，而当 $x\to 0$ 时，x^2 是无穷小量。

（3）两个无穷大量的商不一定是无穷大，两个无穷大量的和或差也不一定是无穷大量。然而，两个正无穷大之和仍为正无穷大，两个负无穷大之和仍为负无穷大。

例如，$\lim\limits_{x\to\infty}\dfrac{x}{x}=1$，　$\lim\limits_{x\to\infty}[(1+x)-x]=1$，　$\lim\limits_{x\to +\infty}(e^x+x)=+\infty$。

无穷大与无穷小之间有一种简单的关系，即

定理 4　在自变量的同一变化过程中，如果 $f(x)$ 为无穷大，则 $\dfrac{1}{f(x)}$ 为无穷小；反之，若 $f(x)$ 为无穷小，且 $f(x)\neq 0$，则 $\dfrac{1}{f(x)}$ 为无穷大。

例 24　求极限 $\lim\limits_{x\to 1}\dfrac{1}{x^2-1}$。

解　因为 $\lim\limits_{x\to 1}(x^2-1)=0$，所以 $\lim\limits_{x\to 1}\dfrac{1}{x^2-1}=\infty$。

 **练一练**

下列函数中哪些是无穷小？哪些是无穷大？

（1）$100x^2(x\to 0)$；　　　（2）$100x^2(x\to\infty)$；　　　（3）$x^2+0.01(x\to 0)$；

（4）$x^2+0.01(x\to\infty)$；　（5）$\dfrac{1}{x+1}(x\to -1)$；　　（6）$\dfrac{1}{x+1}(x\to\infty)$。

1.4.3　无穷小的比较

由无穷小的性质可知，两个无穷小的和、差、积仍是无穷小。但两个无穷小的商却会出现不同的情况。例如，当 $x\to 0$ 时，$10x,3x,x^2$ 都是无穷小，而

$$\lim\limits_{x\to 0}\dfrac{x^2}{3x}=0,\quad \lim\limits_{x\to 0}\dfrac{3x}{x^2}=\infty,\quad \lim\limits_{x\to 0}\dfrac{3x}{10x}=\dfrac{3}{10}$$

两个无穷小之比的极限的各种不同情况，反映不同的无穷小趋向于零的相对"快慢"程度。就上面几个例子来说，在 $x\to 0$ 的过程中，$x^2\to 0$ 比 $3x\to 0$ "快些"，反过来，$3x\to 0$ 比 $x^2\to 0$ "慢些"，而 $3x\to 0$ 与 $10x\to 0$ "快慢相仿"。

为说明两个无穷小相比较的差异，给出如下定义：

定义 16　设 α 和 β 都是在自变量的同一变化过程中的无穷小。

如果 $\lim\dfrac{\beta}{\alpha}=0$，就说 β 是比 α 高阶的无穷小，记作 $\beta=o(\alpha)$；

如果 $\lim \dfrac{\beta}{\alpha} = \infty$，就说 β 是比 α 低阶的无穷小；

如果 $\lim \dfrac{\beta}{\alpha} = c \neq 0$，就说 β 是与 α 同阶的无穷小；

如果 $\lim \dfrac{\beta}{\alpha} = 1$，就说 β 是与 α 等价的无穷小，记作 $\alpha \sim \beta$。

显然，等价无穷小是同阶无穷小的特殊情形，即 $c = 1$ 的情形。

例 25 当 $x \to 0$ 时，比较无穷小 x^4 与 x^2 的阶。

解 因 $\lim\limits_{x \to 0} \dfrac{x^4}{x^2} = \lim\limits_{x \to 0} x^2 = 0$，故当 $x \to 0$ 时，x^4 为较 x^2 高阶无穷小，即 $x^4 = o(x^2)$，反之，x^2 为较 x^4 低阶无穷小。

例 26 当 $x \to 2$ 时，比较无穷小 $x^2 - 4$ 与 $x - 2$ 的阶。

解 因 $\lim\limits_{x \to 2} \dfrac{x^2 - 4}{x - 2} = \lim\limits_{x \to 2}(x + 2) = 4$，故当 $x \to 2$ 时，$x^2 - 4$ 与 $x - 2$ 为同阶无穷小。

 练一练

当 $x \to 1$ 时，无穷小 $1 - x^2$ 与下列无穷小是否同阶？是否等价？

(1) $1 - x$；　　　　　　　　　　　(2) $2(1 - x)$。

习题 1.4

A. 基本题

1. 下列函数中哪些是无穷小？哪些是无穷大？

(1) $y = 2x - x^2, x \to 0$；　　　　　(2) $x^n = \left(-\dfrac{2}{3}\right)^n, n \to \infty$；

(3) $y = \sin x, x \to 0$；　　　　　　(4) $y = \dfrac{1}{x - 2}, x \to 2$。

2. 当 $x \to 0$ 时，$x^2 - x^3$ 与 $x - x^2$ 相比，哪一个是较高阶的无穷小？

B. 一般题

3. 函数 $f(x) = \dfrac{1}{(x - 3)^2}$ 在什么情况下为无穷大？在什么情况下为无穷小？

4. 求下列函数的极限。

(1) $\lim\limits_{x \to 1} \dfrac{1}{x - 1}$；　　　　　　　(2) $\lim\limits_{x \to \infty} \dfrac{\sin x}{x}$；

(3) $\lim\limits_{x \to \infty} \dfrac{1}{x} \cos x$；　　　　　　(4) $\lim\limits_{x \to 0} x \sin \dfrac{1}{x}$。

1.5　极限的运算法则

本节讨论极限的求法,主要介绍函数极限的四则运算法则,利用这些法则,可以求出某些函数的极限,以后我们还将介绍求函数极限的其他方法。

1.5.1　极限的四则运算法则

在下面的讨论中,记号 lim 下面没有标明自变量的变化过程。实际上,下面的结论对 $x \to x_0$ 和 $x \to \infty$ 都是成立的。

定理 5　设 $\lim f(x) = A$, $\lim g(x) = B$,则

(1) $\lim(f(x) \pm g(x)) = \lim f(x) \pm \lim g(x) = A \pm B$;

(2) $\lim(f(x)g(x)) = \lim f(x) \cdot \lim g(x) = AB$;

(3) 当 $\lim g(x) = B \neq 0$ 时,$\lim \dfrac{f(x)}{g(x)} = \dfrac{\lim f(x)}{\lim g(x)} = \dfrac{A}{B}$。

推论　若 $\lim f(x) = A$,则

(1) $\lim[f(x)]^n = [\lim f(x)]^n = A^n$,$n$ 为正整数。

(2) $\lim cf(x) = cA$,其中 c 是常数。

注意:

(1) 在使用这些法则时要求每个参与极限运算的函数的极限必须存在;

(2) 商的极限运算法则有个前提,作为分母的函数的极限不能为零。

当上面的条件不具备时,不能使用极限的四则运算法则。

1.5.2　当 $x \to x_0$ 时有理分式函数的极限

例 27　求 $\lim\limits_{x \to 1} \dfrac{x^3 + 5x}{x^2 - 4x + 1}$。

解　因为分母的极限 $\lim\limits_{x \to 1}(x^2 - 4x + 1) = 1^2 - 4 \cdot 1 + 1 = -2 \neq 0$,所以 $\lim\limits_{x \to 1} \dfrac{x^3 + 5x}{x^2 - 4x + 1} = \dfrac{\lim\limits_{x \to 1}(x^3 + 5x)}{\lim\limits_{x \to 1}(x^2 - 4x + 1)} = \dfrac{1^3 + 5 \cdot 1}{1^2 - 4 \cdot 1 + 1} = \dfrac{6}{-2} = -3$。

例 28　求 $\lim\limits_{x \to 1} \dfrac{2x}{x^2 - 5x + 4}$。

解　$x \to 1$ 时,分母的极限是零,分子的极限是 2。不能用关于商的极限的定理将分子、分母分别取极限来计算。但因

$$\lim\limits_{x \to 1} \dfrac{x^2 - 5x + 4}{2x} = \dfrac{0}{2} = 0$$

故由定理 4 得　$\lim\limits_{x \to 1} \dfrac{2x}{x^2 - 5x + 4} = \infty$。

例 29　求 $\lim\limits_{x \to 3} \dfrac{x - 3}{x^2 - 9}$。

解　$x \to 3$ 时,分子分母的极限都是零,不能用关于商的极限的定理将分子分母分别取

极限来计算。因分子分母有公因式 $x-3$，而当 $x\to3$ 时，$x\neq3$，$x-3\neq0$，可约去这个不为零的公因子。所以

$$\lim_{x\to3}\frac{x-3}{x^2-9}=\lim_{x\to3}\frac{1}{x+3}=\frac{1}{6}$$

对于 $x\to x_0$ 时有理分式函数的极限，我们通常用这种因式分解约去零因子的方法。

 **练一练**

1. 求下列函数的极限。

(1) $\displaystyle\lim_{x\to2}\frac{x^2+4}{x+2}$；　　　　(2) $\displaystyle\lim_{x\to4}\frac{x^2-16}{x-4}$；　　　　(3) $\displaystyle\lim_{x\to-2}\frac{x^2+4}{x+2}$。

1.5.3　当 $x\to\infty$ 时有理分式函数的极限

例30　求 $\displaystyle\lim_{x\to\infty}\frac{2x^3+3x^2-5}{6x^3-5x+7}$。

解　当 $x\to\infty$ 时，分子分母的极限都是 ∞，而 ∞ 不是有限数，故不能用关于商的极限的定理将分子、分母分别取极限来计算。在这里先用 x^3 去除分子及分母，然后取极限：

$$\lim_{x\to\infty}\frac{2x^3+3x^2-5}{6x^3-5x+7}=\lim_{x\to\infty}\frac{2+\dfrac{3}{x}-\dfrac{5}{x^3}}{6-\dfrac{5}{x^2}+\dfrac{7}{x^3}}=\frac{2}{6}=\frac{1}{3}$$

例31　求 $\displaystyle\lim_{x\to\infty}\frac{2x^2-x+3}{4x^3+x^2-2}$。

解　先用 x^3 去除分子及分母，然后取极限得：

$$\lim_{x\to\infty}\frac{2x^2-x+3}{4x^3+x^2-2}=\lim_{x\to\infty}\frac{\dfrac{2}{x}-\dfrac{1}{x^2}+\dfrac{3}{x^3}}{4+\dfrac{1}{x}-\dfrac{2}{x^3}}=\frac{0}{4}=0$$

例32　求 $\displaystyle\lim_{x\to\infty}\frac{4x^3+x^2-2}{2x^2-x+3}$。

解　应用例31的结果并根据定理4，即得

$$\lim_{x\to\infty}\frac{4x^3+x^2-2}{2x^2-x+3}=\infty$$

当 $a_0\neq0$，$b_0\neq0$，m 和 n 为非负整数时有下列结论成立：

$$\lim_{x\to\infty}\frac{a_0x^m+a_1x^{m-1}+\cdots+a_m}{b_0x^n+b_1x^{n-1}+\cdots+b_n}=\begin{cases}\dfrac{a_0}{b_0}, & n=m,\\[2mm] 0, & n>m,\\[2mm] \infty, & n<m。\end{cases}$$

练一练

求下列函数的极限。

(1) $\lim\limits_{x\to\infty}\dfrac{x^2+x}{x^3+2x+1}$;

(2) $\lim\limits_{x\to\infty}\dfrac{3x^3+x}{x^3+2x+1}$;

(3) $\lim\limits_{x\to\infty}\dfrac{x^3+x}{x^2+2x+1}$。

1.5.4 特例

例 33 求 $\lim\limits_{x\to1}\left(\dfrac{1}{1-x}-\dfrac{3}{1-x^3}\right)$。

分析 当 $x\to1$ 时,上式两项极限都是 ∞,所以不能用差的极限运算法则,但先通分再求极限。

解
$$\lim_{x\to1}\left(\frac{1}{1-x}-\frac{3}{1-x^3}\right)=\lim_{x\to1}\left(\frac{1+x+x^2-3}{1-x^3}\right)$$
$$=\lim_{x\to1}\frac{(x-1)(x+2)}{(1-x)(1+x+x^2)}$$
$$=\lim_{x\to1}\frac{-(x+2)}{1+x+x^2}=-1$$

例 34 求 $\lim\limits_{x\to0}\dfrac{\sqrt{1+x^2}-1}{x^2}$。

解
$$\lim_{x\to0}\frac{\sqrt{1+x^2}-1}{x^2}=\lim_{x\to0}\frac{\left(\sqrt{1+x^2}-1\right)\cdot\left(\sqrt{1+x^2}+1\right)}{x^2\left(\sqrt{1+x^2}+1\right)}$$
$$=\lim_{x\to0}\frac{x^2}{x^2\left(\sqrt{1+x^2}+1\right)}$$
$$=\lim_{x\to0}\frac{1}{\sqrt{1+x^2}+1}$$
$$=\frac{1}{2}$$

习题 1.5

A. 基本题

1. 求下列极限。

(1) $\lim\limits_{x\to0}(3x^2-5x+2)$;

(2) $\lim\limits_{x\to\sqrt{3}}\dfrac{x^2-3}{x^4+x^2+1}$;

(3) $\lim\limits_{x\to0}\left(1-\dfrac{2}{x-3}\right)$;

(4) $\lim\limits_{x\to2}\dfrac{x^2-3}{x-2}$;

(5) $\lim\limits_{x \to 1} \dfrac{x^2 - 1}{2x^2 - x - 1}$。

B. 一般题

2. 求下列极限。

(1) $\lim\limits_{x \to 2} \dfrac{x^2 + 5}{x - 3}$;

(2) $\lim\limits_{x \to 1} \dfrac{x}{1 - x}$;

(3) $\lim\limits_{x \to 4} \dfrac{x^2 - 6x + 8}{x^2 - 5x + 4}$;

(4) $\lim\limits_{x \to 4} \dfrac{x^2 - 2x + 1}{x^3 - x}$;

(5) $\lim\limits_{x \to \infty} \dfrac{x^3 + x}{x^4 - 3x^2 + 1}$;

(6) $\lim\limits_{x \to \infty} \dfrac{x^3 + 2x - 5}{x + 7}$;

(7) $\lim\limits_{x \to \infty} \dfrac{-3x^3 + x + 1}{3x^3 + x^2 + 1}$;

(8) $\lim\limits_{x \to \infty} \dfrac{\sqrt[3]{x^2 + x}}{x + 2}$;

(9) $\lim\limits_{x \to \infty} \dfrac{x^2 + x + 1}{(x - 1)^2}$;

(10) $\lim\limits_{x \to \infty} \dfrac{(3x - 1)^3 (1 - 2x)^8}{(2x - 1)^{10}}$。

C. 提高题

3. 已知 $\lim\limits_{x \to 1} \dfrac{x^2 + ax + b}{1 - x} = 5$,求 a, b 的值。

1.6 两个重要极限

这一节里,将讨论以下两个重要的极限:

$$\lim_{x \to 0} \frac{\sin x}{x} = 1 \quad 及 \quad \lim_{x \to \infty} \left(1 + \frac{1}{x}\right)^x = e$$

1.6.1 极限存在的两个准则

准则 Ⅰ(夹逼准则) 在自变量的同一变化过程中,如果函数 $f(x), g(x), h(x)$ 总满足:

(1) $g(x) \leqslant f(x) \leqslant h(x)$;

(2) $\lim g(x) = \lim h(x) = A$。

则 $\lim f(x) = A$。

准则 Ⅱ(单调有界准则) 如果数列 $x_n = f(n)$ 是单调有界的,则 $\lim\limits_{n \to \infty} f(n)$ 一定存在。

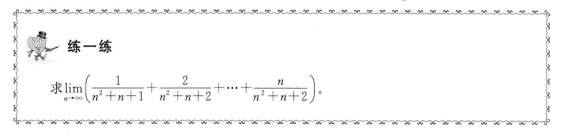

练一练

求 $\lim\limits_{n \to \infty} \left(\dfrac{1}{n^2 + n + 1} + \dfrac{2}{n^2 + n + 2} + \cdots + \dfrac{n}{n^2 + n + 2} \right)$。

1.6.2 两个重要极限

在经济学中,复利计息问题是一个重要的概念。所谓复利计息问题,就是将前一期的利息

与本金之和作为后一期的本金,然后反复计息。设本金为 p,年利率为 r,一年后的本利和为 s_1,则

$$s_1 = p + pr = p(1+r)$$

把 s_1 作为本金存入,第二年年末的本利和为

$$s_2 = s_1 + s_1 r = s_1(1+r) = p(1+r)^2$$

再把 s_2 存入,如此反复,第 n 年年末的本利和为

$$s_n = p(1+r)^n$$

这就是以年为期的复利公式。

若把一年均分为 t 期计息,这样每期利率可以认为是 $\dfrac{r}{t}$,于是 n 年的本利和为

$$s_n = p\left(1+\frac{r}{t}\right)^m, m = nt$$

假设计息期无限缩短,则期数无限增大,如何得到计算复利公式呢? 这就需要用到两个重要极限公式的知识。

1. $\lim\limits_{x\to 0}\dfrac{\sin x}{x} = 1$

由图 1-25 可以直观地看出,当 $x\to 0$ 时,函数 $\dfrac{\sin x}{x}\to 1$。

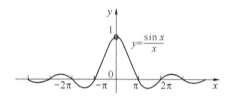

图 1-25

作为准则 I 的应用,下面来严格证明极限 $\lim\limits_{x\to 0}\dfrac{\sin x}{x} = 1$。

证　作如图 1-26 所示的单位圆,设圆心角 $\angle AOB = x\left(0 < x < \dfrac{\pi}{2}\right)$,点 A 处的切线与 OB 延长线相交于 D,又 $BC\perp OA$,则 $\sin x = BC$,AB 的弧长为 x,$\tan x = AD$。

因为 $\triangle AOB$ 的面积 $<$ 扇形 AOB 的面积 $<\triangle AOD$ 的面积,所以 $\dfrac{1}{2}\sin x < \dfrac{1}{2}x < \dfrac{1}{2}\tan x$,即 $\sin x < x < \tan x$。除以 $\sin x$,就有 $1 < \dfrac{x}{\sin x} < \dfrac{1}{\cos x}$,从而 $\cos x < \dfrac{\sin x}{x} < 1$。

因为上式中的三个函数都是偶函数,所以上面的不等式对于开区间 $\left(-\dfrac{\pi}{2},0\right)$ 内的一切 x 也是成立的。

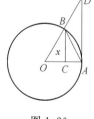

图 1-26

而当 $x\to 0$ 时,$\lim\limits_{x\to 0}\cos x = 1$,$\lim\limits_{x\to 0}1 = 1$,由准则 I 即得 $\lim\limits_{x\to 0}\dfrac{\sin x}{x} = 1$。

例 35　求 $\lim\limits_{x\to 1}\dfrac{\sin(x-1)}{x-1}$。

解　令 $u = x-1$,当 $x\to 1$ 时,$u = x-1\to 0$,于是有

$$\lim_{x \to 1} \frac{\sin(x-1)}{x-1} = \lim_{u \to 0} \frac{\sin u}{u} = 1$$

例 36 求 $\lim\limits_{x \to 0} \dfrac{\sin kx}{x}, k \neq 0$。

解 令 $t = kx$，则当 $x \to 0$ 时，$t \to 0$，

$$\lim_{x \to 0} \frac{\sin kx}{x} = \lim_{t \to 0} \frac{\sin t}{\frac{t}{k}} = k \lim_{t \to 0} \frac{\sin t}{t} = k。$$

当熟练之后可不必引入中间变量，第一个重要公式的一般形式 $\lim\limits_{\square \to 0} \dfrac{\sin \square}{\square} = 1$，其中 $\square$ 表示关于 x 的函数。

例 36 计算时可以省略 t，直接写成

$$\lim_{x \to 0} \frac{\sin kx}{x} = \lim_{x \to 0} k \cdot \frac{\sin kx}{kx} = k \lim_{x \to 0} \frac{\sin kx}{kx} = k$$

例 37 求 $\lim\limits_{x \to 0} \dfrac{\tan x}{x}$。

解 $\lim\limits_{x \to 0} \dfrac{\tan x}{x} = \lim\limits_{x \to 0} \left(\dfrac{\sin x}{x} \cdot \dfrac{1}{\cos x} \right) = \lim\limits_{x \to 0} \dfrac{\sin x}{x} \cdot \lim\limits_{x \to 0} \dfrac{1}{\cos x} = 1$。

例 38 求 $\lim\limits_{x \to 0} \dfrac{1 - \cos x}{x^2}$。

解 $\lim\limits_{x \to 0} \dfrac{1 - \cos x}{x^2} = \lim\limits_{x \to 0} \dfrac{2\sin^2 \frac{x}{2}}{x^2} = \lim\limits_{x \to 0} \dfrac{1}{2} \cdot \dfrac{\sin^2 \left(\frac{x}{2} \right)}{\left(\frac{x}{2} \right)^2} = \dfrac{1}{2} \lim\limits_{x \to 0} \left(\dfrac{\sin \frac{x}{2}}{\frac{x}{2}} \right)^2 = \dfrac{1}{2} \cdot 1^2 = \dfrac{1}{2}$。

例 39 求 $\lim\limits_{n \to \infty} n \sin \dfrac{\pi}{n}$。

解 当 $n \to \infty$ 时，有 $\dfrac{\pi}{n} \to 0$，因此

$$\lim_{n \to \infty} n \sin \frac{\pi}{n} = \lim_{n \to \infty} \pi \frac{\sin \frac{\pi}{n}}{\frac{\pi}{n}} = \pi \times 1 = \pi$$

2. $\lim\limits_{x \to \infty} \left(1 + \dfrac{1}{x} \right)^x = \mathrm{e}$

这里不加证明地给出第二个重要极限：$\lim\limits_{x \to \infty} \left(1 + \dfrac{1}{x} \right)^x = \mathrm{e}$ 或 $\lim\limits_{x \to 0} (1 + x)^{\frac{1}{x}} = \mathrm{e}$。

例 40 求 $\lim\limits_{x \to \infty} \left(1 + \dfrac{2}{x} \right)^x$。

解 令 $u = \dfrac{2}{x}$，当 $x \to \infty$ 时，$u \to 0$，于是有

$$\lim_{x \to \infty} \left(1 + \frac{2}{x} \right)^x = \lim_{u \to 0} (1 + u)^{\frac{2}{u}} = \left[\lim_{u \to 0} (1 + u)^{\frac{1}{u}} \right]^2 = \mathrm{e}^2$$

例 41　求 $\lim\limits_{x\to\infty}\left(1-\dfrac{1}{x}\right)^{x}$。

解　$u=-\dfrac{1}{x}$，当 $x\to\infty$ 时，$u\to0$，于是有

$$\lim_{x\to\infty}\left(1-\frac{1}{x}\right)^{x}=\lim_{u\to0}(1+u)^{-\frac{1}{u}}=\left[\lim_{u\to0}(1+u)^{\frac{1}{u}}\right]^{-1}=e^{-1}$$

熟练之后可不引入新变量，而抓住第二个重要极限的实质，有

$$\lim_{\square\to0}(1+\square)^{\frac{1}{\square}}=e\quad\text{或}\quad\lim_{\square\to\infty}\left(1+\frac{1}{\square}\right)^{\square}=e$$

例 42　求 $\lim\limits_{x\to\infty}\left(1+\dfrac{1}{x}\right)^{x+5}$。

解　$\lim\limits_{x\to\infty}\left(1+\dfrac{1}{x}\right)^{x+5}=\lim\limits_{x\to\infty}\left(1+\dfrac{1}{x}\right)^{x}\cdot\left(1+\dfrac{1}{x}\right)^{5}$

$$=\lim_{x\to\infty}\left(1+\frac{1}{x}\right)^{x}\cdot\lim_{x\to\infty}\left(1+\frac{1}{x}\right)^{5}=e\cdot1^{5}=e$$

例 43　求 $\lim\limits_{x\to0}(1+2x)^{\frac{1}{x}}$。

解　$\lim\limits_{x\to0}(1+2x)^{\frac{1}{x}}=\lim\limits_{x\to0}\left[(1+2x)^{\frac{1}{2x}}\right]^{2}=e^{2}$。

例 44　求 $\lim\limits_{x\to\infty}\left(1+\dfrac{1}{2x}\right)^{x}$。

解　$\lim\limits_{x\to\infty}\left(1+\dfrac{1}{2x}\right)^{x}=\lim\limits_{x\to\infty}\left[\left(1+\dfrac{1}{2x}\right)^{2x}\right]^{\frac{1}{2}}=e^{\frac{1}{2}}$。

在本节开头我们介绍复利公式时，提到假设计息期无限缩短，则期数无限增大（即 $t\to\infty$），那么如何列出和计算连续复利的复利公式呢？现在我们可以利用极限的知识和第二个重要极限公式来解决。

因计息期无限缩短，则期数 $t\to\infty$，于是得到计算连续复利的复利公式为

$$s_{n}=\lim_{t\to\infty}p\left(1+\frac{r}{t}\right)^{nt}=p\lim_{t\to\infty}\left(1+\frac{r}{t}\right)^{nt}=pe^{rn}$$

 **练一练**

　1. 求下列函数的极限。

　(1) $\lim\limits_{x\to\infty}\left(1-\dfrac{2}{x}\right)^{x}$；　　　　(2) $\lim\limits_{x\to0}(1-3x)^{\frac{1}{x}}$。

1.6.3　利用等价无穷小代换求极限

前面我们求出了一些极限，如 $\lim\limits_{x\to0}\dfrac{\sin x}{x}=1$，$\lim\limits_{x\to0}\dfrac{\tan x}{x}=1$ 等，从这些极限中可以得出 $\sin x\sim x$（当 $x\to0$ 时）；$\tan x\sim x$（当 $x\to0$ 时）。

关于等价无穷小，有一个非常重要的性质。

定理 6 ［等价无穷小代换］设 $\alpha:\alpha'$，$\beta:\beta'$，且 $\lim\dfrac{\beta'}{\alpha'}$ 存在，则

$$\lim\frac{\beta}{\alpha}=\lim\frac{\beta'}{\alpha'}$$

证 $\lim\dfrac{\beta}{\alpha}=\lim\dfrac{\beta}{\beta'}\cdot\dfrac{\beta'}{\alpha'}\cdot\dfrac{\alpha'}{\alpha}=\lim\dfrac{\beta}{\beta'}\lim\dfrac{\beta'}{\alpha'}\lim\dfrac{\alpha'}{\alpha}=\lim\dfrac{\beta'}{\alpha'}$。

这个定理通常称之为等价无穷小代换定理。利用这个性质,求两个无穷小之比的极限时,分子及分母都可用等价无穷小来代替,更进一步,分子及分母中的无穷小乘积因子也可用等价无穷小来代替。因此,如果用来代替的无穷小选得适当的话,可使计算简化。

下面再给出一些当 $x\to0$ 时的等价无穷小(证略)。

$$\arcsin x\sim x；\quad\arctan x\sim x；\quad 1-\cos x\sim\frac{x^2}{2}；$$

$$\sqrt[n]{1+x}-1\sim\frac{x}{n}；\quad\ln(1+x)\sim x；\quad e^x-1\sim x。$$

例 45 求 $\lim\limits_{x\to0}\dfrac{\tan 2x}{\sin 3x}$。

解 当 $x\to0$ 时,$\tan 2x\sim 2x$,$\sin 3x\sim 3x$,所以

$$\lim_{x\to0}\frac{\tan 2x}{\sin 3x}=\lim_{x\to0}\frac{2x}{3x}=\frac{2}{3}$$

例 46 求 $\lim\limits_{x\to0}\dfrac{\sin^2 5x}{x\sin 2x}$。

解 当 $x\to0$ 时,$\sin 5x\sim 5x$,$\sin 2x\sim 2x$,所以

$$\lim_{x\to0}\frac{\sin^2 5x}{x\sin 2x}=\lim_{x\to0}\frac{(5x)^2}{x\cdot 2x}=\frac{25}{2}$$

注意:只有当分子或分母为函数的连乘积时,各个乘积因子才可以分别用它们的等价无穷小量代换。而对于和或差中的函数,一般不能分别用等价无穷小量代换。例如

$$\lim_{x\to0}\frac{\tan x-\sin x}{\sin^3 x}=\lim_{x\to0}\frac{x-x}{x^3}=\lim_{x\to0}0=0\ 是不正确的。$$

正确做法如下:

$$\lim_{x\to0}\frac{\tan x-\sin x}{\sin^3 x}=\lim_{x\to0}\frac{1-\cos x}{\cos x\cdot\sin^2 x}=\lim_{x\to0}\frac{\dfrac{x^2}{2}}{\cos x\cdot x^2}=\frac{1}{2}\lim_{x\to0}\frac{1}{\cos x}=\frac{1}{2}$$

 练一练

利用等价无穷小代换求下列函数的极限。

(1) $\lim\limits_{x\to0}\dfrac{x}{\sin x}$；　　　　　(2) $\lim\limits_{x\to0}\dfrac{\sin 5x}{x}$；　　　　　(3) $\lim\limits_{x\to0}\dfrac{x^2}{\sin^2\dfrac{x}{3}}$。

习题 1.6

A. 基本题

1. 求下列函数的极限。

(1) $\lim\limits_{x\to 0}\dfrac{\sin\frac{3x}{2}}{x}$；

(2) $\lim\limits_{x\to\infty}x\sin\dfrac{2}{x}$；

(3) $\lim\limits_{x\to 0}\dfrac{x}{x+\sin x}$；

(4) $\lim\limits_{x\to\infty}\left(1-\dfrac{1}{2x}\right)^{x}$；

(5) $\lim\limits_{x\to 0}(1+2x)^{\frac{1}{x}}$。

B. 一般题

2. 求下列函数的极限。

(1) $\lim\limits_{x\to 0}\dfrac{\sin 2x}{\sin 5x}$；

(2) $\lim\limits_{x\to 0}\dfrac{x}{4\sin 4x}$；

(3) $\lim\limits_{x\to\infty}\left(\dfrac{x+5}{x}\right)^{x}$；

(4) $\lim\limits_{x\to\infty}\left(1+\dfrac{1}{3x}\right)^{x}$；

(5) $\lim\limits_{x\to\infty}\left(1-\dfrac{3}{x}\right)^{x}$；

(6) $\lim\limits_{x\to\infty}\left(1+\dfrac{1}{x}\right)^{x+2}$。

C. 提高题

3. 利用等价无穷小的性质求下列函数的极限。

(1) $\lim\limits_{x\to 0}\dfrac{1-\cos 5x}{\sin x^{2}}$；

(2) $\lim\limits_{x\to 0^{+}}\dfrac{\sin 3x}{\sqrt{1-\cos x}}$。

1.7　函数的连续性

在许多实际问题中,一些变量的变化往往是"连续"不断的。例如,一天中的气温的变化是"连续"不断的,即当时间的改变极其微小时,气温的改变也极其微小。生活中还有大量连续性现象,如人体身高的增长、物体的运动、生命的延续等。我们通常用"连续"来描述那些没有突然性改变的过程。连绵不断发展变化的事物在量方面的反映就是连续函数。18 世纪,人们对连续函数的研究仍停留在几何直观上:连续函数的图形能一笔画成。直到 19 世纪,当建立起严格的极限理论之后,才对连续作出了数学上的精确表述。那么突然性的改变在数学上有什么特征呢?

1.7.1　函数的连续性

我们先引入增量的概念,然后给出函数连续的定义。

1. 函数的增量

定义 17　设函数 $y=f(x)$ 在点 x_0 的某一邻域内有定义,当自变量从初值 x_0 变到终值 x,

对应的函数值也由 $f(x_0)$ 变到 $f(x)$,则自变量的终值与初值的差,即 $x-x_0$,称为自变量的增量,记作 Δx,即 $\Delta x=x-x_0$;而函数的终值与初值的差,即 $f(x)-f(x_0)$,称为函数的增量,记作 Δy,即

$$\Delta y=f(x)-f(x_0)$$

由于 $\Delta x=x-x_0$,自变量的终值 $x=x_0+\Delta x$,所以函数的增量又有以下表示:$\Delta y=f(x_0+\Delta x)-f(x_0)$。

应当注意:增量记号 Δx,Δy 是不可分割的整体,都是代数量,可正可负。

例如,当 $x<x_0$ 时,就有 $\Delta x<0$。函数增量的几何解释如图 1-27 所示。从图

可见,当自变量的增量 Δx 变化时,相应的函数的增量 Δy 一般也随着改变。

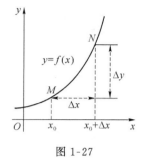

图 1-27

例 47 设 $y=f(x)=3x^2-1$,求适合下列条件的自变量的增量 Δx 和相应的函数的增量 Δy。

(1) 当 x 由 1 变到 1.5;

(2) 当 x 由 1 变到 $1+\Delta x$。

解 (1) $\Delta x=1.5-1=0.5$,$\Delta y=f(1.5)-f(1)=5.75-2=3.75$。

(2) 自变量的增量为 $1+\Delta x-1=\Delta x$,函数的增量

$$\Delta y=f(1+\Delta x)-f(1)=[3(1+\Delta x)^2-1]-2=6\Delta x+3(\Delta x)^2$$

2. 函数的连续性

我们知道人体的高度 h 是时间 t 的函数 $h(t)$,而且 h 随着 t 的变化而连续变化。即当时间 t 的变化很微小时,人的高度的变化也很微小,即当 $\Delta t\to 0$ 时,$\Delta h\to 0$。由此可以看出,函数在某点连续具有以下数学特征:

$$\lim_{\Delta x\to 0}\Delta y=0$$

据此,给出定义

定义 18 设函数 $y=f(x)$ 在点 x_0 的某一邻域内有定义,如果当自变量在 x_0 的增量 $\Delta x=x-x_0$ 趋近于零时,函数的增量 $\Delta y=f(x_0+\Delta x)-f(x_0)$ 也趋近于零,即

$$\lim_{\Delta x\to 0}\Delta y=\lim_{\Delta x\to 0}[f(x_0+\Delta x)-f(x_0)]=0$$

则称函数 $y=f(x)$ 在点 x_0 处连续。

由于 $\Delta x=x-x_0$,$\Delta y=f(x)-f(x_0)$,当 $\Delta x\to 0$ 时,$x\to x_0$,所以 $y=f(x)$ 在点 x_0 处连续也可写成

$$\lim_{x\to x_0}[f(x)-f(x_0)]=0$$

即 $\lim\limits_{x\to x_0}f(x)=f(x_0)$,因此,函数 $y=f(x)$ 在点 x_0 处连续的定义又可叙述如下:

定义 19 设函数 $y=f(x)$ 在点 x_0 的某一邻域内有定义,如果当 $x\to x_0$ 时,函数 $f(x)$ 的极限存在,且等于它在点 x_0 的函数值 $f(x_0)$,即

$$\lim_{x\to x_0}f(x)=f(x_0)$$

则称函数 $y=f(x)$ 在点 x_0 处连续。

如果 $\lim\limits_{x\to x_0^+}f(x)=f(x_0)$,则称函数 $y=f(x)$ 在点 x_0 处右连续;

如果 $\lim\limits_{x \to x_0^-} f(x) = f(x_0)$，则称函数 $y = f(x)$ 在点 x_0 处左连续；

显然，函数 $y = f(x)$ 在点 x_0 处连续的充要条件是函数 $y = f(x)$ 在点 x_0 处左、右都连续。

例 48　设函数 $f(x) = \begin{cases} x^2 - 1, & x < 0, \\ x^2 + 1, & x \geqslant 0, \end{cases}$ 讨论 $f(x)$ 在点 $x = 0$ 处的连续性。

解　这是分段函数，$x = 0$ 是其分段点。因 $f(0) = 1$，又

$$\lim_{x \to 0^-} f(x) = \lim_{x \to 0^-} (x^2 - 1) = -1, \quad \lim_{x \to 0^+} f(x) = \lim_{x \to 0^+} (x^2 + 1) = 1$$

所以函数在点 $x = 0$ 处右连续，但左不连续，从而它在点 $x = 0$ 处不连续。

函数在一点连续的定义很自然地可以推广到一个区间上。

如果函数 $y = f(x)$ 在开区间 (a, b) 内的每一点都连续，则称函数 $y = f(x)$ 在开区间 (a, b) 内连续。

如果函数 $y = f(x)$ 在闭区间 $[a, b]$ 上有定义，在区间 (a, b) 内连续，且在右端点左连续，在左端点右连续，则称函数 $y = f(x)$ 在闭区间 $[a, b]$ 上连续。

连续函数的图形是一条连续而不间断的曲线。

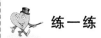

练一练

1. 求函数 $y = -x^2 + \dfrac{1}{2}x$，当 $x = 1$，$\Delta x = 0.5$ 时的增量 Δy。

2. 讨论函数 $f(x) = \begin{cases} x + 1, & x \leqslant 2 \\ \dfrac{x^2 - 4}{x - 2}, & x > 2 \end{cases}$，在点 $x = 2$ 的连续性。

1.7.2　初等函数的连续性

由连续函数定义可得出以下结论：

(1) 若函数 $f(x)$ 在点 x_0 处连续，则 $f(x)$ 在点 x_0 处的极限一定存在；反之，若 $f(x)$ 在点 x_0 处的极限存在，则函数 $f(x)$ 在点 x_0 处不一定连续。如 $\dfrac{\sin x}{x}$ 在 $x = 0$ 处。

(2) 若函数 $f(x)$ 在点 x_0 处连续，要求 $x \to x_0$ 时 $f(x)$ 的极限，只需求出 $f(x)$ 在点 x_0 处的函数值 $f(x_0)$ 即可。

(3) 当函数 $y = f(x)$ 在点 x_0 处连续时，有 $\lim\limits_{x \to x_0} f(x) = f(x_0) = f(\lim\limits_{x \to x_0} x)$。

这一等式意味着在函数连续的前提下，极限符号与函数符号可以互换。

由连续的定义及极限的运算和复合函数的极限运算法则，容易证明得到连续函数以下性质：

(1) 若函数 $f(x)$ 与 $g(x)$ 在点 x_0 处连续，则 $f(x) \pm g(x)$、$f(x)g(x)$、$\dfrac{f(x)}{g(x)}$（当 $g(y) \neq 0$ 时）在点 x_0 处连续。

(2) 设函数 $u = \varphi(x)$ 在点 x_0 处连续，$y = f(u)$ 在点 u_0 处连续，且 $u_0 = \varphi(x_0)$，则复合函数

$y=f[\varphi(x)]$在点 x_0 处连续。

由第 1 章基本初等函数的图像在其定义域内都是连续的曲线,故基本初等函数在其定义域内都是连续的。由连续函数的上述两个性质,得到下列重要的结论。

初等函数在其定义区间内都是连续的。

由此可得,初等函数在其定义区间内任一点处的极限值等于该点处的函数值。

例 49 求 $\lim\limits_{x\to 2}\dfrac{x^2+5}{x-3}$。

解 $\lim\limits_{x\to 2}\dfrac{x^2+5}{x-3}=\dfrac{2^2+5}{2-3}=-9$。

例 50 求 $\lim\limits_{x\to \frac{\pi}{2}}\dfrac{\ln(1+\cos x)}{\sin x}$。

解 因为函数 $f(x)=\dfrac{\ln(1+\cos x)}{\sin x}$ 是初等函数,且 $x=\dfrac{\pi}{2}$ 属于其定义区间,所以

$$\lim_{x\to \frac{\pi}{2}}\frac{\ln(1+\cos x)}{\sin x}=\frac{\ln\left(1+\cos\dfrac{\pi}{2}\right)}{\sin\dfrac{\pi}{2}}=\frac{\ln(1+0)}{1}=0$$

例 51 求 $\lim\limits_{x\to 0}\dfrac{\ln(1+x)}{x}$。

解 $y=\dfrac{\ln(1+x)}{x}=\ln(1+x)^{\frac{1}{x}}$ 由 $y=\ln u, u=(1+x)^{\frac{1}{x}}$ 复合而成,

因为 $\lim\limits_{x\to 0}(1+x)^{\frac{1}{x}}=e$,而函数 $y=\ln u$ 在 $u=e$ 连续,

所以 $\lim\limits_{x\to 0}\dfrac{\ln(1+x)}{x}=\lim\limits_{x\to 0}\ln(1+x)^{\frac{1}{x}}=\ln[\lim\limits_{x\to 0}(1+x)^{\frac{1}{x}}]=\ln e=1$。

1.7.3 函数的间断点

若函数 $f(x)$ 在点 x_0 不满足连续的定义,则称点 x_0 为函数 $f(x)$ 的不连续点或间断点。

若 x_0 为函数 $f(x)$ 的间断点,按连续的定义,所有可能的情形有以下三种:

(1) $f(x)$ 虽然在点 x_0 的左右近旁有定义,但在点 x_0 无定义;

(2) $\lim\limits_{x\to x_0}f(x)$ 不存在;

(3) 虽 $f(x_0)$ 及 $\lim\limits_{x\to x_0}f(x)$ 都存在,但 $\lim\limits_{x\to x_0}f(x)\neq f(x_0)$。

例如,下面三个函数在 $x=1$ 都不连续。

(1) 函数 $f(x)=\dfrac{x^2-1}{x-1}$,由于在 $x=1$ 没有定义,故这个函数在 $x=1$ 不连续,如图 1-28 所示。

(2) 函数 $f(x)=\begin{cases}x+1, & x>1,\\ 0, & x=1,\\ x-1, & x<1,\end{cases}$ 虽在 $x=1$ 有定义,但由于 $\lim\limits_{x\to 1}f(x)$ 不存在,故这个函数在 $x=1$ 不连续,如图 1-29 所示。

(3) 函数 $f(x)=\begin{cases}x+1, & x\neq 1,\\ 0, & x=1,\end{cases}$ 虽在 $x=1$ 有定义,$\lim\limits_{x\to 1}f(x)=2$ 也存在,但因为 $\lim\limits_{x\to 1}$

$f(x) \neq f(1)$，故这个函数在 $x=1$ 不连续，如图 1-30 所示。

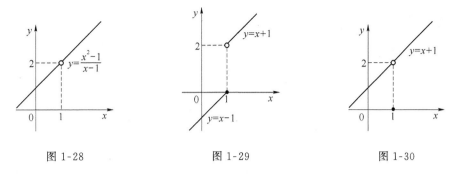

图 1-28　　　　　　　图 1-29　　　　　　　图 1-30

间断点通常分为第一类间断点和第二类间断点：

设 x_0 是函数 $y=f(x)$ 的间断点，如果左极限 $\lim\limits_{x \to x_0^-} f(x)$ 与右极限 $\lim\limits_{x \to x_0^+} f(x)$ 都存在，则称 x_0 为第一类间断点；其余的间断点称为第二类间断点。在第一类间断点中，如果 $\lim\limits_{x \to x_0^-} f(x) = \lim\limits_{x \to x_0^+} f(x)$，即 $\lim\limits_{x \to x_0} f(x)$ 存在，则称这种第一类间断点为可去间断点。

下面再举几个例子说明函数间断点的类型。

例 52　函数 $y=\dfrac{1}{x^2}$ 在 $x=0$ 无定义，且 $\lim\limits_{x \to 0}\dfrac{1}{x^2}=\infty$，因此 $x=0$ 是函数的第二类间断点。

因为 $\lim\limits_{x \to 0}\dfrac{1}{x^2}=\infty$，所以也称 $x=0$ 是 $y=\dfrac{1}{x^2}$ 的无穷间断点，如图 1-31 所示。

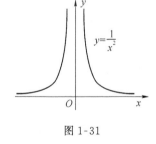

例 53　讨论函数 $f(x)=\dfrac{\sin x}{x}$ 在 $x=0$ 的连续性。

解　$f(x)=\dfrac{\sin x}{x}$ 在 $x=0$ 无定义，又 $\lim\limits_{x \to 0}\dfrac{\sin x}{x}=1$，所以 $x=0$

图 1-31

是函数 $f(x)=\dfrac{\sin x}{x}$ 的第一类间断点，这种极限存在的间断点称为可去间断点。实际上如果补充定义：

$$f(0)=1，即 f(x)=\begin{cases} \dfrac{\sin x}{x}, & x \neq 0, \\ 1, & x=0, \end{cases} \quad 那么补充定义后的函数 f(x) 在 x=0 连续。$$

例 54　函数 $f(x)=\begin{cases} x+1, & x>1 \\ 0, & x=1 \\ x-1, & x<1 \end{cases}$。当 $x \to 1$ 时，左极限 $\lim\limits_{x \to 1^-} f(x)=\lim\limits_{x \to 1^-}(x-1)=0$；右极

限 $\lim\limits_{x \to 1^+} f(x)=\lim\limits_{x \to 1^+}(x+1)=2$，因此 $\lim\limits_{x \to 1} f(x)$ 不存在，$x=1$ 是函数 $f(x)$ 的第一类间断点，这种间断点又称为跳跃间断点。

注意：由于初等函数在其定义区间内是连续的，故其间断点为没有定义的点；分段函数的间断点除了考虑没有定义的点外，还需考虑分段点、分段函数在分段点处有可能连续，有可能间断，一般用连续的定义进行判断。

练一练

1. 求下列函数的间断点。

(1) $y=\dfrac{1}{x+2}$；　　　　　　　　　　(2) $y=\dfrac{x^2-1}{x^2-3x+2}$。

2. 讨论函数 $f(x)=\begin{cases}x-1,0<x\leqslant 1\\2-x,1<x\leqslant 3\end{cases}$，在 $x=1$ 处的连续性。

1.7.4　闭区间上连续函数的性质

闭区间上的连续函数具有一些重要的性质，这些性质有助于对函数进行进一步的分析。下面将介绍在闭区间上连续函数的两个重要性质，这些性质在理论上和实践上都有着广泛的应用，它们的几何意义都很直观，容易理解。

定理 7　（**最大值和最小值定理**）在闭区间上连续的函数一定有最大值和最小值。

这就是说，如果函数 $f(x)$ 在闭区间 $[a,b]$ 上连续，那么至少有一点 $x_1\in[a,b]$，使 $f(x_1)$ 是 $f(x)$ 在 $[a,b]$ 上的最大值；又至少有一点 $x_2\in[a,b]$，使 $f(x_2)$ 是 $f(x)$ 在 $[a,b]$ 上的最小值，如图 1-32 所示。

注意：如果函数 $f(x)$ 在开区间内连续或在闭区间上有间断点，则 $f(x)$ 不一定有最大值和最小值。

例如，函数 $f(x)=x$ 在开区间 $(0,1)$ 内连续，既没有最大值，也没有最小值。又如，函数 $f(x)=\dfrac{1}{x}$ 在闭区间 $[-1,1]$ 有一个无穷间断点 $x=0$，它也没有最大值和最小值。

定理 8　（**介值定理**）设函数 $f(x)$ 在闭区间 $[a,b]$ 上连续，且在这区间的端点取不同的数值

$$f(a)=A,\quad f(b)=B$$

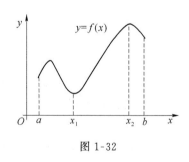

图 1-32

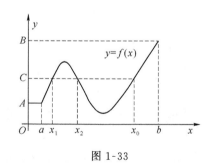

图 1-33

那么，对于 A 与 B 之间的任意一个常数 C，在开区间 (a,b) 内至少存在一点 $x_0(a<x_0<b)$，使得 $f(x_0)=C$。

这个定理的几何意义是：

连续曲线弧 $y=f(x)$ 与水平直线 $y=C$ 至少相交于一点，如图 1-33 所示。它说明连续函数在变化过程中必定经过一切中间值，从而反映了变化的连续性。

推论　若函数 $f(x)$ 在闭区间 $[a,b]$ 上连续,且 $f(a)$ 与 $f(b)$ 异号,则在 (a,b) 内至少有一点 ξ 存在,使得 $f(\xi)=0$。

习题 1.7

A. 基本题

1. 求函数 $y=x^2+x-2$,当 $x=1,\Delta x=0.5$ 时的增量 Δy 及当 $x=1,\Delta x=-0.5$ 时的增量 Δy。

2. 求下列函数的间断点,并判断其类型。

(1) $f(x)=x\cos\dfrac{1}{x}$;　　　(2) $f(x)=2^{-\frac{1}{x}}$;　　　(3) $f(x)=\begin{cases}x-1, & x\leqslant 1 \\ 3-x, & x>1\end{cases}$。

B. 一般题

3. 讨论函数 $f(x)=\begin{cases}x, & 0<x<1 \\ 1, & x=1 \\ 2-x, & 1<x<2\end{cases}$,在 $x=1$ 处的连续性。

4. 讨论函数 $f(x)=\begin{cases}x^2-1, & 0\leqslant x\leqslant 1 \\ x+3, & x>1\end{cases}$,在 $x=1$ 处的连续性。

5. 设函数 $f(x)=\begin{cases}\dfrac{2}{x}\sin x, & x<0 \\ k, & x=0 \\ x\sin\dfrac{1}{x}+2, & x>0\end{cases}$,试确定 k 的值,使 $f(x)$ 在定义域内连续。

6. 下列函数在 $x=0$ 是否连续? 为什么?

(1) $f(x)=\begin{cases}1-\cos x, & x<0 \\ x+2, & x\geqslant 0\end{cases}$。

(2) $f(x)=\begin{cases}1+\dfrac{1}{x+1}, & x\leqslant 0 \\ \dfrac{\ln(1+2x)}{x}, & x>0\end{cases}$。

C. 提高题

7. 若函数 $f(x)=\begin{cases}x+1, & x<1 \\ ax+b, & 1\leqslant x<2 \\ 3x, & x\geqslant 2\end{cases}$ 连续,求 a,b 的值。

8. 计算下列极限。

(1) $\lim\limits_{x\to 0}\dfrac{\sqrt{1+\sin x}-\sqrt{1-\sin x}}{x}$;　　　　　　(2) $\lim\limits_{x\to 0}\dfrac{\sqrt{2x+1}-3}{\sqrt{x-2}-\sqrt{2}}$。

复习题 1

(历年专插本考试真题)

一、单项选择题

1. (2011/1)下列极限等式中,正确的是( )。

A. $\lim\limits_{x\to\infty}\dfrac{\sin x}{x}=1$　　B. $\lim\limits_{x\to\infty}e^x=\infty$　　C. $\lim\limits_{x\to0^-}e^{\frac{1}{x}}=0$　　D. $\lim\limits_{x\to0}\dfrac{|x|}{x}=1$

2. (2011/2) 若函数 $f(x)=\begin{cases}(1+ax)^{\frac{1}{x}}, & x>0 \\ 2+x, & x\leqslant0\end{cases}$ 在的 $x=0$ 处连续,则常数 $a=$ ( )。

A. $-\ln 2$　　　B. $\ln 2$　　　C. 2　　　D. e^2

3. (2010/1) 设函数 $y=f(x)$ 的定义域为 $(-\infty,+\infty)$,则函数 $y=\dfrac{1}{2}\big[f(x)-f(-x)\big]$ 在其定义域上是( )。

A. 偶函数　　　B. 奇函数　　　C. 周期函数　　　D. 有界函数

4. (2010/2) $x=0$ 是函数 $f(x)=\begin{cases}e^{\frac{1}{x}}; & x<0 \\ 0, & x\geqslant0\end{cases}$,的( )。

A. 连续点
B. 第一类可去间断点
C. 第一类跳跃间断点
D. 第二类间断点

5. (2010/3) 当 $x\to0$ 时,下列无穷小量中,与 x 等价的是( )。

A. $1-\cos x$
B. $\sqrt{1-x^2}-1$
C. $\ln(1+x)+x^2$
D. $e^{x^2}-1$

6. (2009/1) 设 $f(x)=\begin{cases}3x+1, & x<0 \\ 1-x, & x\geqslant0\end{cases}$,则 $\lim\limits_{x\to0^+}\dfrac{f(x)-f(0)}{x}=$ ( )。

A. -1　　　B. 1　　　C. 3　　　D. ∞

7. (2009/2) 极限 $\lim\limits_{x\to0}\left(x\sin\dfrac{2}{x}+\dfrac{2}{x}\sin x\right)=$ ( )。

A. 0　　　B. 1　　　C. 2　　　D. ∞

8. (2008/1)下列函数为奇函数的是( )。

A. x^2-x　　　B. e^x+e^{-x}　　　C. e^x-e^{-x}　　　D. $x\sin x$

9. (2008/2) 极限 $\lim\limits_{x\to0}(1+x)^{-\frac{1}{x}}=$ ( )。

A. e　　　B. e^{-1}　　　C. 1　　　D. -1

10. (2007/1) 函数 $f(x)=2\ln\dfrac{x}{\sqrt{1+x^2}-1}$ 的定义域是( )。

A. $(-\infty,0)\bigcup(0,+\infty)$
B. $(-\infty,0)$
C. $(0,+\infty)$
D. $\varnothing$

11. (2007/2) 极限 $\lim\limits_{x\to 2}(x-2)\sin\dfrac{1}{2-x}$（　　）。

A. 等于 -1　　　B. 等于 0　　　C. 等于 1　　　D. 不存在

12. (2006/2) 设函数 $f(x)$ 在点 x 处连续，且 $\lim\limits_{x\to x_0}\dfrac{f(x)}{x-x_0}=4$，则 $f(x_0)=$（　　）。

A. -4　　　　B. 0　　　　C. $\dfrac{1}{4}$　　　　D. 4

13. (2006/3) 设函数 $f(x)=\begin{cases}a(1+x)^{\frac{1}{x}}, & x>0\\ x\sin\dfrac{1}{x}+\dfrac{1}{2}, & x<0\end{cases}$，若 $\lim\limits_{x\to 0}f(x)$ 存在，则 $a=$（　　）。

A. $\dfrac{3}{2}$　　　B. $\dfrac{1}{2}\mathrm{e}^{-1}$　　　C. $\dfrac{3}{2}\mathrm{e}^{-1}$　　　D. $\dfrac{1}{2}$

14. (2005/1) 下列等式中，不成立的是（　　）。

A. $\lim\limits_{x\to\pi}\dfrac{\sin(x-\pi)}{x-\pi}=1$　　　　B. $\lim\limits_{x\to\infty}x\sin\dfrac{1}{x}=1$

C. $\lim\limits_{x\to 0}x\sin\dfrac{1}{x}=0$　　　　D. $\lim\limits_{x\to 0}\dfrac{\sin x^2}{x}=1$

15. (2003/一.2) 下列函数中是偶函数的是（　　）。

A. $f(x)=2\ln x$　　　　B. $f(x)=x$

C. $f(x)=2\sin x\cos x$　　　　D. $F(x)=f(x)+f(-x)$

16. (2002/9) 若 $f(x)=x\cdot\dfrac{a^x-1}{a^x+1}$，则下面说法正确的是（　　）。

A. $f(x)$ 是奇函数　　　　B. $f(x)$ 是偶函数

C. $f(x)$ 是非奇非偶函数　　　　D. $f(x)$ 无法判断

二、填空题

1. (2011/6) 若当 $x\to\infty$ 时，$\dfrac{kx}{(2x+3)^4}$ 与 $\dfrac{1}{x^3}$ 是等价无穷小，则常数 $k=$_____。

2. (2010/6) 设 a,b 为常数，若 $\lim\limits_{x\to\infty}\left(\dfrac{ax^2}{x+1}+bx\right)=2$，则 $a+b=$_____。

3. (2009/6) 若当 $x\to 0$ 时，$\sqrt{1-ax^2}-1\sim 2x^2$，则常数 $a=$_____。

4. (2007/6) 极限 $\lim\limits_{x\to\infty}\left(\dfrac{x-1}{x+1}\right)^x=$_____。

5. (2007/7) 设 $f(x)=\dfrac{\sqrt{x+1}-2}{x-3}$，要使 $f(x)$ 在 $x=3$ 处连续，应补充定义 $f(3)=$_____。

6. (2005/9) 若函数 $f(x)=\begin{cases}a(x+1), & x\leqslant 0\\ (1+2x)^{\frac{1}{x}}, & x>0\end{cases}$，在 $x=0$ 处连续，则 $a=$_____。

7. (2004/1) 函数 $y=\dfrac{1}{x}-\sqrt{1-x^2}$ 的定义域是_____。

8. (2004/2) $\lim\limits_{x\to 0}\dfrac{\tan 2x}{x^3+5x}=$_____。

9. (2003/一.4) $\lim\limits_{x\to\infty}\left(1+\dfrac{1}{ax}\right)^{x-1}=$_____，其中 $a\neq 0$。

10. (2003/一.5) $\lim\limits_{x\to\infty}\left(\dfrac{\sin x^2}{x}+x\sin\dfrac{1}{x}\right)=$ _____。

11. (2001/一.1) 设 $f(x)=3x+2$，$g(x)=4x+k$，且 $f[g(x)]=g[f(x)]$，则 $k=$ _____。

12. (2001/一.2) 如果 $\lim\limits_{x\to0}\dfrac{3\sin kx}{x}=\dfrac{3}{2}$ ，则 $k=$ _____。

13. (2001/一.3) $f(x)=\begin{cases}(1+kx)^{\frac{m}{x}}, & x\neq0 \\ a, & x=0\end{cases}$。($k$，$m$ 为常数)，$f(x)$ 在 $x=0$ 处连续，则

$a=$ _____。

三、计算题

1. (2006/11) 求极限 $\lim\limits_{x\to0}n\left[\ln\left(2+\dfrac{1}{n}\right)-\ln 2\right]$。

2. (2005/11) 求极限 $\lim\limits_{n\to\infty}(\sqrt{n^2+n}-\sqrt{n^2+1})$。

四、综合题

(2003/四.1) 已知 $f(x)=\begin{cases}(1+x^2)^{\frac{1}{x}}, & x\neq0 \\ 1, & x=0\end{cases}$。试判断函数 $f(x)$ 在 $x=0$ 处的连续性。

第 2 章 导数与微分

在很多实际问题中,当我们研究量的变化时,变化的快慢常是一个很重要的讨论内容,例如运动物体的速度、物体温度变化的速度、放射性元素物质的蜕变速度等,所有这些在数量关系上都归结为函数的变化率,即导数。而微分则与导数密切相关,它指明当变量有微小变化时,函数大体上的变化情况。本章讲述微分学中的两个重要概念——导数与微分及其计算方法。

2.1 导数的概念

2.1.1 引出导数概念的实例

1. 瞬时速度问题

我们知道,当物体做匀速直线运动时,它在任何时刻的速度等于走过的路程与所用的时间之比,即:

$$速度 = \frac{路程}{时间}$$

但是,在实际问题中,运动往往是非匀速的,因此上述公式是表示物体走完某一路程的平均速度,而不能反映出在任一时刻物体运动的快慢。要想精确地刻画出物体运动中的这种变化,就需要进一步讨论物体在运动过程中任一时刻的速度,即所谓瞬时速度。

设某质点沿直线运动,运动方程为 $s = f(t)$,其中 $f(t)$ 是位置函数,它表示在时刻 t 质点离直线上某定点(比如坐标原点)的距离。给时间 t 在 t_0 处一增量 Δt,则位移增量为 $\Delta s = f(t_0 + \Delta t) - f(t_0)$,在 $[t_0, t_0 + \Delta t]$ 内其平均速度为

$$\overline{v} = \Delta s / \Delta t = \frac{f(t_0 + \Delta t) - f(t_0)}{\Delta t}$$

若质点运动是匀速的,则在 $[t_0, t_0 + \Delta t]$ 内任何时刻 t 的速度 $v(t) = \overline{v}$,在 t_0 时刻的速度也是 $\overline{v}$。若质点运动不是匀速的,则在 t_0 时刻的速度未必等于 $\overline{v}$。一般来说,当时间间隔很小时,动点的运动状况来不及发生大的变化,此时我们可把 $\overline{v}$ 近似作为动点在 t_0 时刻的速度。容易知道,Δt 越接近 0,即时间间隔 $[t_0, t_0 + \Delta t]$ 越短,这个近似的精确程度也就越高。当 $\Delta t \to 0$ 时,若这个平均速度的极限存在,自然应该将这个极限定义为质点在时刻 t_0 的速度或瞬时速度,记为 $v(t_0)$,即 $v(t_0) = \lim\limits_{\Delta t \to 0} \frac{f(t_0 + \Delta t) - f(t_0)}{\Delta t}$。

一般地,质点在任一时刻 t 的速度记为 $v(t)$,则

$$v(t) = \lim_{\Delta t \to 0} \frac{f(t + \Delta t) - f(t)}{\Delta t}$$

以自由落体为例,若物体由静止下落,则运动方程为 $s = f(t) = \frac{1}{2} g t^2$,其中常数 g 是重力加速度,则速度

$$v(t) = \lim_{\Delta t \to 0} \frac{f(t + \Delta t) - f(t)}{\Delta t} = \lim_{\Delta t \to 0} \frac{\frac{1}{2} g (t + \Delta t)^2 - \frac{1}{2} g t^2}{\Delta t} = g t$$

可以看出,自由落体的速度与时间成正比。应该注意:速度是一个向量,既有大小又有方向。对于自由落体,速度方向向下。

2. 切线问题

在中学数学中,把与圆只有一个交点的直线定义为圆的切线,如果仿照这种定义,把一般曲线的切线定义为"与曲线只有一个交点的直线"就不合适了,例如 y 轴与抛物线 $y = x^2$ 只有一个交点,但 y 轴不是抛物线 $y = x^2$ 的切线,下面在平面直角坐标系讨论曲线的切线问题。

如图 2-1 所示,平面曲线 C 由方程 $y = f(x)$ 给定,M_0(x_0, y_0)是曲线上一点,在曲线上任取一动点 $M(x_0 + \Delta x, y_0 + \Delta y)$,此时 $y_0 = f(x_0)$,$y_0 + \Delta y = f(x_0 + \Delta x)$。设曲线上过这两点 $M_0 M$ 的割线斜率为 $k_{M_0 M}$,则

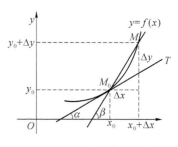

$$k_{M_0 M} = \tan \beta = \frac{(y_0 + \Delta y) - y_0}{(x_0 + \Delta x) - x_0} = \frac{f(x_0 + \Delta x) - f(x_0)}{\Delta x}$$

令点 M 沿曲线 C 趋向于点 M_0,这时 $\Delta x \to 0$,如果极限

$$\lim_{\Delta x \to 0} \frac{f(x_0 + \Delta x) - f(x_0)}{\Delta x}$$

图 2-1

存在,设为 k,即 $k = \lim\limits_{\Delta x \to 0} \dfrac{f(x_0 + \Delta x) - f(x_0)}{\Delta x}$,那么就把过点 M_0 而以 k 为斜率的直线称为曲线在 M_0 处的切线。由于切线的斜率是割线斜率的极限,所以通常也说,当动点 M 沿曲线 C 趋向于点 M_0 时,割线 $M_0 M$ 绕 M_0 转动以切线为极限位置,或切线是割线的极限位置。

在以上讨论中,速度是物理问题,切线的斜率是几何问题,但最终都归结为讨论同一形式的极限:

$$\lim_{\Delta x \to 0} \frac{f(x_0 + \Delta x) - f(x_0)}{\Delta x}$$

其中 $\dfrac{f(x_0 + \Delta x) - f(x_0)}{\Delta x}$ 为函数增量与自变量改变量之比,表示函数的平均变化率,而当 $\Delta x \to 0$ 时平均变化率的极限为函数在 x_0 处的瞬时变化率(简称为变化率),变化率反映函数在 x_0 处的变化速率。

在上述意义下,在时间 t 处的瞬时速度 $v(t)$ 是位移 s 关于时间 t 的变化率;曲线 $y = f(x)$ 上 $(x, f(x))$ 处切线的斜率是 $f(x)$ 在 x 的瞬时变化率。

2.1.2　导数的定义

1. $f(x)$ 在点 x_0 处的导数

在科学和工程技术领域中,形如 $\lim\limits_{\Delta x \to 0} \dfrac{f(x_0 + \Delta x) - f(x_0)}{\Delta x}$ 的极限具有广泛的意义,它不仅

可用于描述速度和切线的斜率、物理学中的电流强度、化学中的反应速度、经济学中的边际函数等都可用相同的极限形式来描述,这就是我们要引入的重要概念——导数。

定义 1　设函数 $y = f(x)$ 在 x_0 的某邻域内有定义,当自变量 x 在 x_0 处有增量 Δx,相应地有函数的增量: $\Delta y = f(x_0 + \Delta x) - f(x_0)$,若极限

$$\lim_{\Delta x \to 0} \frac{\Delta y}{\Delta x} = \lim_{\Delta x \to 0} \frac{f(x_0 + \Delta x) - f(x_0)}{\Delta x}$$

存在,则称函数 $y = f(x)$ 在点 x_0 处可导,此极限称为函数 $f(x)$ 在点 x_0 处的导数,记为

$$f'(x_0), \; y' \Big|_{x = x_0}, \; \frac{\mathrm{d}y}{\mathrm{d}x} \Big|_{x = x_0} \; 或 \; \frac{\mathrm{d}f(x)}{\mathrm{d}x} \Big|_{x = x_0}$$

导数的定义式也可取不同的形式,常见的有

$$f'(x_0) = \lim_{h \to 0} \frac{f(x_0 + h) - f(x_0)}{h}; \; f'(x_0) = \lim_{x \to x_0} \frac{f(x) - f(x_0)}{x - x_0}$$

若上述极限不存在,则称 $y = f(x)$ 在点 x_0 不可导;若 $\lim\limits_{\Delta x \to 0} \dfrac{f(x_0 + \Delta x) - f(x_0)}{\Delta x} = \infty$,也往往说函数 $y = f(x)$ 在点 x_0 处的导数为无穷大,记为 $f'(x_0) = \infty$。

2. 导函数

如果 $y = f(x)$ 在区间 (a, b) 内每一点可导,则称函数 $f(x)$ 在区间 (a, b) 内可导。这时区间 (a, b) 内每一点 x 必有一个导数值与之对应,因而在区间 (a, b) 上确定了一个新的函数,称该函数为 $f(x)$ 的导函数,记作 y'、$f'(x)$、$\dfrac{\mathrm{d}y}{\mathrm{d}x}$ 或 $\dfrac{\mathrm{d}f(x)}{\mathrm{d}x}$,导函数也简称为导数。

由函数的导函数的定义可知:

(1) 导函数 $y' = f'(x) = \lim\limits_{\Delta x \to 0} \dfrac{f(x + \Delta x) - f(x)}{\Delta x}$;

(2) $y = f(x)$ 在 x_0 处的导数值 $f'(x_0)$ 即为它的导函数在该点处的函数值 $f'(x) \Big|_{x = x_0}$,即

$$f'(x_0) = f'(x) \Big|_{x = x_0}$$

例 1　求函数 $y = f(x) = x^2$ 在 $x = 2$ 处的导数 $f'(2)$。

解 1　$\Delta y = f(2 + \Delta x) - f(2) = (2 + \Delta x)^2 - 2^2 = 4\Delta x + (\Delta x)^2$

$$\frac{\Delta y}{\Delta x} = 4 + \Delta x$$

$$\lim_{\Delta x \to 0} \frac{\Delta y}{\Delta x} = \lim_{\Delta x \to 0} (4 + \Delta x) = 4$$

即 $f'(2) = 4$。

解 2　$\Delta y = f(x + \Delta x) - f(x) = (x + \Delta x)^2 - x^2 = 2x\Delta x + (\Delta x)^2$

$$\frac{\Delta y}{\Delta x} = 2x + \Delta x$$

$$\lim_{\Delta x \to 0} \frac{\Delta y}{\Delta x} = \lim_{\Delta x \to 0} (2x + \Delta x) = 2x$$

即 $f'(x) = 2x$,所以 $f'(2) = 4$。

由例 1 可知,函数 $f(x)$ 在某一点处的导数是一个常数,而导函数是一个函数。求函数在某一点处的导数可以直接用函数在某一点处的导数的定义来求,也可以用导函数的定义先把导函数求出,然后把这一点代入即可。

练一练

1. 用定义求函数 $y=f(x)=x^3$ 在 $x=1$ 处的导数 $f'(1)$。

2. 已知 $f'(x_0)=1$，求 $\lim\limits_{\Delta x \to 0}\dfrac{f(x_0+\Delta x)-f(x_0)}{\Delta x}$ 与 $\lim\limits_{\Delta x \to 0}\dfrac{f(x_0-\Delta x)-f(x_0)}{\Delta x}$。

3. 左导数和右导数

导数是一种极限，而极限有左、右极限，因而导数就有左、右导数，下面给出左、右导数的定义。

定义 2 若极限 $\lim\limits_{\Delta x \to 0^-}\dfrac{f(x_0+\Delta x)-f(x_0)}{\Delta x}$ 存在，则称此极限为 $f(x)$ 在 x_0 的左导数，记作 $f'_-(x_0)$，即 $f'_-(x_0)=\lim\limits_{\Delta x \to 0^-}\dfrac{f(x_0+\Delta x)-f(x_0)}{\Delta x}$；同理，$f(x)$ 在 x_0 的右导数为 $f'_+(x_0)=\lim\limits_{\Delta x \to 0^+}\dfrac{f(x_0+\Delta x)-f(x_0)}{\Delta x}$。

例 2 求函数 $f(x)=\begin{cases}\dfrac{1}{x}, & x<1 \\ x^2, & x \geqslant 1\end{cases}$，在 $x=1$ 处的左、右导数。

解 在 $x=1$ 处的左导数为 $f'_-(1)=\lim\limits_{\Delta x \to 0^-}\dfrac{f(1+\Delta x)-f(1)}{\Delta x}=\lim\limits_{\Delta x \to 0^-}\dfrac{\dfrac{1}{1+\Delta x}-1}{\Delta x}=-1$；

在 $x=1$ 处的右导数为 $f'_+(1)=\lim\limits_{\Delta x \to 0^+}\dfrac{f(1+\Delta x)-f(1)}{\Delta x}=\lim\limits_{\Delta x \to 0^+}\dfrac{(1+\Delta x)^2-1}{\Delta x}=2$。

例 3 求函数 $f(x)=\begin{cases}x^2, & x \geqslant 0 \\ -x^2, & x<0\end{cases}$，在 $x=0$ 处的左、右导数。

解 在 $x=0$ 处的左导数为 $f'_-(0)=\lim\limits_{\Delta x \to 0^+}\dfrac{f(0+\Delta x)-f(0)}{\Delta x}=\lim\limits_{\Delta x \to 0^-}\dfrac{-\Delta x^2}{\Delta x}=0$，

在 $x=0$ 处的右导数为 $f'_+(0)=\lim\limits_{\Delta x \to 0^-}\dfrac{f(0+\Delta x)-f(0)}{\Delta x}=\lim\limits_{\Delta x \to 0^+}\dfrac{\Delta x^2}{\Delta x}=0$。

显然，函数 $f(x)$ 在点 x_0 处可导的充分必要条件是左导数 $f'_-(x_0)$ 和右导数 $f'_+(x_0)$ 都存在且相等。判别分段函数在分段点处是否可导，通常要考虑函数的左导数是否等于右导数。

4. 可导与连续的关系

定理 1 若函数 $f(x)$ 在点 x_0 可导，则函数 $f(x)$ 在点 x_0 连续。

证明 因为 $\lim\limits_{x \to x_0}\dfrac{f(x)-f(x_0)}{x-x_0}=f'(x_0)$，

所以 $\lim\limits_{x \to x_0}[f(x)-f(x_0)]=\lim\limits_{x \to x_0}\dfrac{f(x)-f(x_0)}{x-x_0}(x-x_0)$

$$=\lim\limits_{x \to x_0}\dfrac{f(x)-f(x_0)}{x-x_0} \cdot \lim\limits_{x \to x_0}(x-x_0)=f'(x_0) \cdot 0=0$$

应注意：此命题的逆命题不成立，即一个函数在某点连续但不一定在该点处可导。

例 4　讨论函数 $y = f(x) = |x|$ 在 $x = 0$ 处的连续性和可导性。

解　函数 $f(x) = |x| = \begin{cases} -x, & x < 0 \\ x, & x \geqslant 0 \end{cases}$。

首先讨论函数 $f(x)$ 在 $x = 0$ 处的连续性：

因为 $\lim\limits_{x \to 0^-} f(x) = \lim\limits_{x \to 0^-} (-x) = 0$，$\lim\limits_{x \to 0^+} f(x) = \lim\limits_{x \to 0^+} x = 0$，所以 $\lim\limits_{x \to 0} f(x) = 0$；又因为 $f(0) = 0$，故 $\lim\limits_{x \to 0} f(x) = f(0)$，从而函数 $f(x)$ 在 $x = 0$ 处连续。

然后讨论函数 $f(x)$ 在 $x = 0$ 处的可导性：

因

$$
\begin{aligned}
f'_-(0) &= \lim_{\Delta x \to 0^-} \frac{\Delta y}{\Delta x} = \lim_{\Delta x \to 0^-} \frac{f(0 + \Delta x) - f(0)}{\Delta x} \\
&= \lim_{\Delta x \to 0^-} \frac{f(\Delta x) - f(0)}{\Delta x} \\
&= \lim_{\Delta x \to 0^-} \frac{-\Delta x - 0}{\Delta x} = \lim_{\Delta x \to 0^-} \frac{-\Delta x}{\Delta x} = -1 \\
f'_+(0) &= \lim_{\Delta x \to 0^+} \frac{\Delta y}{\Delta x} = \lim_{\Delta x \to 0^+} \frac{f(0 + \Delta x) - f(0)}{\Delta x} \\
&= \lim_{\Delta x \to 0^+} \frac{f(\Delta x) - f(0)}{\Delta x} \\
&= \lim_{\Delta x \to 0^+} \frac{\Delta x - 0}{\Delta x} = \lim_{\Delta x \to 0^+} \frac{\Delta x}{\Delta x} = 1 \\
& \qquad f'_+(0) \neq f'_-(0),
\end{aligned}
$$

所以，函数 $y = |x|$ 在 $x = 0$ 处不可导，如图 2-2 所示。

由此可见，函数在某点连续是函数在该点可导的必要条件，但不是充分条件。

从几何意义上来看：$y = |x|$ 在 $x = 0$ 处没有断开，是连续的。但在 $x = 0$ 处，曲线出现尖点，不平滑，在 $x = 0$ 处的切线不存在，故 $y = |x|$ 在 $x = 0$ 处不可导。

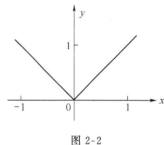

图 2-2

练一练

讨论函数 $f(x) = \begin{cases} 2x, & x \leqslant 1 \\ x^2 + 1, & x > 1 \end{cases}$，在 $x = 1$ 处的连续性和可导性。

2.1.3　基本初等函数求导公式

1. 求导数举例

由导数定义可知，求导数的一般步骤为：

(1) 求增量 $\Delta y = f(x + \Delta x) - f(x)$；

(2) 算比值 $\dfrac{\Delta y}{\Delta x} = \dfrac{f(x + \Delta x) - f(x)}{\Delta x}$；

（3）求极限 $y' = \lim\limits_{\Delta x \to 0} \dfrac{\Delta y}{\Delta x}$。

例 5 设 $y = c(c$ 为常数），求 y'。

解 因为 $\Delta y = f(x + \Delta x) - f(x) = c - c = 0$，

所以 $y' = \lim\limits_{\Delta x \to 0} \dfrac{\Delta y}{\Delta x} = \lim\limits_{\Delta x \to 0} \dfrac{0}{\Delta x} = 0$ ，即 $c' = 0$。

因此，常数的导数为 0。

例 6 设 $y = x^n$，n 是自然数，求 y'。

解 应用二项式定理，有

$$\Delta y = (x + \Delta x)^n - x^n = C_n^1 x^{n-1} \Delta x + C_n^2 x^{n-2} \Delta x^2 + \cdots + C_n^n \Delta x^n$$

$$\frac{\Delta y}{\Delta x} = C_n^1 x^{n-1} + C_n^2 x^{n-2} \Delta x + \cdots + C_n^n \Delta x^{n-1}$$

所以 $y' = \lim\limits_{\Delta x \to 0} \dfrac{\Delta y}{\Delta x} = n x^{n-1}$。

更一般地，有 $(x^\mu)' = \mu x^{\mu-1}$，其中 μ 为常数。例如

（1） $(x^{2009})' = 2009 x^{2008}$ ；

（2） $(x^{-100})' = -100 x^{-101}$ ；

（3） $(\sqrt{x})' = (x^{\frac{1}{2}})' = \dfrac{1}{2} x^{-\frac{1}{2}} = \dfrac{1}{2\sqrt{x}}$ ；

（4） $\left(\dfrac{1}{x}\right)' = (x^{-1})' = -x^{-2} = -\dfrac{1}{x^2}$。

例 7 已知 $y = \sin x$，求 y'。

解
$$y' = \lim_{\Delta x \to 0} \frac{\Delta y}{\Delta x} = \lim_{\Delta x \to 0} \frac{\sin(x + \Delta x) - \sin x}{\Delta x}$$

$$= \lim_{\Delta x \to 0} \frac{2 \sin \dfrac{\Delta x}{2} \cos\left(x + \dfrac{\Delta x}{2}\right)}{\Delta x}$$

$$= \lim_{\Delta x \to 0} \frac{\sin \dfrac{\Delta x}{2}}{\dfrac{\Delta x}{2}} \cdot \cos\left(x + \dfrac{\Delta x}{2}\right)$$

$$= \lim_{\Delta x \to 0} \frac{\sin \dfrac{\Delta x}{2}}{\dfrac{\Delta x}{2}} \cdot \lim_{\Delta x \to 0} \cos\left(x + \dfrac{\Delta x}{2}\right) = \cos x$$

所以 $(\sin x)' = \cos x$。

同理可得 $(\cos x)' = -\sin x$。

例 8 已知 $y = a^x(a > 0, a \neq 1)$，求 y'。

解
$$y' = \lim_{\Delta x \to 0} \frac{\Delta y}{\Delta x} = \lim_{\Delta x \to 0} \frac{a^{x + \Delta x} - a^x}{\Delta x} = a^x \cdot \lim_{\Delta x \to 0} \frac{a^{\Delta x} - 1}{\Delta x}$$

$$= a^x \lim_{u \to 0} \frac{u}{\log_a(1+u)} (\diamondsuit u = a^{\Delta x} - 1)$$

$$= a^x \frac{1}{\lim\limits_{u \to 0} \log_a(1+u)^{\frac{1}{u}}} = a^x \frac{1}{\log_a e} = a^x \ln a。$$

所以 $$(a^x)'=a^x\ln a。$$

特别地,当 $a=\mathrm{e}$ 时,有公式 $(\mathrm{e}^x)'=\mathrm{e}^x$。

例 9　求函数 $f(x)=\log_a x(a>0,a\neq1)$ 的导数。

解　$f'(x)=\lim\limits_{h\to0}\dfrac{f(x+h)-f(x)}{h}=\lim\limits_{h\to0}\dfrac{\log_a(x+h)-\log_a x}{h}$

$=\lim\limits_{h\to0}\dfrac{1}{h}\log_a\left(\dfrac{x+h}{x}\right)=\dfrac{1}{x}\lim\limits_{h\to0}\dfrac{x}{h}\log_a\left(1+\dfrac{h}{x}\right)=\dfrac{1}{x}\lim\limits_{h\to0}\log_a\left(1+\dfrac{h}{x}\right)^{\frac{x}{h}}$

$=\dfrac{1}{x}\log_a\mathrm{e}=\dfrac{1}{x\ln a}$

即 $$(\log_a x)'=\dfrac{1}{x\ln a}$$

特殊地 $$(\ln x)'=\dfrac{1}{x}$$

2. 基本初等函数求导公式

如果对于每一个函数都直接由定义求导数,那将会非常复杂,计算量也比较大,前面所举例子都可作为公式直接使用,为了方便,下面列出基本初等函数的求导公式:

(1) $(C)'=0(C$ 为常数$)$；

(2) $(x^a)'=ax^{a-1}(a$ 为实数$)$；

(3) $(\log_a x)'=\dfrac{1}{x\ln a}$；

(4) $(\ln x)'=\dfrac{1}{x}$；

(5) $(a^x)'=a^x\ln a$；

(6) $(\mathrm{e}^x)'=\mathrm{e}^x$；

(7) $(\sin x)'=\cos x$；

(8) $(\cos x)'=-\sin x$；

(9) $(\tan x)'=\dfrac{1}{\cos^2 x}=\sec^2 x$；

(10) $(\cot x)'=-\dfrac{1}{\sin^2 x}=-\csc^2 x$；

(11) $(\sec x)'=\sec x\tan x$；

(12) $(\csc x)'=-\csc x\cot x$；

(13) $(\arcsin x)'=\dfrac{1}{\sqrt{1-x^2}}$；

(14) $(\arccos x)'=-\dfrac{1}{\sqrt{1-x^2}}$；

(15) $(\arctan x)'=\dfrac{1}{1+x^2}$；

(16) $(\text{arccot } x)'=-\dfrac{1}{1+x^2}$。

这 16 个基本初等函数的求导公式在今后的学习当中经常引用,要求同学们牢记。

练一练

求下列函数的导数。

(1) $y=x^{10}$；

(2) $y=\sqrt[5]{x^3}$；

(3) $y=\sqrt{x\sqrt{x}}$；

(4) $y=\dfrac{x\cdot\sqrt[3]{x}}{\sqrt{x}}$；

(5) $y=\ln x$；

(6) $y=\sin\dfrac{\pi}{6}$。

2.1.4　导数的几何意义

由切线问题可知,函数 $y=f(x)$ 在 x_0 处的导数 $f'(x_0)$ 的几何意义就是曲线 $y=f(x)$ 在点 $M_0(x_0,y_0)$ 处切线 M_0T 的斜率。如图 2-1 所示。

$$f'(x_0)=\lim_{\Delta x\to0}\frac{\Delta y}{\Delta x}=\lim_{\Delta x\to0}\tan\beta=\tan\alpha\left(\alpha\neq\frac{\pi}{2}\right)$$

由导数的几何意义以及直线的点斜式方程可知,曲线 $y=f(x)$ 在点 $M_0(x_0,y_0)$ 处的切线方程为:$y-y_0=f'(x_0)(x-x_0)$。

过切点 $M_0(x_0,y_0)$ 且与切线垂直的直线称为曲线 $y=f(x)$ 在点 M_0 处的法线。如果 $f'(x_0)\neq0$,曲线 $y=f(x)$ 点 $M_0(x_0,y_0)$ 处的法线方程为:$y-y_0=-\dfrac{1}{f'(x_0)}(x-x_0)$。

例 10 求 $f(x)=\sqrt{x}$ 在点 $(4,2)$ 处的切线方程和法线方程。

解 因为 $f'(x)=(\sqrt{x})'=(x^{\frac{1}{2}})'=\dfrac{1}{2}x^{-\frac{1}{2}}=\dfrac{1}{2\sqrt{x}}$,所以切线的斜率 $k=f'(4)=\dfrac{1}{4}$。

因此,所求切线方程为 $y-2=\dfrac{1}{4}(x-4)$,即 $x-4y+4=0$。

所求法线方程为 $y-2=-4(x-4)$,即 $4x+y-18=0$。

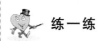

练一练

求函数 $y=x^3$ 在点 $(2,8)$ 处的切线方程和法线方程。

习题 2.1

A. 一般题

1. 设 $f'(x_0)=-2$,求下列各极限。

(1) $\lim\limits_{\Delta x\to0}\dfrac{f(x_0+\Delta x)-f(x_0)}{\Delta x}$;   (2) $\lim\limits_{\Delta x\to0}\dfrac{f(x_0+3\Delta x)-f(x_0)}{\Delta x}$。

2. 根据定义,求下列函数的导数。

(1) $f(x)=x^2-x$;   (2) $f(x)=\sqrt{x}$。

B. 一般题

3. 求 $y=x^2$ 在点 $(3,9)$ 处的切线方程。

4. 曲线 $y=x^2$ 上哪一点的切线平行于直线 $y=12x-1$?哪一点的法线垂直于直线 $3x-y-1=0$?

C. 提高题

5. 讨论函数 $f(x)=\begin{cases}x\sin\dfrac{1}{x},&x\neq0\\0,&x=0\end{cases}$,在 $x=0$ 处的连续性和可导性。

6. 问 a,b 取何值时,才能使函数 $f(x)=\begin{cases}x^2,&x\leqslant2\\ax+b,&x>2\end{cases}$,在 $x=2$ 处连续且可导。

7. 设 $f(x)=\begin{cases} x^2-1, & x\leqslant 1 \\ ax+b, & x>1 \end{cases}$，在 $x=1$ 处连续且可导，求 a,b 的值。

2.2 导数的四则运算法则

初等函数是由基本初等函数经过有限次四则运算和有限次复合运算构成的，前面给出了基本初等函数的求导公式，这里先介绍导数的四则运算法则，利用这些法则可以求出一些简单的初等函数的导数。

法则 1 设函数 $u=u(x)$ 与函数 $v=v(x)$ 在点 x 处均可导，则它们的和、差、积、商（当分母不为零时）在点 x 处也可导，并且有

(1) $(u\pm v)'=u'\pm v'$;

(2) $(uv)'=u'v+uv'$;

(3) $(cu)'=cu'$（c 为常数）;

(4) $\left(\dfrac{u}{v}\right)'=\dfrac{u'v-uv'}{v^2}$。

证明 (1) 设 $y=u(x)+v(x)$，给自变量 x 以增量 Δx，函数 $u=u(x)$，$v=v(x)$ 及 $y=u(x)+v(x)$ 相应地有增量 Δu、Δv、Δy。

因为
$$\begin{aligned} \Delta y &= [u(x+\Delta x)+v(x+\Delta x)]-[u(x)+v(x)] \\ &= [u(x+\Delta x)-u(x)]+[v(x+\Delta x)-v(x)] \\ &= \Delta u+\Delta v \end{aligned}$$

所以 $\dfrac{\Delta y}{\Delta x}=\dfrac{\Delta u}{\Delta x}+\dfrac{\Delta v}{\Delta x}$。

于是 $y'=\lim\limits_{\Delta x\to 0}\dfrac{\Delta y}{\Delta x}=\lim\limits_{\Delta x\to 0}\dfrac{\Delta u}{\Delta x}+\lim\limits_{\Delta x\to 0}\dfrac{\Delta v}{\Delta x}=u'+v'$，即 $(u+v)'=u'+v'$。

类似的也有：$(u-v)'=u'-v'$。

其他运算法则类似可证，此处不再给出。

注意：

① 法则(1)和法则(2)可以推广到有限个函数的情形，例如，$(u+v-w)'=u'+v'-w'$；$[uvw]'=u'vw+uv'w+uvw'$;

② 法则(3)是法则(2)的特殊情况;

③ 一般地，$(uv)'\neq u'v'$; $\left(\dfrac{u}{v}\right)'\neq\dfrac{u'}{v'}$。

例 11 求函数 $f(x)=x^2+\sin x$ 的导数。

解 $\begin{aligned}[t] f'(x) &= (x^2+\sin x)'=(x^2)'+(\sin x)' \\ &= 2x+\cos x \end{aligned}$

例 12 求函数 $y=\cos x-\dfrac{1}{\sqrt[3]{x}}+\dfrac{1}{x}+\ln 3$ 的导数。

解 $y'=(\cos x)'-(x^{-\frac{1}{3}})'+(x^{-1})'+(\ln 3)'$

$$=-\sin x+\frac{1}{3}x^{-\frac{4}{3}}-x^{-2}+0$$

$$=-\sin x+\frac{1}{3x\cdot\sqrt[3]{x}}-\frac{1}{x^2}$$

例 13 $f(x)=x^3+\cos x-\sin\frac{\pi}{2}$,求 $f'(x)$ 及 $f'\left(\frac{\pi}{2}\right)$。

解 $f'(x)=3x^2-\sin x$

$$f'\left(\frac{\pi}{2}\right)=\frac{3}{4}\pi^2-1$$

例 14 求函数 $y=\sqrt{x}\cos x$ 的导数。

解 $y'=(\sqrt{x})'\cos x+\sqrt{x}(\cos x)'$

$$=\frac{1}{2\sqrt{x}}\cos x-\sqrt{x}\sin x$$

例 15 设函数 $f(x)=(1+x^3)\left(5-\frac{1}{x^2}\right)$,求 $f'(1),f'(-1)$。

解 $f'(x)=(1+x^3)'\left(5-\frac{1}{x^2}\right)+(1+x^3)\left(5-\frac{1}{x^2}\right)'$

$$=3x^2\left(5-\frac{1}{x^2}\right)+(1+x^3)\frac{2}{x^3}$$

$$=15x^2+\frac{2}{x^3}-1$$

则 $f'(1)=15+2-1=16$; $f'(-1)=15-2-1=12$。

例 16 求函数 $y=x\ln x\sin x$ 的导数。

解 由乘法法则:$y'=(x\ln x\sin x)'=(x)'\ln x\sin x+x(\ln x)'\sin x+x\ln x(\sin x)'$

$$=\ln x\sin x+\sin x+x\ln x\cos x$$

例 17 求函数 $y=\frac{2-3x}{2+x}$ 的导数。

解 $y'=\frac{(2-3x)'(2+x)-(2-3x)(2+x)'}{(2+x)^2}$

$$=\frac{-3(2+x)-(2-3x)}{(2+x)^2}=-\frac{8}{(2+x)^2}$$

注意:在某些求导运算中,能避免使用除法求导法则的应该尽量避免。

例 18 求函数 $y=\frac{1+x}{\sqrt{x}}$ 的导数。

解 $y=\frac{1}{\sqrt{x}}+\sqrt{x}=x^{-\frac{1}{2}}+x^{\frac{1}{2}}$

$$y'=-\frac{1}{2}x^{-\frac{3}{2}}+\frac{1}{2}x^{-\frac{1}{2}}=\frac{x-1}{2\sqrt{x^3}}$$

练一练

1. 求下列函数的导数。

(1) $y = 2x^4 - \dfrac{1}{x} + \dfrac{1}{x^2} - \ln 5$；

(2) $y = 3 \cdot \sqrt[3]{x^2} - \log_a x + \sin \dfrac{\pi}{3}$；

(3) $y = \cos x \cdot \ln x$；

(4) $y = \tan x \cdot \sin x$；

(5) $y = \dfrac{e^x}{x}$；

(6) $s = \dfrac{t}{1 - \cos t}$。

2. 求下列函数在指定点的导数。

(1) 设 $y = f(x) = \sin x - \cos x$，求 $f'\left(\dfrac{\pi}{4}\right), f'\left(\dfrac{\pi}{2}\right)$；

(2) 设 $y = \dfrac{1-x}{1+x}$，求 $y'(1)$。

习题 2.2

A. 基本题

1. 求下列函数的导数。

(1) $y = 3x^2 - x + 7$；

(2) $y = x^2 \left(2 + \sqrt{x} \right)$；

(3) $y = \dfrac{x^5 + \sqrt{x} + 1}{x^3}$；

(4) $y = 2\sqrt{x} - \dfrac{1}{x} + 4\sqrt{3}$；

(5) $y = \dfrac{2x^2 - 3x + 4}{\sqrt{x}}$；

(6) $y = \left(1 - \sqrt{x}\right)\left(1 + \dfrac{1}{\sqrt{x}}\right)$；

(7) $y = \dfrac{x^2}{2} + \dfrac{2}{x^2}$。

2. 求下列函数在指定点的导数。

(1) $f(x) = x\sin x + \dfrac{1}{2}\cos x, x = \dfrac{\pi}{4}$；

(2) $f(x) = \dfrac{x - \sin x}{x + \sin x}, x = \dfrac{\pi}{2}$。

B. 一般题

3. 求下列函数的导数。

(1) $y = \dfrac{1}{1 + \sqrt{x}} + \dfrac{1}{1 - \sqrt{x}}$；

(2) $y = 5(2x - 3)(x + 8)$；

(3) $y = x^2 e^x$；

(4) $y = \dfrac{3^x - 1}{x^3 + 1}$；

(5) $y = \dfrac{\sin x}{\cos x}$；

(6) $y = \dfrac{\ln x}{\sin x}$；

(7) $y = \dfrac{x \cdot \sin x}{1 + x^2}$。

4. 在曲线上 $y = \dfrac{1}{1+x^2}$ 上求一点,使通过该点的切线平行于 x 轴。

C. 提高题

5. 求函数 $y = x \cdot e^x \cos x$ 的导数。

6. 过点 $A(1,2)$ 引抛物线 $y = 2x - x^2$ 的切线,求切线方程。

2.3 复合函数的求导法则

运用导数的四则运算法则,我们只能求出一些简单的初等函数的导数。但在实际中,常常会遇到一些函数是复合函数的情形,下面介绍复合函数求导法则。

下面先看一个例子,已知 $y = (3x-2)^2$,那么

$$y' = [(3x-2)^2]' = (9x^2 - 12x + 4)' = 18x - 12$$

函数 $y = (3x-2)^2$ 又可以看成由

$$y = u^2 \text{ 与 } u = 3x - 2$$

复合而成的复合函数,其中 u 为中间变量。由于

$$\frac{\mathrm{d}y}{\mathrm{d}u} = 2u, \quad \frac{\mathrm{d}u}{\mathrm{d}x} = 3$$

因而 $\dfrac{\mathrm{d}y}{\mathrm{d}u} \cdot \dfrac{\mathrm{d}u}{\mathrm{d}x} = 2u \times 3 = 2(3x-2) \times 3 = 18x - 12$。

也就是说,对于函数 $y = (3x-2)^2$,有

$$\frac{\mathrm{d}y}{\mathrm{d}x} = \frac{\mathrm{d}y}{\mathrm{d}u} \cdot \frac{\mathrm{d}u}{\mathrm{d}x}$$

一般来说,对于复合函数的求导,有如下法则:

法则 2 设函数 $u = \varphi(x)$ 在点 x 处有导数 $\dfrac{\mathrm{d}u}{\mathrm{d}x} = \varphi'(x)$,函数 $y = f(u)$ 在点 x 的对应点 u 处有导数 $\dfrac{\mathrm{d}y}{\mathrm{d}u} = f'(u)$,则复合函数 $y = f[\varphi(x)]$ 在点 x 处也有导数,且

$$\frac{\mathrm{d}y}{\mathrm{d}x} = \frac{\mathrm{d}y}{\mathrm{d}u} \cdot \frac{\mathrm{d}u}{\mathrm{d}x} = f'(u) \cdot g'(x) \text{ 或 } y' = y'_u \cdot u'_x \text{(证明略)}$$

此法则又称为复合函数求导的链式法则,用语言表述为:复合函数的导数等于外层函数的导数和内层函数的导数的乘积,其中外层函数的导数需将内层函数代入,消去中间变量,即可得复合函数的导数。

例 19 设 $y = \sin 3x$,求 $\dfrac{\mathrm{d}y}{\mathrm{d}x}$。

解 $y = \sin 3x$ 是由 $y = \sin u$ 和 $u = 3x$ 两个简单函数复合而成的,故由复合函数的求导法则有

$$\frac{\mathrm{d}y}{\mathrm{d}x} = \frac{\mathrm{d}y}{\mathrm{d}u} \cdot \frac{\mathrm{d}u}{\mathrm{d}x} = \cos u \cdot 3 = 3\cos 3x$$

例 20　设 $y=\mathrm{e}^{-x^2+3x}$，求 $\dfrac{\mathrm{d}y}{\mathrm{d}x}$。

解　$y=\mathrm{e}^{-x^2+3x}$ 是由 $y=\mathrm{e}^u$ 和 $u=-x^2+3x$ 两个简单函数复合而成的，所以

$$\frac{\mathrm{d}y}{\mathrm{d}x}=\frac{\mathrm{d}y}{\mathrm{d}u}\cdot\frac{\mathrm{d}u}{\mathrm{d}x}=\mathrm{e}^u\cdot(-2x+3)=(-2x+3)\mathrm{e}^{-x^2+3x}$$

例 21　设 $y=\ln(x^3-2x+6)$，求 $\dfrac{\mathrm{d}y}{\mathrm{d}x}$。

解　$y=\ln(x^3-2x+6)$ 是由 $y=\ln u$ 和 $u=x^3-2x+6$ 两个简单函数复合而成的，所以

$$\frac{\mathrm{d}y}{\mathrm{d}x}=\frac{\mathrm{d}y}{\mathrm{d}u}\cdot\frac{\mathrm{d}u}{\mathrm{d}x}=\frac{1}{u}\cdot(3x^2-2)=\frac{3x^2-2}{x^3-2x+6}$$

例 22　设 $y=\sqrt{1-x^2}$，求 $\dfrac{\mathrm{d}y}{\mathrm{d}x}$。

解　$y=\sqrt{1-x^2}$ 是由 $y=\sqrt{u}=u^{\frac{1}{2}}$ 和 $u=1-x^2$ 两个简单函数复合而成的，所以

$$\frac{\mathrm{d}y}{\mathrm{d}x}=\frac{\mathrm{d}y}{\mathrm{d}u}\cdot\frac{\mathrm{d}u}{\mathrm{d}x}=\frac{1}{2\sqrt{u}}\times(-2x)=-\frac{x}{\sqrt{1-x^2}}$$

从以上例子看出，求复合函数的导数，应先分析所给函数的复合过程，并设出中间变量，再使用复合函数的求导公式，求出导数。具体步骤如下。

（1）分析所给函数的复合过程，写出复合函数的分解式；

（2）求每个分解函数的导数；

（3）用复合函数的求导法则：复合函数的导数等于各分解函数导数的乘积；

（4）将中间变量还原为 x 的函数。

对复合函数的复合过程掌握较好之后，就不必再写出中间变量，只要把中间变量所代替的式子默记在心里，按照复合的先后次序，应用复合函数的求导法则，由外到内，逐层求导即可。

例 23　求 $y=\cos^2 x$ 的导数。

解　$y'=(\cos^2 x)'=2\cos x(\cos x)'$

$$=-2\cos x\sin x$$

$$=-\sin 2x$$

例 24　$y=\arcsin\sqrt{x}$，求 y'。

解　$y'=(\arcsin\sqrt{x})'=\dfrac{1}{\sqrt{1-(\sqrt{x})^2}}(\sqrt{x})'=\dfrac{1}{2\sqrt{x-x^2}}$

复合函数的求导法则可以推广到多个中间变量的情形，例如，设 $y=f(u)$，$u=\varphi(v)$，$v=\varphi(x)$，则

$$\frac{\mathrm{d}y}{\mathrm{d}x}=\frac{\mathrm{d}y}{\mathrm{d}u}\cdot\frac{\mathrm{d}u}{\mathrm{d}v}\cdot\frac{\mathrm{d}v}{\mathrm{d}x}$$

例 25　求函数 $y=\mathrm{e}^{\sin^2 x}$ 的导数。

解　$y'=\mathrm{e}^{\sin^2 x}(\sin^2 x)'=\mathrm{e}^{\sin^2 x}2\sin x(\sin x)'=\mathrm{e}^{\sin^2 x}\sin 2x$

例 26　$y=\ln(\cos(\mathrm{e}^x))$，求 $\dfrac{\mathrm{d}y}{\mathrm{d}x}$。

解　$\dfrac{\mathrm{d}y}{\mathrm{d}x}=[\ln\cos(\mathrm{e}^x)]'=\dfrac{1}{\cos(\mathrm{e}^x)}\cdot[\cos(\mathrm{e}^x)]'$

$$=\frac{1}{\cos(\mathrm{e}^x)}\cdot[-\sin(\mathrm{e}^x)]\cdot(\mathrm{e}^x)'=-\mathrm{e}^x\tan(\mathrm{e}^x)$$

练一练

求下列函数的导数。

(1) $y = \sin 5x$；

(2) $y = e^{-2x+3}$；

(3) $y = \ln(x^2 - x + 1)$；

(4) $y = \sqrt{5x^2 - 1}$；

(5) $y = \cos^3 x$；

(6) $y = (x + \sin^6 x)^7$；

(7) $y = \arctan \sqrt{x}$；

(8) $y = \ln(\sin(e^x))$。

习题 2.3

A. 基本题

1. 求下列函数的导数。

(1) $y = \sin(x^2 + 1)$；

(2) $y = \sqrt{2x+3}$；

(3) $y = e^{-x}$；

(4) $y = \ln(x^2 + x + 1)$；

(5) $y = \cos x^3$；

(6) $y = \cos^3 x$；

(7) $y = \sin x^3$；

(8) $y = \sin^3 x$。

B. 一般题

2. 求下列函数的导数。

(1) $y = (1 + x^2)^2$；

(2) $y = (3x - 5)^4 (5x + 4)^3$；

(3) $y = (2x - 1)\sqrt{1 - x^2}$；

(4) $y = (2 + 3x^2)\sqrt{1 + 5x^2}$；

(5) $y = \dfrac{(2x+5)^2}{3x+4}$；

(6) $y = \sqrt{x^2 - 2x + 5}$；

(7) $y = \dfrac{3x+1}{\sqrt{1-x^2}}$；

(8) $y = \ln(3 + 2x^2)$；

(9) $y = e^{x^2 - 1}$；

(10) $y = \sin^2 x \cos 2x$；

(11) $y = \cos^3 \dfrac{x}{2}$；

(12) $y = x^2 \sin \dfrac{1}{x}$；

(13) $y = e^{-x} \cos 3x$。

C. 提高题

3. 已知 $y = f(e^x + x^e)$，且 f 可导，求 $\dfrac{dy}{dx}$。

4. 设 $f(x)$ 是可导偶函数，且 $f'(0)$ 存在，求证 $f'(0) = 0$。

2.4 特殊函数求导法和高阶导数

2.4.1 隐函数及其求导法

前面讨论的函数皆形如 $y=f(x)$,右端是自变量 x 和一些运算符号等组成的式子,它明显地显示出对 x 如何运算则可以得出对应的函数值,例如 $y=x^2+x-2,y=\sin 2x$ 等,这种函数称为显函数;而有的函数自变量 x 与因变量 y 的关系是通过方程 $F(x,y)=0$ 呈现出的,例如 $x+y-1=0,x+y^3-1=0$ 等,当自变量 x 在 $(-\infty,+\infty)$ 内取值时,变量 y 都有唯一确定的值与之对应,这种函数关系称为隐函数。

一般地,如果变量 x,y 之间的函数关系是由某一个方程 $F(x,y)=0$ 所确定,那么这种函数就称为由方程所确定的隐函数。

把一个隐函数化成显函数,称为隐函数的显化。例如,由方程 $x+y^3-1=0$ 解出 $y=\sqrt[3]{1-x}$,就把隐函数化成了显函数。但有的隐函数不易显化甚至不可能显化,例如,由方程 $y-x-\dfrac{1}{2}\sin y=0$ 所确定的隐函数就不能用显式表示出来。对于由方程 $F(x,y)=0$ 所确定的隐函数求导,当然不能完全寄希望于把它显化,关键是要能从 $F(x,y)=0$ 直接把 $\dfrac{\mathrm{d}y}{\mathrm{d}x}$ 求出来。

我们知道,把方程 $F(x,y)=0$ 所确定的隐函数 $y=f(x)$ 代入原方程,结果是恒等式

$$F[x,f(x)]\equiv 0$$

把这个恒等式的两端对 x 求导,所得的结果也必然相等。但应注意,左端 $F[x,f(x)]$ 是将 $y=f(x)$ 代入 $F(x,y)$ 后所得的结果,所以当方程 $F(x,y)=0$ 的两端对 x 求导时,要记住 y 是 x 是函数,然后用复合函数求导法则去求导,这样便可得到欲求的导数。下面举例说明这种方法。

例 27 求由方程 $x^2+y^2=R^2$(R 是常数)确定的隐函数的导数 $\dfrac{\mathrm{d}y}{\mathrm{d}x}$。

解 将方程的两边同时对 x 求导,并注意到 y 是 x 的函数,y^2 是 x 的复合函数,按求导法则得

$$(x^2)'+(y^2)'_x=(R^2)'$$

$$2x+2y\frac{\mathrm{d}y}{\mathrm{d}x}=0$$

从中解出 $\dfrac{\mathrm{d}y}{\mathrm{d}x}$,得

$$\frac{\mathrm{d}y}{\mathrm{d}x}=-\frac{x}{y}$$

例 28 求由方程 $xy-\mathrm{e}^x+\mathrm{e}^y=0$ 所确定的隐函数的导数 y'。

解 把方程 $xy-\mathrm{e}^x+\mathrm{e}^y=0$ 的两端对 x 求导,记住 y 是 x 的函数,得

$$y+xy'-\mathrm{e}^x+\mathrm{e}^y y'=0$$

由上式解出 y',便得隐函数的导数为 $y'=\dfrac{\mathrm{e}^x-y}{x+\mathrm{e}^y}$($x+\mathrm{e}^y\neq 0$)。

从上面的例子可以看出,求隐函数的导数时,可以将方程两边同时对自变量 x 求导,遇到 y 就看成 x 的函数,遇到 y 的函数就看成 x 的复合函数,然后从关系式中解出 y'_x 即可。

练一练

求由下列方程确定的隐函数的导数 $\dfrac{\mathrm{d}y}{\mathrm{d}x}$。

(1) $x^2+y^2+2x=0$;   (2) $\mathrm{e}^y+xy-\mathrm{e}=0$。

2.4.2 对数求导法

对数求导法即等号两边取对数,将其化为隐函数,而后利用隐函数的求导方法求导。它可用来解决两种类型函数的求导问题:

1. 求幂指函数的导数(形如 $y=\varphi(x)^{\psi(x)}$ 的函数称为幂指函数)

例 29　求 $y=x^{\sin x}$ 的导数。

解　为了求这函数的导数,可以先在两边取对数,得

$$\ln y=\sin x\ln x$$

上式两边对 x 求导,注意到 y 是 x 的函数,把 y 当作中间变量,按复合函数求导法则,得

$$\frac{1}{y}y'=\cos x\ln x+(\sin x)\frac{1}{x}$$

于是 $y'=y\left(\cos x\ln x+\dfrac{\sin x}{x}\right)=x^{\sin x}\left(\cos x\ln x+\dfrac{\sin x}{x}\right)$。

例 30　已知 $y=(1+x^2)^{\cos x}$,求 y'。

解　先将已知函数取自然对数,得 $\ln y=\cos x\cdot\ln(1+x^2)$,

上式两边同时对 x 求导(注意 y 是 x 的函数),得

$$\frac{1}{y}\cdot y'=-\sin x\cdot\ln(1+x^2)+\cos x\cdot\frac{1}{1+x^2}\cdot 2x$$

所以　　　　　　　$y'=(1+x^2)^{\cos x}\left[\dfrac{2x\cos x}{1+x^2}-\sin x\cdot\ln(1+x^2)\right]$

2. 由多个因子的积、商、乘方、开方而成的函数的求导问题

例 31　已知 $y=\sqrt{\dfrac{(x+1)(x+2)}{(x+3)(x+4)}}\,(x>-1)$,求 y'。

解　先将已知函数取自然对数,整理得

$$\ln y=\frac{1}{2}\left[\ln(x+1)+\ln(x+2)-\ln(x+3)-\ln(x+4)\right]$$

上式两边同时对 x 求导(注意 y 是 x 的函数),得

$$\frac{1}{y}y'=\frac{1}{2}\left(\frac{1}{x+1}+\frac{1}{x+2}-\frac{1}{x+3}-\frac{1}{x+4}\right)$$

$$y'=\frac{1}{2}\sqrt{\frac{(x+1)(x+2)}{(x+3)(x+4)}}\left(\frac{1}{x+1}+\frac{1}{x+2}-\frac{1}{x+3}-\frac{1}{x+4}\right)$$

练一练

求下列函数的导数。

(1) $y = x^{\frac{1}{x}}, x > 0$；

(2) $y = x \cdot \sqrt[3]{(3x+1)^2(x-2)}$。

2.4.3　由参数方程所确定的函数的导数

前面讨论了由 $y = f(x)$ 或 $F(x,y) = 0$ 给出的函数关系的导数问题,但在研究物体运动轨迹时,曲线常被看做质点运动的轨迹,动点 $M(x,y)$ 的位置随时间 t 变化,因此动点坐标 x,y 可分别利用时间 t 的函数表示。

例如,研究抛射物体运动(空气阻力不计)时,抛射物体的运动轨迹可表示为

$$\begin{cases} x = v_1 t \\ y = v_2 t - \dfrac{1}{2} g t^2 \end{cases}$$

其中,v_1,v_2 分别是抛射物体的初速度的水平和垂直分量;g 是重力加速度;t 是时间;x,y 分别是抛射物体的横坐标和纵坐标,如图 2-3 所示。

在上式中,x,y 都是 t 的函数,因此,x 与 y 之间通过 t 发生联系,这样 y 与 x 之间存在着确定的函数关系,消去 t,得

$$y = \frac{v_2}{v_1} x - \frac{g}{2v_1^2} x^2$$

这就是上述参数方程所确定的函数的显函数形式。

一般地,如果参数方程

$$\begin{cases} x = \varphi(t) \\ y = \psi(t) \end{cases}$$

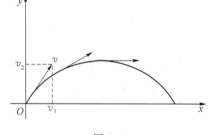

图 2-3

确定了 y 与 x 之间的函数关系,则称此函数关系所表示的函数为由参数方程所确定的函数。

对于参数方程所确定的函数的导数,通常也并不需要首先由参数方程消去参数 t 化为 y 与 x 之间的直接函数关系后再求导。

由参数方程确定的函数可以看成是由 $y = \psi(t)$ 与 $t = \varphi^{-1}(x)$ 复合而成的函数,如果函数 $x = \varphi(t), y = \psi(t)$ 都可导,且 $\varphi'(t) \neq 0$,根据复合函数的求导法则有

$$\frac{\mathrm{d}y}{\mathrm{d}t} = \frac{\mathrm{d}y}{\mathrm{d}x} \cdot \frac{\mathrm{d}x}{\mathrm{d}t}$$

由此有

$$\frac{\mathrm{d}y}{\mathrm{d}x} = \frac{\dfrac{\mathrm{d}y}{\mathrm{d}t}}{\dfrac{\mathrm{d}x}{\mathrm{d}t}} = \frac{\psi'(t)}{\varphi'(t)}$$

例 32 求由参数方程 $\begin{cases} x = a(t - \sin t), \\ y = a(1 - \cos t) \end{cases}$ 所确定的函数的导数 $\dfrac{dy}{dx}$。

解 $\dfrac{dy}{dx} = \dfrac{[a(1 - \cos t)]'}{[a(t - \sin t)]'} = \dfrac{\sin t}{1 - \cos t}$。

例 33 已知椭圆的参数方程为

$$\begin{cases} x = a\cos t \\ y = b\sin t \end{cases}$$

求椭圆在 $t = \dfrac{\pi}{4}$ 相应的点处的切线方程。

解 当 $t = \dfrac{\pi}{4}$ 时,椭圆上的相应点 M_0 的坐标是

$$x_0 = a\cos\frac{\pi}{4} = \frac{\sqrt{2}}{2}a \ , \ y_0 = b\cos\frac{\pi}{4} = \frac{\sqrt{2}}{2}b$$

曲线在点 M_0 的切线斜率为

$$\frac{dy}{dx}\Big|_{t=\frac{\pi}{4}} = \frac{(b\sin t)'}{(a\cos t)'}\Big|_{t=\frac{\pi}{4}} = \frac{b\cos t}{-a\sin t}\Big|_{t=\frac{\pi}{4}} = -\frac{b}{a}$$

代入点斜式方程,即得椭圆在点 M_0 处的切线方程

$$y - \frac{\sqrt{2}}{2}b = -\frac{b}{a}\left(x - \frac{\sqrt{2}}{2}a\right)$$

 **练一练**

求由参数方程 $\begin{cases} x = \arctan t, \\ y = \ln(1 + t^2) \end{cases}$ 所确定的函数的导数 $\dfrac{dy}{dx}$。

2.4.4 高阶导数

1. 高阶导数的概念

一般地,函数 $y = f(x)$ 的导函数 $y' = f'(x)$ 仍然是 x 的函数,如果它还是可导的,那么把 $y' = f'(x)$ 的导数称为函数 $y = f(x)$ 的二阶导数,记作 y''、$f''(x)$ 或 $\dfrac{d^2 y}{dx^2}$,即

$$y'' = (y')' \ 、 f''(x) = [f'(x)]' \ 或 \ \frac{d^2 y}{dx^2} = \frac{d}{dx}\left(\frac{dy}{dx}\right)$$

相应地,把 $y = f(x)$ 的导数 y' 称为函数 $y = f(x)$ 的一阶导数。

类似地,函数 $y = f(x)$ 的二阶导数的导数称为 $y = f(x)$ 的三阶导数,三阶导数的导数称为 $y = f(x)$ 的四阶导数,…。一般地,$(n-1)$ 阶导数的导数称为 $y = f(x)$ 的 n 阶导数,分别记作

$$y''', y^{(4)}, \cdots, y^{(n)} \ 或 \ f'''(x), f^{(4)}(x), \cdots, f^{(n)}(x) \ 或 \ \frac{d^3 y}{dx^3}, \frac{d^4 y}{dx^4}, \cdots, \frac{d^n y}{dx^n}$$

于是,根据定义有

$$y^{(n)} = \left[y^{(n-1)} \right]', f^{(n)}(x) = \left[f^{(n-1)}(x) \right]' \frac{\mathrm{d}^n y}{\mathrm{d}x^n} = \frac{\mathrm{d}}{\mathrm{d}x}\left(\frac{\mathrm{d}^{(n-1)} y}{\mathrm{d}x^{(n-1)}} \right)$$

二阶及二阶以上的导数称为 $y = f(x)$ 的高阶导数。

例 34　求下列函数的二阶导数。

(1) $y = 2x + 3$；　　　　(2) $y = x \ln x$；　　　　(3) $y = \mathrm{e}^{-t} \cos t$。

解　(1) $y' = 2, y'' = 0$。

(2) $y' = \ln x + x \dfrac{1}{x} = \ln x + 1, y'' = \dfrac{1}{x}$。

(3) $y' = -\mathrm{e}^{-t} \cos t - \mathrm{e}^{-t} \sin t = -\mathrm{e}^{-t}(\cos t + \sin t)$

$\qquad y'' = \mathrm{e}^{-t}(\cos t + \sin t) - \mathrm{e}^{-t}(-\sin t + \cos t) = \mathrm{e}^{-t}(2\sin t) = 2\mathrm{e}^{-t}\sin t$。

例 35　设 $f(x) = \mathrm{e}^{2x-1}$，求 $f''(0)$。

解　$f'(x) = 2\mathrm{e}^{2x-1}, f''(x) = 4\mathrm{e}^{2x-1}, f''(0) = 4\mathrm{e}^{-1} = \dfrac{4}{\mathrm{e}}$。

例 36　求指数函数 $y = a^x (a > 0, a \neq 1)$ 和 $y = \mathrm{e}^x$ 的 n 阶导数。

解　$y' = a^x \ln a, \quad y'' = a^x (\ln a)^2, \cdots, y^{(n)} = a^x (\ln a)^n$，

所以 $(a^x)^{(n)} = a^x (\ln a)^n$。

对于 $y = \mathrm{e}^x$，有 $(\mathrm{e}^x)^{(n)} = \mathrm{e}^x (\ln \mathrm{e})^n = \mathrm{e}^x$。

例 37　求 $y = \sin x$ 与 $y = \cos x$ 的 n 阶导数。

解　$y = \sin x$

$$y' = \cos x = \sin\left(x + \frac{\pi}{2} \right)$$

$$y'' = \cos\left(x + \frac{\pi}{2} \right) = \sin\left(x + \frac{\pi}{2} + \frac{\pi}{2} \right) = \sin\left(x + 2 \cdot \frac{\pi}{2} \right)$$

$$y''' = \cos\left(x + 2 \cdot \frac{\pi}{2} \right) = \sin\left(x + 3 \cdot \frac{\pi}{2} \right)$$

$$\vdots$$

$$y^{(n)} = \sin\left(x + n \cdot \frac{\pi}{2} \right)$$

即
$$(\sin x)^{(n)} = \sin\left(x + n \cdot \frac{\pi}{2} \right)。$$

同理可得 $(\cos x)^{(n)} = \cos\left(x + n \cdot \dfrac{\pi}{2} \right)$。

例 38　$y = x \ln x + \mathrm{e}^{2x}$，求 y''。

解　$y' = \ln x + x \cdot \dfrac{1}{x} + 2\mathrm{e}^{2x} = \ln x + 2\mathrm{e}^{2x} + 1, y'' = \dfrac{1}{x} + 4\mathrm{e}^{2x}$。

2. 二阶导数的力学意义

设物体做变速直线运动，其运动方程为 $s = s(t)$，则物体运动速度是路程 s 对时间 t 的导数，即

$$v = s'(t) = \frac{\mathrm{d}s}{\mathrm{d}t}$$

此时，若速度 v 仍是时间 t 的函数，我们可以求速度 v 对时间 t 的导数，用 a 表示，即

$$a = v'(t) = s''(t) = \frac{\mathrm{d}^2 s}{\mathrm{d}t^2}$$

a 就是物体运动的加速度,它是路程 s 对时间 t 的二阶导数。通常把它称为二阶导数的力学意义。

例 39 已知物体运动方程为 $s=A\cos(\omega t+\varphi)$($A$、$\omega$、$\varphi$ 是常数),求物体的加速度。

解 $s=A\cos(\omega t+\varphi)$

$v=s'=[A\cos(\omega t+\varphi)]'=-A\omega\sin(\omega t+\varphi)$

$a=s''=[-A\omega\sin(\omega t+\varphi)]'=-A\omega^2\cos(\omega t+\varphi)$

 练一练

1. 求下列函数的二阶导数。

(1) $y=e^{2x-1}$；　　　　　　(2) $y=xe^{-x}$；　　　　　　(3) $y=x^2\ln x$。

2. 求函数 $y=e^{2x}$ 的 n 阶导数。

3. 求函数 $y=x^n$ 的 n 阶导数。

习题 2.4

A. 基本题

1. 求由下列方程确定的隐函数的导数 $\dfrac{dy}{dx}$。

(1) $x^2-xy-y^2=0$；　　　　　(2) $\sqrt{x}+\sqrt{y}=1$；

(3) $xe^y+ye^x=0$；　　　　　　(4) $x^3+y^3-3x^2y=0$。

2. 利用对数求下列函数的导数。

(1) $y=(\cos x)^{\sin x}$；　　(2) $y=x\sqrt{\dfrac{1-x}{1+x}}$；　　(3) $y=\dfrac{\sqrt{2+x}\,(3-x)}{(2x+1)^5}$；

(4) $y=2x^{\sqrt{x}}$；　　　　(5) $y=(\sin x)^{\ln x}$。

3. 求曲线 $\begin{cases} x=t^3 \\ y=1+t^2 \end{cases}$，在 $t=1$ 的切线方程。

4. 求下列函数的二阶导数。

(1) $y=x^2+\ln x$；　　　　(2) $y=x\cos x$；

(3) $y=\dfrac{1-x}{1+x}$；　　　　(4) $y=\ln(1+x^2)$。

求 $y''\left(\dfrac{\pi}{4}\right)$。

B. 一般题

5. 求下列方程确定的隐函数的导数。

(1) $y\sin x+e^y-x=1$；　　(2) $e^{x+y}-xy=1$，求 $\dfrac{dy}{dx}\Big|_{x=0}$。

6. 求曲线 $x^{\frac{3}{2}}+y^{\frac{3}{2}}=16$ 在点 $(4,4)$ 处的切线方程和法线方程。

7. 求由参数方程 $\begin{cases} x=\ln(1+t^2) \\ y=t-\arctan t \end{cases}$,所确定的函数的导数 $\dfrac{\mathrm{d}y}{\mathrm{d}x}$。

8. 求下列函数的高阶导数。

(1) $y=\ln(1-x^2)$,求 y'';

(2) $y=\sin 2x$,求 y'';

(3) $y=x^3\ln x$,求 $y^{(4)}$。

C. 提高题

9. 求下列函数的高阶导数。

(1) $y=x\mathrm{e}^x$,求 $y^{(n)}$;

(2) $y=\ln(1+x)$,求 $y^{(n)}$。

2.5　函数的微分

2.5.1　微分的定义

在实际应用和理论研究当中,往往需要求出一个函数 $y=f(x)$ 的增量 Δy,可惜 Δy 的精确值的确定往往十分麻烦甚至无计可施,这样就强烈企盼有一种求得 Δy 的简便可靠的近似算法,一种运算十分便捷,近似程度又可以相当满意的 Δy 的近似值就是所谓函数的微分。

下面我们先讨论一个具体的例子:

一块正方形金属薄片受温度变化影响时,其边长由 x_0 变到 $x_0+\Delta x$,如图 2-4 所示,问此薄片的面积改变了多少?

设此薄片的边长为 x,面积为 A,则 A 的 x 是函数:$A=x^2$。薄片受温度变化影响时,面积的改变量可以看成当自变量 x 自 x_0 取得增量 Δx 时,函数 A 相应的增量 ΔA,即

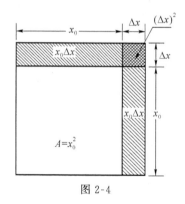

图 2-4

$$\Delta A=(x_0+\Delta x)^2-x_0^2=2x_0\Delta x+(\Delta x)^2$$

从上式可以看出,ΔA 可分成两部分:一部分是 $2x_0\Delta x$,它是 Δx 的线性函数,即图中带有斜线的两个矩形面积之和;另一部分是 $(\Delta x)^2$,在图中是带有交叉斜线的小正方形的面积。显然,如图 2-4 所示,$2x_0\Delta x$ 是面积增量 ΔA 的主要部分,而 $(\Delta x)^2$ 是次要部分,当 $|\Delta x|$ 很小时,$(\Delta x)^2$ 部分比 $2x_0\Delta x$ 要小得多。也就是说,当 $|\Delta x|$ 很小时,面积增量 ΔA 可以近似地用 $2x_0\Delta x$ 表示,即

$$\Delta A\approx 2x_0\Delta x$$

由此式作为 ΔA 的近似值,略去的部分 $(\Delta x)^2$ 是比 Δx 高阶的无穷小,即

$$\lim_{\Delta x\to 0}\frac{(\Delta x)^2}{\Delta x}=\lim_{\Delta x\to 0}\Delta x=0$$

又因为 $A'(x_0)=(x^2)'\big|_{x=x_0}=2x_0$,所以有

$$\Delta A \approx A'(x_0) \Delta x$$

这表明,用来近似代替面积改变量 ΔA 的 $2x_0 \Delta x$,实际上是函数 $A = x^2$ 在点 x_0 的导数 $2x_0$ 与自变量 x 的改变量 Δx 的乘积。这种近似代替具有一定的普遍性。

定义 3 设函数 $y = f(x)$ 在 x_0 的某个邻域内有定义,当自变量在 x_0 处取得增量 Δx 时,如果函数的增量 $\Delta y = f(x_0 + \Delta x) - f(x_0)$ 可以表示为

$$\Delta y = A \Delta x + o(\Delta x)$$

其中,A 是与 x_0 有关而与 Δx 无关的常数,$o(\Delta x)$ 是比 Δx 高阶的无穷小量,则称函数 $y = f(x)$ 在点 x_0 处可微,$A \Delta x$ 称为函数 $y = f(x)$ 在点 x_0 处的微分,记作 $\mathrm{d}y \big|_{x = x_0}$,即

$$\mathrm{d}y \big|_{x = x_0} = A \Delta x$$

接下来的问题是什么样的函数是可微的,对这个问题我们有如下结论:

定理 2 函数 $y = f(x)$ 在点 x_0 处可微的充要条件是函数 $y = f(x)$ 在点 x_0 处可导,且

$$\mathrm{d}y \big|_{x = x_0} = f'(x_0) \Delta x$$

证 设函数 $y = f(x)$ 在 x_0 点可微,即 $\Delta y = A \Delta x + o(\Delta x)$,则 $\dfrac{\Delta y}{\Delta x} = A + \dfrac{o(\Delta x)}{\Delta x}$,

因此 $\lim\limits_{\Delta x \to 0} \dfrac{\Delta y}{\Delta x} = \lim\limits_{\Delta x \to 0} \left(A + \dfrac{o(\Delta x)}{\Delta x} \right) = A$,即 $f'(x_0) = A$,从而,函数 $y = f(x)$ 在 x_0 点可微,一定可导。

反过来,设函数 $y = f(x)$ 在 x_0 点可导,$f'(x_0) = \lim\limits_{\Delta x \to 0} \dfrac{\Delta y}{\Delta x}$,则 $\dfrac{\Delta y}{\Delta x} = f'(x_0) + a$,(其中 α 是 $\Delta x \to 0$ 时的无穷小),$\Delta y = f'(x_0) \Delta x + o(\Delta x)$,则由微分的定义知,函数 $y = f(x)$ 在 x_0 点可微。

如果函数 $y = f(x)$ 在区间 I 内每一点都可微,称函数 $f(x)$ 是 I 内的可微函数,函数 $f(x)$ 在 I 内任意一点 x 处的微分就称之为函数的微分,记作 $\mathrm{d}y$,即

$$\mathrm{d}y = f'(x) \Delta x$$

因为当 $y = x$ 时,$\mathrm{d}y = \mathrm{d}x = (x)' \Delta x = \Delta x$,因此自变量 x 的增量 Δx 就是自变量的微分,即 $\mathrm{d}x = \Delta x$ 于是函数 $y = f(x)$ 的微分又可记作

$$\mathrm{d}y = f'(x) \mathrm{d}x$$

从而有 $\dfrac{\mathrm{d}y}{\mathrm{d}x} = f'(x)$。这就是说,函数的微分 $\mathrm{d}y$ 与自变量的微分 $\mathrm{d}x$ 之商等于该函数的导数。

因此,导数也称为"微商"。以前用 $\dfrac{\mathrm{d}y}{\mathrm{d}x}$ 表示 y 对 x 的导数,$\dfrac{\mathrm{d}y}{\mathrm{d}x}$ 被看作一个整体记号,现在可以把 $\dfrac{\mathrm{d}y}{\mathrm{d}x}$ 看作一个分式,它是函数的微分 $\mathrm{d}y$ 与自变量的微分 $\mathrm{d}x$ 之商。

由上面讨论可知函数的微分有如下特点:

(1) 函数 $f(x)$ 在 x 处可微与可导是等价的;

(2) 微分 $f'(x_0) \Delta x$ 是增量 Δy 的近似值,其误差 $a = \Delta y - f'(x_0) \Delta x$ 是比 Δx 高阶的无穷小量,$|\Delta x|$ 越小,误差越小;

(3) 微分 $\mathrm{d}y$ 是 Δx 的一次函数(线性函数);

(4) 导数 $\dfrac{\mathrm{d}y}{\mathrm{d}x}$ 为函数的微分与自变量的微分之商。

例 40　求函数 $y=x^2$ 在 $x=1$，$\Delta x=0.01$ 时的增量 Δy 与微分 $\mathrm{d}y$。

解　函数 $y=x^2$ 在 $x=1$ 处的增量为：$\Delta y=(1+0.01)^2-1^2=0.0201$；

函数 $y=x^2$ 在 $x=1$ 处的微分为：$\mathrm{d}y=(x^2)'\big|_{x=1}\Delta x=2\times0.01=0.02$。

例 41　求出函数 $y=f(x)=x^2-3x+5$ 当 $x=1$ 且

(1) $\Delta x=0.1$；

(2) $\Delta x=0.01$。

时的增量 Δy 与微分 $\mathrm{d}y$。

解　函数增量 $\Delta y=[(x+\Delta x)^2-3(x+\Delta x)+5]-(x^2-3x+5)=(2x-3)\Delta x+(\Delta x)^2$，

函数微分 $\mathrm{d}y=f'(x)\Delta x=(2x-3)\Delta x$，于是

(1) 当 $x=1$，$\Delta x=0.1$ 时，

$$\Delta y=(2\times1-3)\times0.1+0.1^2=-0.09$$
$$\mathrm{d}y=(2\times1-3)\times0.1=-0.1$$
$$\Delta y-\mathrm{d}y=0.01$$

(2) 当 $x=1$，$\Delta x=0.01$ 时，

$$\Delta y=(2\times1-3)\times0.01+0.01^2=-0.0099$$
$$\mathrm{d}y=(2\times1-3)\times0.01=-0.01$$
$$\Delta y-\mathrm{d}y=0.0001$$

由本例可以看到，$|\Delta x|$ 越小，Δy 与 $\mathrm{d}y$ 的差越小。

例 42　设 $y=\dfrac{\ln x}{x}$，求 $\mathrm{d}y\big|_{x=1}$。

解

$$y'=\frac{1-\ln x}{x^2}$$

$$\mathrm{d}y=y'\mathrm{d}x=\frac{1-\ln x}{x^2}\mathrm{d}x$$

$$\mathrm{d}y\big|_{x=1}=y'(1)\mathrm{d}x=\mathrm{d}x$$

例 43　设 $y=\tan\dfrac{x}{2}$，求 $\mathrm{d}y$。

解　因为 $y'=\dfrac{1}{2}\sec^2\dfrac{x}{2}$，

所以 $\mathrm{d}y=y'\mathrm{d}x=\dfrac{1}{2}\sec^2\dfrac{x}{2}\mathrm{d}x$。

 练一练

1. 求函数 $f(x)=x^3$ 当 $x=2$ 且 $\Delta x=0.01$ 时的 Δy 与 $\mathrm{d}y$。

2. 求下列函数的微分 $\mathrm{d}y$。

(1) $y=x\ln x$；　　　　　　　　(2) $y=x^3+x^2+1$；

(3) $y=2\sqrt{x}$；　　　　　　　　(4) $y=\tan\dfrac{x}{2}$。

2.5.2　微分的几何意义

为了对微分有比较直观的了解，下面我们来说明微分的几何意义。

设图 2-5 是函数 $y=f(x)$ 的图像,过曲线上一点 M 作切线 MT,设 MT 的倾角为 α,则 $\tan \alpha = f'(x)$。

当自变量有增量 Δx 时,切线 MT 的纵坐标也有增量

$$QP = \Delta x \tan \alpha = f'(x) \Delta x = \mathrm{d}y$$

因此,函数 $y=f(x)$ 在 x 处的微分的几何意义是:曲线 $y=f(x)$ 在点 $M(x,y)$ 的切线 MT 的纵坐标对应于 Δx 的相应增量 QP。

当 $|x|$ 很小时,$|y-\mathrm{d}y|$ 比 $|x|$ 小得多,因此在点 M 的邻近,我们可以用切线段来近似代替曲线段。

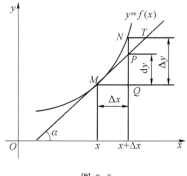

图 2-5

2.5.3 微分公式与微分法则

从函数的微分的表达式 $\mathrm{d}y = f'(x)\mathrm{d}x$ 可以看出,要计算函数的微分,只要计算函数的导数,再乘以自变量的微分即可。因此,对于每一个导数公式和求导法则,都有相应的微分公式和微分法则,为了便于查阅与对照,汇总如下。

1. 基本初等函数的微分公式

由基本初等函数的导数公式,可以直接写出基本初等函数的微分公式:

(1) $\mathrm{d}C = 0$(C 为常数);

(2) $\mathrm{d}(x^{\mu}) = \mu x^{\mu-1}\mathrm{d}x$($\mu$ 为任意常数);

(3) $\mathrm{d}(\sin x) = \cos x\mathrm{d}x$;

(4) $\mathrm{d}(\cos x) = -\sin x\mathrm{d}x$;

(5) $\mathrm{d}(\tan x) = \sec^2 x\mathrm{d}x$;

(6) $\mathrm{d}(\cot x) = -\csc^2 x\mathrm{d}x$;

(7) $\mathrm{d}(\sec x) = \sec x\tan x\mathrm{d}x$;

(8) $\mathrm{d}(\csc x) = -\csc x\cot x\mathrm{d}x$;

(9) $\mathrm{d}(a^x) = a^x\ln a\mathrm{d}x$;

(10) $\mathrm{d}(\mathrm{e}^x) = \mathrm{e}^x\mathrm{d}x$;

(11) $\mathrm{d}(\log_a x) = \dfrac{1}{x\ln a}\mathrm{d}x$;

(12) $\mathrm{d}(\ln x) = \dfrac{1}{x}\mathrm{d}x$;

(13) $\mathrm{d}(\arcsin x) = \dfrac{1}{\sqrt{1-x^2}}\mathrm{d}x$;

(14) $\mathrm{d}(\arccos x) = -\dfrac{1}{\sqrt{1-x^2}}\mathrm{d}x$;

(15) $\mathrm{d}(\arctan x) = \dfrac{1}{1+x^2}\mathrm{d}x$;

(16) $\mathrm{d}(\operatorname{arccot} x) = -\dfrac{1}{1+x^2}\mathrm{d}x$。

2. 微分的四则运算法则

由导数的四则运算法则,可推得相应的微分法则(设 $u=u(x)$,$v=v(x)$ 都可导):

(1) $\mathrm{d}(u \pm v) = \mathrm{d}u \pm \mathrm{d}v$;

(2) $\mathrm{d}(Cu) = C\mathrm{d}u$($C$ 为常数);

(3) $\mathrm{d}(uv) = v\mathrm{d}u + u\mathrm{d}v$;

(4) $\mathrm{d}\left(\dfrac{u}{v}\right) = \dfrac{v\mathrm{d}u - u\mathrm{d}v}{v^2}$ ($v \neq 0$)。

只以乘积为例加以证明,其他法则都可以用类似的方法证明,请读者自证。

根据函数微分的表达式,有

$$\mathrm{d}(uv) = (uv)'\mathrm{d}x$$

再根据乘积的求导法则,有

$$(uv)' = u'v + uv'$$

于是
$$d(uv) = (u'v + uv')dx = vu'dx + uv'dx$$

由于
$$u'dx = du, v'dx = dv$$

所以
$$d(uv) = vdu + udv$$

3. 复合函数的微分法则

设 $y = f(u)$ 及 $u = \varphi(x)$ 都可导,则复合函数 $y = f(\varphi(x))$ 的微分为
$$dy = y'_x dx = f'(u)\varphi'(x)dx$$

由于 $\varphi'(x)dx = du$,所以复合函数 $y = f(\varphi(x))$ 的微分公式可以写成
$$dy = f'(u)du$$

或
$$dy = y'_u du$$

由此可见,无论 u 是自变量还是另一个变量的可微函数,微分形式 $dy = f'(u)du$ 保持不变。这一性质称为微分形式不变性。应用此性质可方便地求复合函数的微分。

例 44　求 $y = \ln(3x+2)$ 的微分 dy。

解 1　利用 $dy = y'dx$ 得
$$dy = [\ln(3x+2)]'dx = \frac{(3x+2)'}{3x+2}dx = \frac{3}{3x+2}dx$$

解 2　设 $u = 3x+2$,则 $y = \ln u$,于是由微分形式不变性有
$$dy = (\ln u)'du = \frac{1}{u}du = \frac{1}{3x+2}d(3x+2) = \frac{3}{3x+2}dx$$

注:利用微分形式不变性求微分,熟练之后可不用写出 u,如例 44 中的解 2 可写成如下形式:
$$dy = \frac{1}{3x+2}d(3x+2) = \frac{3}{3x+2}dx$$

例 45　设 $y = e^{\sin^2 x}$,求 dy。

解　利用微分形式不变性有
$$\begin{aligned}
dy &= e^{\sin^2 x}d(\sin^2 x) \\
&= e^{\sin^2 x}2\sin x d(\sin x) \\
&= e^{\sin^2 x}2\sin x\cos x dx \\
&= \sin 2x e^{\sin^2 x}dx
\end{aligned}$$

例 46　求由方程 $y^3 = x^2 + xy + y^2$ 所确定的隐函数 $y = f(x)$ 的微分。

解　对方程两边求微分
$$3y^2 dy = 2xdx + xdy + ydx + 2ydy$$
$$(3y^2 - x - 2y)dy = (2x+y)dx$$

所以
$$dy = \frac{2x+y}{3y^2 - x - 2y}dx$$

练一练

1. 利用微分形式不变性求下列函数的微分。

(1) $y=\ln(1-3x)$；　　　　　　　(2) $y=\sin(2x+1)$；

(3) $y=(1+x+x^2)^3$；　　　　　　(4) $y=\tan^2 x$；

(5) $y=\sqrt{\sin x}$。

2. 求由方程 $y^6=x^6+\ln y+\ln x$ 所确定的隐函数 $y=f(x)$ 的微分。

4. 凑微分

由微分的公式 $\mathrm{d}y=y'\mathrm{d}x$ 可以得到 $y'\mathrm{d}x=\mathrm{d}y$，这一过程称为凑微分。由于后面积分的计算常常要用到凑微分法，故熟练掌握凑微分的方法至关重要。现举例说明如何进行凑微分。

例 47 填空题。

(1) $x^2\mathrm{d}x=\mathrm{d}(\quad)$；　　　　　　(2) $x^3\mathrm{d}x=\mathrm{d}(\quad)$；

(3) $x^\mu\mathrm{d}x=\mathrm{d}(\quad)$；　　　　　　(4) $2\mathrm{d}x=\mathrm{d}(\quad)$；

(5) $\cos x\mathrm{d}x=\mathrm{d}(\quad)$；　　　　　(6) $\cos u\mathrm{d}u=\mathrm{d}(\quad)$；

(7) $\cos 2x\mathrm{d}(2x)=\mathrm{d}(\quad)$；　　　(8) $\cos 2x\mathrm{d}x=\mathrm{d}(\quad)$。

解 (1) 因为 $\left(\dfrac{x^3}{3}\right)'=x^2$，故 $\mathrm{d}\left(\dfrac{x^3}{3}\right)=x^2\mathrm{d}x$；

一般地，有 $x^2\mathrm{d}x=\mathrm{d}\left(\dfrac{x^3}{3}+C\right)$（$C$ 为任意常数）。

(2) 因为 $\left(\dfrac{x^4}{4}\right)'=x^3$，故 $\mathrm{d}\left(\dfrac{x^4}{4}\right)=x^3\mathrm{d}x$；

一般地，有 $x^3\mathrm{d}x=\mathrm{d}\left(\dfrac{x^4}{4}+C\right)$（$C$ 为任意常数）。

(3) 因为 $\left(\dfrac{x^{\mu+1}}{\mu+1}\right)'=x^\mu$，故 $\mathrm{d}\left(\dfrac{x^{\mu+1}}{\mu+1}\right)=x^\mu\mathrm{d}x$；

一般地，有 $x^\mu\mathrm{d}x=\mathrm{d}\left(\dfrac{x^{\mu+1}}{\mu+1}+C\right)$（$C$ 为任意常数）。

(4) 因为 $\mathrm{d}(Cu)=C\mathrm{d}u$，故 $C\mathrm{d}u=\mathrm{d}(Cu)$，从而有 $2\mathrm{d}x=\mathrm{d}(2x)$；

一般地，有 $2\mathrm{d}x=\mathrm{d}(2x+C)$（$C$ 为任意常数）。

(5) 因为 $(\sin x)'=\cos x$，故 $\mathrm{d}(\sin x)=\cos x\mathrm{d}x$；

一般地，有 $\cos x\mathrm{d}x=\mathrm{d}(\sin x+C)$（$C$ 为任意常数）。

(6) 将(5)中的变量 x 改成 u，有 $\cos u\mathrm{d}u=\mathrm{d}(\sin u+C)$（$C$ 为任意常数）。

(7) 将(6)中的变量 u 改成 $2x$，有 $\cos 2x\mathrm{d}(2x)=\mathrm{d}(\sin 2x+C)$（$C$ 为任意常数）。

(8) $\cos 2x\mathrm{d}x=\dfrac{1}{2}\cos 2x\cdot 2\mathrm{d}x=\dfrac{1}{2}\cos 2x\mathrm{d}(2x)=\mathrm{d}\left(\dfrac{\sin 2x}{2}+C\right)$（$C$ 为任意常数）。

例 47 中的(3)可作为公式使用。

练一练

(1) $\dfrac{1}{1+x^2}dx = d(\quad)$;

(2) $\sec^2 x\,dx = d(\quad)$;

(3) $x^8\,dx = d(\quad)$;

(4) $\dfrac{1}{\sqrt{x}}dx = d(\quad)$;

(5) $\cos 5x\,dx = d(\quad)$;

(6) $\sin 2x\,dx = d(\quad)$;

(7) $e^{2x}\,dx = d(\quad)$;

(8) $e^{-x}\,dx = d(\quad)$。

2.5.4* 微分的应用

在工程问题中,经常会遇到一些复杂的计算公式,如果直接用这些公式进行计算,那是很费力的,利用微分往往可以把一些复杂的计算公式改用简单的近似公式来代替。

设函数 $y=f(x)$ 在 x_0 处可微,其微分为 dy,当 Δx 很小时,$\Delta y \approx dy$,$|\Delta x|$ 越小,近似值的精度越高。近似计算公式为

$$f(x_0+\Delta x)-f(x_0)\approx f'(x_0)\Delta x \text{ 或 } f(x_0+\Delta x)\approx f(x_0)+f'(x_0)\Delta x$$

特别当 $x_0=0$,$x=\Delta x$,当 $|x|$ 非常小时,则有

$$f(x)\approx f(0)+f'(0)x$$

由此可以推得几个常用的近似公式(下面都假定 $|x|$ 是较小的数值):

(1) $\sqrt[n]{1+x}\approx 1+\dfrac{1}{n}x$;

(2) $\sin x \approx x$ (x 用弧度作单位来表达);

(3) $e^x \approx 1+x$;

(4) $\tan x \approx x$ (x 用弧度作单位来表达);

(5) $\ln(1+x)\approx x$。

例 48　计算 $\sqrt[3]{1.02}$ 的近似值。

解　设 $f(x)=\sqrt[3]{x}$,则 $f'(x)=\dfrac{1}{3}x^{-\frac{2}{3}}$,取 $x_0=1$,$\Delta x=0.02$,则

$$f(1)=1, f'(1)=\dfrac{1}{3}$$

应用 $f(x_0+\Delta x)\approx f(x_0)+f'(x_0)\Delta x$ 得

$$\sqrt[3]{1.02}=f(1+0.02)\approx f(1)+f'(1)\cdot 0.02$$

$$=1+\dfrac{1}{3}\times 0.02=\dfrac{151}{150}\approx 1.006\,67$$

直接开方的结果是 $\sqrt[3]{1.02}=1.006\,67$。

例 49　利用微分计算 $\sin 30°30'$ 的近似值。

解　把 $30°30'$ 化为弧度,得 $30°30'=\dfrac{\pi}{6}+\dfrac{\pi}{360}$。

令 $f(x)=\sin x$,取 $x_0=\dfrac{\pi}{6}$,$\Delta x=\dfrac{\pi}{360}$,则

$$f\left(\frac{\pi}{6}\right) = \sin\frac{\pi}{6} = \frac{1}{2}, \quad f'\left(\frac{\pi}{6}\right) = \cos\frac{\pi}{6} = \frac{\sqrt{3}}{2},$$

应用 $f(x_0 + \Delta x) \approx f(x_0) + f'(x_0)\Delta x$ 得:

$$\sin 30°30' = \sin\left(\frac{\pi}{6} + \frac{\pi}{360}\right) \approx \sin\frac{\pi}{6} + \cos\frac{\pi}{6} \cdot \frac{\pi}{360}$$

$$= \frac{1}{2} + \frac{\sqrt{3}}{2} \cdot \frac{\pi}{360} \approx 0.500\,0 + 0.007\,6 = 0.507\,6。$$

例 50 钢管内径 100 厘米,管厚 2 厘米,求钢管横截面积的近似值。

解 截面为圆环,内半径 $r = 50$ 厘米,其截面积恰为圆半径自 $r_0 = 50$ 增加 $\Delta r = 2$ 时,圆面积的增量,故由面积公式 $S = \pi r^2$,有

$$\Delta S \approx dS = (\pi r^2)'\big|_{r=50} \cdot \Delta r$$
$$= 2\pi r_0 \cdot \Delta r \approx 628 \text{ cm}^2。$$

例 51 设某国的国民经济消费模型为 $y = 10 + 0.4x + 0.01x^{\frac{1}{2}}$,其中:$y$ 为总消费(10 亿元);x 为可支配收入(10 亿元)。当 $x = 100.05$ 时,问总消费是多少?

解 令 $x_0 = 100, \Delta x = 0.05, y' = 0.4 + \dfrac{0.01}{2\sqrt{x}}$,

$$f(100.05) \approx f(100) + f'(100) \times 0.05$$

$$= (10 + 0.4 \times 100 + 0.01 \times 100^{\frac{1}{2}}) + \left(0.4 + \frac{0.01}{2\sqrt{100}}\right) \times 0.05$$

$$= 50.120\,025(10 \text{ 亿元})。$$

练一练

1. 计算 $\sqrt{1.05}$ 的近似值。
2. 计算 $\sin 29.5°$ 的近似值。

习题 2.5

A. 基本题

1. 求下列函数在给定条件下的增量 Δy 与微分 dy。

(1) $y = 3x - 1$,x 由 0 变到 0.02;(2) $y = x^2 + 2x + 3$,x 由 2 变到 1.95。

2. 求下列函数在指定点的微分 dy。

(1) $y = \dfrac{x}{1+x}$,$x = 0$ 和 $x = 1$;   (2) $y = e^{\sin x}$,$x = 0$ 和 $x = \dfrac{\pi}{4}$。

3. 求下列函数微分 dy。

(1) $y=x^4+5x+6$；　　　(2) $y=\dfrac{1}{x}+2\sqrt{x}$；　　　(3) $y=\mathrm{e}^{\sin 3x}$。

B. 一般题

4. 求下列函数微分 dy。

(1) $y=(\mathrm{e}^x+\mathrm{e}^{-x})^2$；　　(2) $y=\dfrac{x}{\sqrt{1+x^2}}$；　　(3) $y=\dfrac{1}{x+\cos x}$。

5. 利用微分近似公式求近似值。

(1) $\sqrt[3]{1\,010}$；　　　　(2) $\sqrt[3]{1.05}$。

C. 提高题

6. 设扇形的圆心角 $\alpha=60°$，半径 $R=100\ \mathrm{cm}$，如果 R 不变，α 减少 $30'$，问面积大约改变了多少？又如果 α 不变，R 增加 $1\ \mathrm{cm}$，问面积大约改变了多少？

7. 求由方程 $xy+\mathrm{e}^y=0$ 所确定的隐函数的微分。

复习题 2

（历年专插本考试真题）

一、单项选择题

1. (2009/3) 下列函数中，在点 $x=0$ 处连续但不可导的是（　　）。

A. $y=|x|$　　　B. $y=1$　　　C. $y=\ln x$　　　D. $y=\dfrac{1}{x-1}$

2. (2008/3) 函数在点 x_0 处连续是在该点处可导的（　　）。

A. 必要非充分条件　　　　　B. 充分非必要条件
C. 充分必要条件　　　　　　D. 既非充分也非必要条件

3. (2006/1) 函数 $f(x)=\sqrt[3]{x}+1$ 在 $x=0$ 处（　　）。

A. 无定义　　　B. 不连续　　　C. 可导　　　D. 连续但不可导

4. (2005/3) 设 $f(x)=\cos x$，则 $\lim\limits_{x\to a}\dfrac{f(x)-f(a)}{x-a}=$（　　）。

A. $-\sin x$　　B. $\cos x$　　C. $-\sin a$　　D. $\sin x$

5. (2002/12) 由方程 $\mathrm{e}^y+xy-\mathrm{e}=0$ 所确定的隐函数在 $x=0$ 处的导数 $\dfrac{\mathrm{d}y}{\mathrm{d}x}\Big|_{x=0}$ 是（　　）。

A. e　　　B. $\dfrac{1}{\mathrm{e}}$　　　C. $-\mathrm{e}$　　　D. $-\dfrac{1}{\mathrm{e}}$

二、填空题

1. (2011/7) 曲线 $\begin{cases}x=t-t^3\\ y=2t\end{cases}$，则 $\dfrac{\mathrm{d}y}{\mathrm{d}x}\Big|_{t=0}=$_____。

2. (2010/7) 圆 $x^2+y^2=x+y$ 在 $(0,0)$ 点处的切线方程是_____。

3. (2009/8) 若曲线 $\begin{cases}x=kt-3t^2\\ y=(1+2t)^2\end{cases}$，在 $t=0$ 处的切线斜率为 1，则常数 $k=$_____。

4.（2008/7）曲线 $y=x\ln x$ 在点 $(1,0)$ 处的切线方程是_____。

5.（2006/7）由参数方程 $\begin{cases} x=2\sin t+1 \\ y=e \end{cases}$，所确定的曲线在 $t=0$ 相应点处的切线方程是_____。

6.（2005/8）设函数 $f(x)=\ln\dfrac{2x}{2+x}$，则 $f'(x)=$_____。

7.（2004/3）若 $y=e^x(\sin x-\cos x)$，则 $\dfrac{dy}{dx}=$_____。

8.（2002/2）若 $y=\ln\sin(e^x)$，则 $\dfrac{dy}{dx}=$_____。

9.（2001/一.4）曲线 $f=\dfrac{2}{x}$ 在点 $(1,2)$ 的法线方程是_____。

10.（2001/一.5）设参数方程 $\begin{cases} x=a\cos t \\ y=a\sin^2 t \end{cases}$，则 $\dfrac{dy}{dx}\Big|_{t=\frac{\pi}{4}}=$_____。

三、计算题

1.（2011/12）已知函数 $f(x)$ 的 $n-1$ 阶导数 $f^{(n-1)}(x)=\ln(\sqrt{1+e^{-2x}}-e^{-x})$，求 $f^{(n)}(0)$。

2.（2010/12）设函数 $f(x)=\begin{cases} x^2\sin\dfrac{2}{x}+\sin 2x, & x\neq 0 \\ 0, & x=0 \end{cases}$，用导数定义计算 $f'(0)$。

3.（2009/12）设 $f(x)=\begin{cases} x(1+2x^2)^{\frac{1}{x^2}}, & x\neq 0 \\ 0, & x=0 \end{cases}$，用导数定义计算 $f'(0)$。

4.（2009/13）已知函数 $f(x)$ 的导数 $f'(x)=x\ln(1+x^2)$，求 $f'''(1)$。

5.（2008/13）设参数方程 $\begin{cases} x=e^{2t} \\ y=t-e^{-t} \end{cases}$，确定函数 $y=y(x)$，计算 $\dfrac{dy}{dx}$。

6.（2007/12）设 $y=\cos^2 x+\ln\sqrt{1+x^2}$，求二阶导数 y''。

7.（2007/13）设函数 $y=y(x)$ 由方程 $\arcsin x\cdot\ln y-e^{2x}+y^3=0$ 确定，求 $\dfrac{dy}{dx}\Big|_{x=0}$。

8.（2006/13）设函数 $y=\sin^2\left(\dfrac{1}{x}\right)-2^x$，求 $\dfrac{dy}{dx}$。

9.（2006/14）函数 $y=y(x)$ 是由方程 $e^y=\sqrt{x^2+y^2}$ 所确定的隐函数，求 $\dfrac{dy}{dx}$ 在点 $(1,0)$ 处的值。

10.（2005/13）已知 $y=\arctan\sqrt{x^2-1}-\dfrac{\ln x}{\sqrt{x^2-1}}$，求 y'。

11.（2005/14）设函数 $y=y(x)$ 是由方程 $\arctan\dfrac{y}{x}=\ln\sqrt{x^2+y^2}$ 所确定的隐函数，求 $\dfrac{dy}{dx}$。

12.（2003/三.4）已知 $\begin{cases} x=e^t\sin t \\ y=e^t\cos t \end{cases}$，求此曲线在 $t=0$ 处法线的方程。

第3章 中值定理与导数的应用

本章首先讨论微分学的几个基本定理,它们揭示了在一定条件下函数在区间端点处的函数值与它在区间内部某点处导数值之间的关系,成为连接局部与整体的纽带,它们统称为中值定理,是微分学的基础理论。然后根据中值定理,利用导数来研究函数极限、函数的各种性态,如单调性、极值、最大最小值、曲线的凹凸性、拐点等问题。

3.1* 中值定理

微分学中值定理包括罗尔(Rolle)定理、拉格朗日(Lagrange)定理和柯西(Cauchy)定理。首先介绍发现于微积分产生之初的一个著名定理,它的应用具有重要意义。

费马(Fermat)定理 若函数 $y=f(x)$ 在 x_0 的某个邻域 $U(x_0)$ 内以 $f(x_0)$ 为最大(或最小)值,即对这个邻域里的一切 x 都有 $f(x) \leqslant f(x_0)$(或 $f(x) \geqslant f(x_0)$),并且 $f(x)$ 在 x_0 处可导,则 $f'(x_0)=0$。

费马定理有一个明显的几何解释:如果曲线 $y=f(x)$ 上点 $(x_0,f(x_0))$ 的纵坐标 $f(x_0)$ 比它左右邻近点的纵坐标小(或大),并且曲线在这点又有非铅垂的切线,那么这条切线一定是水平的(即平行于 x 轴)。如图 3-1 中的点 P_0。

罗尔定理 若函数 $f(x)$ 满足:

(1) 在闭区间 $[a,b]$ 上连续;

(2) 在开区间 (a,b) 内可导;

(3) 在区间端点函数值相等,即 $f(a)=f(b)$,

则在开区间 (a,b) 内至少存在一点 ξ,使得 $f'(\xi)=0$。

罗尔定理从几何图形上看是很明显的,图 3-2 画出了 $[a,b]$ 上的一条连续曲线 $y=f(x)$,除去两端点外曲线上每一点都存在非铅垂的切线,且闭区间 $[a,b]$ 的两个端点的函数值相等,即 $f(a)=f(b)$,则曲线上至少有一个点,在该点处的切线平行于 x 轴。

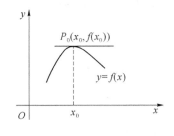

图 3-1

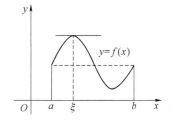

图 3-2

例 1 验证罗尔定理对 $f(x)=\sin x$ 在 $\left[\dfrac{\pi}{6},\dfrac{5\pi}{6}\right]$ 上的正确性。

证 ［条件验证］

$f(x)=\sin x$ 为初等函数,在 $\left[\dfrac{\pi}{6},\dfrac{5\pi}{6}\right]$ 上连续,$\left(\dfrac{\pi}{6},\dfrac{5\pi}{6}\right)$ 内可导,

且 $f\left(\dfrac{\pi}{6}\right)=f\left(\dfrac{5\pi}{6}\right)=\dfrac{1}{2}$,即满足罗尔定理条件。

［结论验证］

$f'(x)=\cos x$,显然有 $\xi=\dfrac{\pi}{2}\in\left(\dfrac{\pi}{6},\dfrac{5\pi}{6}\right)$ 使 $f'(\xi)=0$,故得证。

罗尔定理可看成是导函数的零点定理,罗尔定理中的条件 $f(a)=f(b)$ 很特殊,一般函数不满足这个条件,因此在大多数场合罗尔定理不能直接应用。由此自然想到要去掉这个条件,这就得到了拉格朗日定理。

拉格朗日定理 设函数 $f(x)$ 满足:

(1) 在闭区间 $[a,b]$ 上连续;

(2) 在开区间 (a,b) 内可导,

则至少存在一点 $\xi\in(a,b)$,使得

$$f'(\xi)=\frac{f(b)-f(a)}{b-a}$$

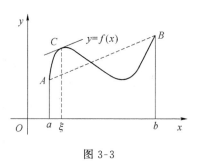

图 3-3

如图 3-3 所示,定理的几何意义是:如果连续曲线弧 $y=f(x)$ 除端点外处处具有不垂直于 x 轴的切线,那么在曲线上至少有一点 C,使曲线在 C 点的切线平行于弦 AB。

注意:(1) 通常称 $f'(\xi)=\dfrac{f(b)-f(a)}{b-a}$ 为拉格朗日中值公式,也可以写作

$$f(b)-f(a)=f'(\xi)(b-a) \text{ 或 } f(a)-f(b)=f'(\xi)(a-b)$$

(2) 令 $a=x_0,b=x_0+\Delta x$,则拉格朗日中值公式还可写成

$$f(x_0+\Delta x)-f(x_0)=f'(\xi)\Delta x \text{ 或 } \Delta y=f'(\xi)\Delta x$$

$$f(x_0+\Delta x)-f(x_0)=f'(x_0+\theta\Delta x)\Delta x \text{ 或 } \Delta y=f'(x_0+\theta\Delta x)\Delta x(\text{其中 } 0<\theta<1)$$

它是函数增量 Δy 的精确表达式,有较高的理论价值。在微分学中占有十分重要的理论地位,因此也称拉格朗日中值定理为微分中值定理。

(3) 在拉格朗日中值定理中,如果还具有 $f(a)=f(b)$,则拉格朗日中值定理就成了罗尔定理,因此拉格朗日中值定理是罗尔定理的推广,是微分学中最重要的基本定理。

例 2 验证 $f(x)=x^2-x-5$ 在 $[1,3]$ 上满足拉格朗日中值定理条件,并求出定理结论中的 ξ。

解 ［条件验证］

因为 $f(x)=x^2-x-5$ 是二次多项式,所以 $f(x)$ 在 $[1,3]$ 上连续,在 $(1,3)$ 内可导,故它满足拉格朗日中值定理中的条件。

［结论验证］

$f'(x)=2x-1$,代入结论表达式 $f(b)-f(a)=f'(\xi)(b-a)$ 得 $f(3)-f(1)=f'(\xi)(3-1)$,即 $1-(-5)=(2\xi-1)2$,从而得:$\xi=2$,而 $\xi=2\in(1,3)$,结论得到验证。

推论　若 $f'(x)\equiv 0, x\in I$，则 $f(x)$ 在 I 上恒等于常数。

拉格朗日中值定理还可以推广到两个函数的情形，就有了柯西中值定理：

柯西中值定理　若 $f(x), F(x)$ 满足

(1) 在闭区间 $[a,b]$ 上连续；

(2) 在开区间 (a,b) 内可导，且 $F'(x)\neq 0$。

则至少存在一点 $\xi\in (a,b)$，使得

$$\frac{f(b)-f(a)}{F(b)-F(a)}=\frac{f'(\xi)}{F'(\xi)}$$

当 $F(x)=x$ 时，柯西中值定理就是拉格朗日中值定理。

习 题 3.1

A. 基本题

1. 下列函数在给定的区间上是否满足罗尔定理的条件？如果满足，求出定理中的 ξ。

(1) $f(x)=2x^2-x-3, [-1,1.5]$；　　　　(2) $f(x)=\dfrac{1}{1+x^2}, [-1,1]$。

2. 下列函数在给定的区间上是否满足拉格朗日定理的条件？如果满足，求出定理中的 ξ。

(1) $f(x)=x^3, [-1,2]$；　　　　　　　　(2) $f(x)=\ln x, [1,e]$；

(3) $f(x)=x^3-5x^2+x-2, [-1,1]$。

B. 一般题

3. 证明函数 $y=px^2+qx+r$ 在 $[a,b]$ 上应用拉格朗日中值定理时所求得的点 $\xi=\dfrac{a+b}{2}$。

4. 曲线 $y=x^2$ 上哪一点的切线与连接曲线上的点 $(1,1)$ 和点 $(3,9)$ 的割线平行？

C. 提高题

5. 设 $f(x)$ 在 $[0,a]$ 上连续，在 $(0,a)$ 内可导，且 $f(a)=0$，证明存在一点 $\xi\in (0,a)$，使

$$f(\xi)+\xi f'(\xi)=0$$

3.2　洛必达法则

如果当 $x\to x_0$ （或 $x\to\infty$）时，两个函数 $f(x)$ 与 $g(x)$ 都趋于零或都趋于无穷大，那么极限 $\lim\dfrac{f(x)}{g(x)}$ 可能存在，也可能不存在，我们把这两类极限称为不定式，分别用记号 $\dfrac{0}{0}$ 和 $\dfrac{\infty}{\infty}$ 表示，它们只表示类型，没有具体意义。如 $\lim\limits_{x\to 0}\dfrac{1-\cos x}{x^2}$、$\lim\limits_{x\to 0^+}\dfrac{\ln\tan x}{\ln x}$，显然，不能用极限的四则运算法则计算它们的极限。第 1 章介绍了一些特殊情况下的极限计算方法，但这些方法的通用性不强。1696 年，法国数学家 L. Hospital 在《无穷小分析》中给出了确定这种不定式值的一个通

用简便方法,他将函数比的极限化为导数比的极限,后人称这种方法为洛必达(L'Hospital)法则。以下列出了七种不定式:$\dfrac{0}{0}$,$\dfrac{\infty}{\infty}$,$\infty-\infty$,$0\cdot\infty$,0^0,∞^0,1^∞,洛必达法则将为求解此类极限提供简单而有效的方法。

3.2.1 $\dfrac{0}{0}$型和$\dfrac{\infty}{\infty}$型不定式的极限

定理1(洛必达法则1)如果函数 $f(x)$ 与 $g(x)$ 在 x_0 的某去心邻域内有定义,且满足:

(1) $\lim\limits_{x\to x_0}f(x)=\lim\limits_{x\to x_0}g(x)=0$;

(2) $f'(x)$和$g'(x)$都存在,且 $g'(x)\neq 0$;

(3) $\lim\limits_{x\to x_0}\dfrac{f'(x)}{g'(x)}=A$($A$ 可为∞)。

则有
$$\lim_{x\to x_0}\frac{f(x)}{g(x)}\left(\frac{0}{0}\right)=\lim_{x\to x_0}\frac{f'(x)}{g'(x)}=A$$

此定理的意义是:当满足定理的条件时,$\dfrac{0}{0}$ 型不定式 $\dfrac{f(x)}{g(x)}$ 的极限可以转化为导数之比 $\dfrac{f'(x)}{g'(x)}$ 的极限,这种在一定条件下通过分子分母分别求导数再求极限来确定不定式极限的方法称为洛必达法则,它为求极限化难为易提供了可能的新途径。

注: 定理1是对 $x\to x_0$ 时的 $\dfrac{0}{0}$ 型不定式给出的,对于 $x\to\infty(\pm\infty)$ 时的 $\dfrac{0}{0}$ 型不定式同样适用。

例3 求下列各极限。

(1) $\lim\limits_{x\to 0}\dfrac{1-\cos x}{x^2}$; (2) $\lim\limits_{x\to 0}\dfrac{(1+x)^\alpha-1}{x}$ ($\alpha\in\mathbf{R}$)。

解 (1) $\lim\limits_{x\to 0}\dfrac{1-\cos x}{x^2}\left(\dfrac{0}{0}\right)=\lim\limits_{x\to 0}\dfrac{(1-\cos x)'}{(x^2)'}=\lim\limits_{x\to 0}\dfrac{\sin x}{2x}=\dfrac{1}{2}$。

(2) $\lim\limits_{x\to 0}\dfrac{(1+x)^\alpha-1}{x}\left(\dfrac{0}{0}\right)=\lim\limits_{x\to 0}\dfrac{((1+x)^\alpha-1)'}{(x)'}=\lim\limits_{x\to 0}\alpha(1+x)^{\alpha-1}=\alpha$。

在利用洛必达法则求极限时,若 $\lim\dfrac{f'(x)}{g'(x)}$ 仍为 $\dfrac{0}{0}$ 型不定式,且函数 $f'(x)$ 与 $g'(x)$ 满足定理1的条件,则可继续使用该法则。

例4 求 $\lim\limits_{x\to 1}\dfrac{x^3-3x+2}{x^3-x^2-x+1}$。

解 $\lim\limits_{x\to 1}\dfrac{x^3-3x+2}{x^3-x^2-x+1}=\lim\limits_{x\to 1}\dfrac{3x^2-3}{3x^2-2x-1}=\lim\limits_{x\to 1}\dfrac{6x}{6x-2}=\dfrac{3}{2}$。

注: 上式中的 $\lim\limits_{x\to 1}\dfrac{6x}{6x-2}$ 已不是不定式,不能对它应用洛必达法则,否则,将导致错误的结果。

类似于 $\dfrac{0}{0}$ 型,对于 $\dfrac{\infty}{\infty}$ 型不定式,也有相应的结论:

定理2 (洛必达法则2)如果函数 $f(x)$ 与 $g(x)$ 在 x_0 的某去心邻域内有定义,且满足:

(1) $\lim\limits_{x \to x_0} f(x) = \lim\limits_{x \to x_0} g(x) = \infty$；

(2) $f'(x)$ 和 $g'(x)$ 都存在，且 $g'(x) \neq 0$；

(3) $\lim\limits_{x \to x_0} \dfrac{f'(x)}{g'(x)} = A(A$ 可为 $\infty)$。

则有
$$\lim_{x \to x_0} \frac{f(x)}{g(x)}\left(\frac{\infty}{\infty}\right) = \lim_{x \to x_0} \frac{f'(x)}{g'(x)} = A$$

注　定理 2 对于 $x \to \infty(\pm\infty)$ 时的 $\dfrac{\infty}{\infty}$ 型不定式同样适用。

例 5　求下列各极限。

(1) $\lim\limits_{x \to +\infty} \dfrac{\ln x}{x - 1}$；　　　　　　(2) $\lim\limits_{x \to +\infty} \dfrac{x^{100}}{e^x}$。

解　(1) $\lim\limits_{x \to +\infty} \dfrac{\ln x}{x - 1}\left(\dfrac{\infty}{\infty}\right) = \lim\limits_{x \to +\infty} \dfrac{(\ln x)'}{(x - 1)'} = \lim\limits_{x \to +\infty} \dfrac{\frac{1}{x}}{1} = 0$；

(2) $\lim\limits_{x \to +\infty} \dfrac{x^{100}}{e^x}\left(\dfrac{\infty}{\infty}\right) = \lim\limits_{x \to +\infty} \dfrac{100 x^{99}}{e^x}\left(\dfrac{\infty}{\infty}\right) = \lim\limits_{x \to +\infty} \dfrac{100 \cdot 99 x^{98}}{e^x}\left(\dfrac{\infty}{\infty}\right) = \cdots = \lim\limits_{x \to +\infty} \dfrac{100!}{e^x} = 0$。

使用洛必达法则求不定式极限时必须注意：

(1) 每次使用法则时，必须检验是否属于 $\dfrac{0}{0}$ 型或 $\dfrac{\infty}{\infty}$ 型不定式；

(2) 洛必达法则是求不定式极限的一种有效方法，但最好能与其他求极限的方法结合使用：如果有可约去的公因子，或有非零极限值的乘积因子，可以先行约去或提出来求极限；尽可能应用等价无穷小代换或重要极限，这样可以使运算简便；

(3) $\lim\limits_{x \to x_0} \dfrac{f'(x)}{g'(x)}$ 存在（或者为 ∞）只是 $\lim\limits_{x \to x_0} \dfrac{f(x)}{g(x)}$ 存在的充分条件而不是必要条件，即如果 $\lim\limits_{x \to x_0} \dfrac{f'(x)}{g'(x)}$ 不存在（也不为 ∞），则不能断定 $\lim\limits_{x \to x_0} \dfrac{f(x)}{g(x)}$ 不存在，这时还得用其他方法来判别这个极限是否存在。

例 6　求 $\lim\limits_{x \to 0} \dfrac{\tan x - x}{x^2 \sin x}$。

解　如果直接使用洛必达法则，那么分母的导数较烦琐。如果用等价无穷小代换，那么运算就简便得多。

$$\lim_{x \to 0} \frac{\tan x - x}{x^2 \sin x} = \lim_{x \to 0} \frac{\tan x - x}{x^3} = \lim_{x \to 0} \frac{\sec^2 x - 1}{3x^2} = \lim_{x \to 0} \frac{\tan^2 x}{3x^2} = \lim_{x \to 0} \frac{x^2}{3x^2} = \frac{1}{3}$$

例 7　求 $\lim\limits_{x \to \infty} \dfrac{x + \sin x}{x}$。

解　此极限为 $\dfrac{\infty}{\infty}$ 型不定式。$\lim\limits_{x \to \infty} \dfrac{(x + \sin x)'}{(x)'} = \lim\limits_{x \to \infty} \dfrac{1 + \cos x}{1}$，由于 $\cos x$ 为周期函数，上式的极限不存在，也不为 ∞，并不能由此得出原极限不存在。实际上本例不满足定理 2 的条件 (3)，因此不能用洛必达法则，正确的解法是

$$\lim_{x \to \infty} \frac{x + \sin x}{x} = \lim_{x \to \infty} \frac{1 + \dfrac{\sin x}{x}}{1} = 1$$

即原极限存在。

练一练

求下列各极限。

(1) $\lim\limits_{x\to 0}\dfrac{\ln(1+x)}{x^2}$;

(2) $\lim\limits_{x\to\frac{\pi}{2}}\dfrac{\cos x}{x-\dfrac{\pi}{2}}$;

(3) $\lim\limits_{x\to 0}\dfrac{e^x-e^{-x}}{\sin x}$;

(4) $\lim\limits_{x\to 1}\dfrac{x^{10}-1}{x^3-1}$;

(5) $\lim\limits_{x\to +\infty}\dfrac{\ln x}{x}$;

(6) $\lim\limits_{x\to 0^+}\dfrac{\ln x}{\ln\sin x}$。

3.2.2 其他类型的不定式

以下用"0"和"1"分别表示以 0 和 1 为极限的函数,除 $\dfrac{0}{0}$ 型和 $\dfrac{\infty}{\infty}$ 型外,不定式还有 5 种:$0\cdot\infty$、1^{∞}、0^0、∞^0、$\infty-\infty$,这 5 种不定式都可以转化为 $\dfrac{0}{0}$ 型或 $\dfrac{\infty}{\infty}$ 型。

1. $0\cdot\infty$ 型(积的不定式)

解法　$0\cdot\infty\Rightarrow\begin{cases}\dfrac{0}{0}\\[2mm]\dfrac{\infty}{\infty}\end{cases}$。

例8　求极限 $\lim\limits_{x\to 0^+}x\ln x$（$0\cdot\infty$型）。

解　$\lim\limits_{x\to 0^+}x\ln x(0\cdot\infty)=\lim\limits_{x\to 0^+}\dfrac{\ln x}{\dfrac{1}{x}}\left(\dfrac{\infty}{\infty}\right)=\lim\limits_{x\to 0^+}\dfrac{\dfrac{1}{x}}{-\dfrac{1}{x^2}}=\lim\limits_{x\to 0^+}(-x)=0$。

2. $\infty-\infty$ 型(差的不定式)

解法　$\infty-\infty$ 型经过通分等化简后也可化为 $\dfrac{0}{0}$ 型或 $\dfrac{\infty}{\infty}$ 型。

例9　$\lim\limits_{x\to 1}\left(\dfrac{1}{\ln x}-\dfrac{1}{x-1}\right)$（$\infty-\infty$型）。

解　$\lim\limits_{x\to 1}\left(\dfrac{1}{\ln x}-\dfrac{1}{x-1}\right)=\lim\limits_{x\to 1}\dfrac{x-1-\ln x}{(x-1)\ln x}\left(\dfrac{0}{0}\right)=\lim\limits_{x\to 1}\dfrac{1-\dfrac{1}{x}}{\ln x+\dfrac{x-1}{x}}=\lim\limits_{x\to 1}\dfrac{\dfrac{1}{x^2}}{\dfrac{1}{x}+\dfrac{1}{x^2}}=\dfrac{1}{2}$。

*3. 0^0、∞^0 及 1^{∞} 型(幂指函数的不定式)

解法　利用对数恒等式 $[f(x)]^{g(x)}=e^{g(x)\ln f(x)}$,化为 $0\cdot\infty$ 型。

例 10　求极限 $\lim\limits_{x \to +\infty} x^{\frac{1}{x}}$。

解　$\lim\limits_{x \to +\infty} x^{\frac{1}{x}} (\infty^0) = \lim\limits_{x \to +\infty} \mathrm{e}^{\frac{\ln x}{x}} = \mathrm{e}^{\lim\limits_{x \to +\infty} \frac{\ln x}{x}} = \mathrm{e}^{\lim\limits_{x \to +\infty} \frac{1}{x}} = \mathrm{e}^0 = 1$。

练一练

求下列函数的极限。

(1) $\lim\limits_{x \to 0} \left(\dfrac{1}{x} - \dfrac{1}{\sin x} \right)$；

(2) $\lim\limits_{x \to +\infty} x \left(\mathrm{e}^{\frac{1}{x}} - 1 \right)$；

(3) $\lim\limits_{x \to 0^+} x^x$。

习题 3. 2

A. 基本题

1. 利用洛必达法则求极限。

(1) $\lim\limits_{x \to 0} \dfrac{\mathrm{e}^x - \mathrm{e}^{-x}}{x}$；　　(2) $\lim\limits_{x \to 1} \dfrac{x-1}{\ln x}$；　　(3) $\lim\limits_{x \to 0} \dfrac{\mathrm{e}^x + \mathrm{e}^{-x} - 2}{1 - \cos x}$；　　(4) $\lim\limits_{x \to 0} \dfrac{\ln \cos x}{x^2}$；

(5) $\lim\limits_{x \to +\infty} \dfrac{\ln x}{\sqrt{x}}$；　　(6) $\lim\limits_{x \to \frac{\pi}{2}^+} \dfrac{\ln\left(x - \dfrac{\pi}{2}\right)}{\tan x}$；　　(7) $\lim\limits_{x \to \pi} \dfrac{\sin 3x}{\tan 5x}$。

B. 一般题

2. 利用洛必达法则求下列极限。

(1) $\lim\limits_{x \to \frac{\pi}{4}} \dfrac{\sin x - \cos x}{1 - \tan^2 x}$；　　　　(2) $\lim\limits_{x \to 0} \dfrac{\mathrm{e}^x \cos x - 1}{\sin 2x}$；

(3) $\lim\limits_{x \to 1} \left(\dfrac{x}{x-1} - \dfrac{1}{\ln x} \right)$；　　　　(4) $\lim\limits_{x \to +\infty} \dfrac{x + \ln x}{x \ln x}$；

(5) $\lim\limits_{x \to 0} \left(\dfrac{1}{x} - \dfrac{1}{\mathrm{e}^x - 1} \right)$；　　　　(6) $\lim\limits_{x \to +\infty} \dfrac{\mathrm{e}^x - \mathrm{e}^{-x}}{\mathrm{e}^x + \mathrm{e}^{-x}}$。

C. 提高题

3. 求极限，并讨论洛必达法则是否可直接应用。

(1) $\lim\limits_{x \to \infty} \dfrac{x + \sin x}{2x + \cos x}$；　　　　　　(2) $\lim\limits_{x \to 0} \dfrac{x^2 \sin \dfrac{1}{x}}{\ln(1+x)}$。

3.3　函数的单调性

以前已经介绍过函数在区间上单调的概念,并掌握了用定义判断函数在区间上单调的方法,现在利用导数知识来研究函数的单调性。

由图 3-4 可以看出,如果函数 $y=f(x)$ 在闭区间 $[a,b]$ 上单调增加,那么它的图像是一条沿 x 轴正向上升的曲线,这时曲线上各点的切线的倾斜角都是锐角,因此它们的斜率 $f'(x)$ 都是正的,即 $f'(x)>0$。同样由图 3-5 可以看出,如果函数 $y=f(x)$ 在 $[a,b]$ 上单调减少,那么它的图像是一条沿 x 轴正向下降的曲线,这时曲线上各点的切线的倾斜角都是钝角,因此它们的斜率 $f'(x)$ 都是负的,即 $f'(x)<0$。

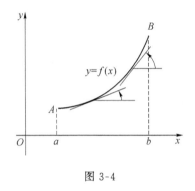
图 3-4

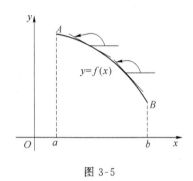
图 3-5

由此可见,函数的单调性与其导数的符号有关。那么是否能利用导数的正负号来判定函数的单调性呢? 下面的定理回答了这个问题。

定理 3　设函数 $y=f(x)$ 在 $[a,b]$ 上连续,在开区间 (a,b) 内可导。

(1) 如果在 (a,b) 内,$f'(x)>0$,那么函数 $y=f(x)$ 在 $[a,b]$ 上单调增加;

(2) 如果在 (a,b) 内,$f'(x)<0$,那么函数 $y=f(x)$ 在 $[a,b]$ 上单调减少。

关于函数单调性的判别法,我们提出几点注释:

(1) 上述定理中的区间 $[a,b]$ 若改为其他区间甚至无穷区间,其定理结论同样成立;

(2) 有的可导函数在区间内的个别点,导数为零,而在其他地方恒为正或恒为负,则函数 $f(x)$ 在该区间上仍是单调增加或单调减少。例如,幂函数 $y=x^3$ 的导数 $y'=3x^2$,当 $x=0$ 时,$y'=0$,但它在 $(-\infty,+\infty)$ 单调增加。

例 11　判定函数 $y=x-\sin x$ 在 $[0,2\pi]$ 上的单调性。

解　因为在 $(0,2\pi)$ 内 $y'=1-\cos x>0$,所以由判定法可知函数 $y=x-\sin x$ 在 $[0,2\pi]$ 上单调增加。

例 12　判定函数 $y=f(x)=e^x-ex-1$ 的单调性。

解　函数 $f(x)=e^x-ex-1$ 的定义域为 $(-\infty,+\infty)$,求导数得 $f'(x)=e^x-e$,当 $x>1$ 时,$e^x>e$ 因而 $f'(x)>0$;而当 $x<1$ 时,$e^x<e$ 因而 $f'(x)<0$;当 $x=1$ 时,$e^x=e$,因而 $f'(x)=0$。

　　因为 $f(x)$ 在 $(-\infty,+\infty)$ 连续可导,所以根据上面的讨论可知函数的单调性如表 3-1 所示(表中↗表示单调增加,↘表示单调减少)。

表 3-1

x	$(-\infty,1)$	1	$(1,+\infty$
$f'(x)$	$-$	0	$+$
$f(x)$	↘		↗

　　注意,例 12 中导数等于零的点 $x=1$ 为单调区间的分界点。

　　通常把使得导数 $f'(x)=0$ 的点称为函数 $f(x)$ 的驻点。

　　例 13　讨论函数 $y=\sqrt[3]{x^2}$ 的单调性。

　　解　函数的定义域为 $(-\infty,+\infty)$。

　　当 $x\neq0$ 时(函数的导数为 $y'=\dfrac{2}{3\sqrt[3]{x}}$(函数在 $x=0$ 处不可导。因为 $x<0$ 时,$y'<0$,所以函数 $y=\sqrt[3]{x^2}$ 在 $(-\infty,0]$ 上单调减少;因为 $x>0$ 时,$y'>0$,所以函数 $y=\sqrt[3]{x^2}$ 在 $[0,+\infty)$ 上单调增加。

　　函数 $y=\sqrt[3]{x^2}$ 的图像如图 3-6 所示。

　　注意,例 13 中导数不存在的点 $x=0$ 为单调区间的分界点。通常把使得导数 $f'(x)$ 不存在的点称为 $f(x)$ 的不可导点。

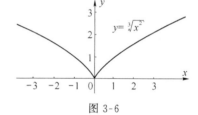

图 3-6

　　由例 12 和例 13 不难看出,判定函数的单调性可按如下步骤进行:

　　(1) 确定函数的定义区间;

　　(2) 求导数 $f'(x)$,找出定义区间内所有驻点和不可导点,并按从小到大的顺序排列;

　　(3) 用上述点将定义区间分成若干个开区间;

　　(4) 判定 $f'(x)$ 在每个开区间内的符号,在某区间内如果 $f'(x)>0$,那么函数在该区间内是单调增加的,如果 $f'(x)<0$,那么函数在该区间内是单调减少的。

　　例 14　确定函数 $f(x)=2x^3-9x^2+12x-3$ 的单调区间。

　　解　$f(x)$ 在 $(-\infty,+\infty)$ 上有定义,因为 $f'(x)=6x^2-18x+12=6(x-1)(x-2)$,故 $f(x)$ 在定义区间内无不可导点,令 $f'(x)=0$,得驻点 $x_1=1$,$x_2=2$,从而把定义域 $(-\infty,+\infty)$ 分成三个开区间:$(-\infty,1)$,$(1,2)$,$(2,+\infty)$。具体如表 3-2 所示。

表 3-2

x	$(-\infty,1)$	1	$(1,2)$	2	$(2,+\infty)$
$f'(x)$	$+$	0	$-$	0	$+$
$f(x)$	↗		↘		↗

由表 3-2 可知:函数 $f(x)=2x^3-9x^2+12x-3$ 在 $(-\infty,1)$ 及 $(2,+\infty)$ 内是单调增加的,在 $(1,2)$ 内是单调减少的。函数 $f(x)=2x^3-9x^2+12x-3$ 的图像如图 3-7 所示。

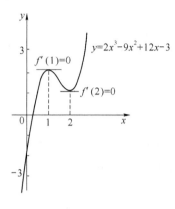

图 3-7

注: 对初等函数 $f(x)$ 而言,不可导点即为使 $f'(x)$ 无定义的点,例 14 中 $f'(x)=6x^2-18x+12$,不存在无定义的点,故 $f(x)$ 无不可导点。

 练一练

1. 指出下列函数在定义域内的驻点和不可导点。

(1) $y=\sqrt[5]{x^2}$;　　　　(2) $y=3x^3-9x+1$;　　　　(3) $y=\dfrac{2}{3}x-(x-1)^{\frac{2}{3}}$。

2. 求函数 $f(x)=(x-1)\sqrt[3]{x}$ 的单调区间。

利用函数的单调性可以证明一些不等式。

例 15 证明当 $0<x<\dfrac{\pi}{2}$ 时,$\tan x>x$。

证 令 $f(x)=\tan x-x$,因为 $f'(x)=\sec^2 x-1=\tan^2 x>0$,所以 $f(x)$ 在 $\left[0,\dfrac{\pi}{2}\right]$ 上单调增加,从而当 $0<x<\dfrac{\pi}{2}$ 时,$f(x)>f(0)=0$,即 $\tan x-x>0$,即 $\tan x>x$。

 **练一练**

利用函数的单调性证明 $x>0$ 时,有 $e^x>1+x$。

习题 3.3

A．基本题

1．讨论下列函数的单调性。

(1) $y = x^3 + x$；

(2) $y = 2x + \dfrac{8}{x}$　$(x > 0)$；

(3) $y = \dfrac{1}{x} (x > 0)$；

(4) $y = \sqrt{2x - x^2}$ $(0 < x < 1)$。

B．一般题

2．求下列函数的单调区间。

(1) $y = 2x^3 - 6x^2 - 18x - 7$；

(2) $y = (x + 2)^2 (x - 1)^4$；

(3) $y = x - \ln(1 + x)$；

(4) $y = \dfrac{x^2}{1 + x}$；

(5) $y = x^4 - 2x^2 + 3$；

(6) $y = e^x - x - 1$；

(7) $y = 3x^2 + 6x + 5$；

(8) $y = 2x^2 - \ln x$。

3．证明函数 $y = \sin x - x$ 单调减少。

C．提高题

4．证明不等式 $x > \ln(x + 1)$ $(x > 0)$。

3.4　函数的极值

3.4.1　函数极值的概念

在引进函数的极值概念之前，先观察 3.3 节中的例 14，从它的图像(图 3-7)可以看出，在点 $x = 1$ 的某个去心邻域内，函数的值均小于函数在 $x = 1$ 处的值，而在 $x = 2$ 的某个去心邻域内，函数的值均大于函数在 $x = 2$ 处的值，它们是函数曲线局部的高点(称为"峰")和低点(称为"谷")。曲线上这些点的横坐标称为函数的极值点，纵坐标称为函数的极值。它们在实际应用中具有非常重要的意义。

对于具有这种性质的点和对应的函数值给出下面的定义：

定义　设函数 $f(x)$ 在点 x_0 的某邻域 $U(x_0)$ 内有定义，如果对 $U(x_0)$ 内的任意 $x(x \neq x_0)$，$f(x) < f(x_0)$ 均成立，那么就说 $f(x_0)$ 是函数 $f(x)$ 的一个极大值，点 x_0 称为函数 $f(x)$ 的一个极大值点；如果对 $U(x_0)$ 内的任意 $x(x \neq x_0)$，$f(x) > f(x_0)$ 均成立，称那么就说 $f(x_0)$ 是函数 $f(x)$ 的一个极小值，点 x_0 称

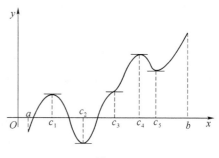

图 3-8

为函数 $f(x)$ 的一个极小值点。函数的极大值与极小值统称为极值。函数的极大值点与极小值点统称为函数的极值点。

例如,在图 3-8 中,$f(c_1)$,$f(c_4)$ 是函数的极大值,c_1,c_4 是函数的极大值点;$f(c_2)$,$f(c_5)$ 是函数的极小值,c_2,c_5 是函数的极小值点。

关于函数的极值,下面作几点说明:

(1) 极值是指函数值,而极值点是指自变量的值,两者不能混淆;

(2) 函数的极值是局部性的,它只是与极值点近旁的所有点的函数值相比较为较大或较小,这并不意味着它在函数的整个定义区间上是最大或最小。因此函数的极大值不一定比极小值大,如图 3-8 所示中的极大值 $f(c_1)$ 就比极小值 $f(c_5)$ 小;

(3) 函数的极值点只能在开区间 (a,b) 内取得,而函数的最大值点和最小值点可能出现在区间内部,也可能在区间的端点处取得。

3.4.2 函数极值的判定和求法

由图 3-8 可以看出,在可导函数取得极值处,曲线的切线是水平的,即可导函数的极值点必为导数为零的点(驻点)。反过来,曲线上有水平切线的地方,即在函数的驻点处,函数却不一定取得极值。例如在点 c_3 处,曲线虽有水平切线,即 $f'(c_3)=0$,但 $f(c_3)$ 并不是极值。由 3.1 节的费马(Fermat)定理,可得函数取得极值的必要条件。

定理 4(极值存在的必要条件) 设函数 $f(x)$ 在 x_0 点处可导,且在 x_0 点处取得极值,则必有
$$f'(x_0)=0$$

关于这个定理需要说明两点:

(1) $f'(x)=0$ 只是 $f(x)$ 在点 x_0 处取得极值的必要条件,而不是充分条件。事实上,我们熟悉的函数 $y=x^3$,在 $x=0$ 时,导数等于零,但在该点并不取得极值,如图 3-9 所示。

(2) 定理的条件之一是函数在 x_0 点可导,而导数不存在(但连续)的点也有可能取得极值。例如 $f(x)=|x|$,$h(x)=\sqrt[3]{x^2}$,在 $x=0$ 处都取得极小值 0,但它们在 $x=0$ 均不可导。因此,对于连续函数来说导数不存在的点也可能是函数的极值点,通常把函数在定义域中的驻点和导数不存在的点称为极值可疑点,连续函数仅在极值可疑点上可能取得极值,但是

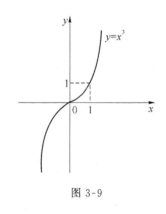

图 3-9

极值可疑点又不一定都是极值点,下面给出判断极值的两个充分条件。

定理 5(极值判别法 1) 设函数 $f(x)$ 在点 x_0 的某一邻域内连续且可导(可允许 $f'(x_0)$ 不存在),当 x 由小增大经过 x_0 点时,若

(1) $f'(x)$ 由正变负,则 x_0 是极大值点;

(2) $f'(x)$ 由负变正,则 x_0 是极小值点;

(3) 如果在 x_0 的两侧近旁,函数导数的符号相同,则 x_0 不是极值点。

如图 3-10(a) 所示,函数 $f(x)$ 在点 x_0 的左侧 $f'(x)>0$,函数 $f(x)$ 单调增加;在点 x_0 的右侧 $f'(x)<0$,函数 $f(x)$ 单调减少,因此函数 $f(x)$ 在点 x_0 处取得极大值。对于函数在 x_0 点取得极小值的情形,可结合图 3-10(b) 类似地进行讨论。

根据上面两个定理,把必要条件和充分条件结合起来,得到求函数极值点和极值的步骤如下:

(1) 确定函数 $f(x)$ 的定义域;

(2) 求该函数的导数 $f'(x)$;

(3) 求出定义域内所有极值可疑点即驻点和不可导点,并把这两种点由小到大排列;

(4) 用上述极值可疑点把函数的定义域分成若干个区间,考查 $f'(x)$ 在各区间的符号,以确定该点是否为极值点,如果是极值点,则确定是极大点还是极小点,通常情况下列表判断比较直观。

(5) 求出各极值点处的函数值,即得函数 $f(x)$ 的全部极值。

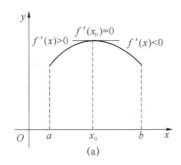 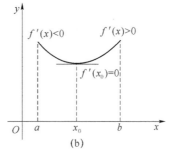

图 3-10

例 16 求函数 $y=\frac{1}{3}x^3-4x+4$ 的极值。

解 (1) 函数的定义域为 $(-\infty,+\infty)$。

(2) $y'=x^2-4=(x+2)(x-2)$。

(3) 令 $f'(x)=0$,得到两个驻点 $x_1=-2,x_2=2$,定义域内没有不可导点。

(4) 由表 3-3 可看出,函数取得极大值为 $9\frac{1}{3}$,极小值为 $-1\frac{1}{3}$。

表 3-3

x	$(-\infty,-2)$	-2	$(-2,2)$	2	$(2,+\infty)$
$f'(x)$	$+$	0	$-$	0	$+$
$f(x)$	↗	极大值 $9\frac{1}{3}$	↘	极小值 $-1\frac{1}{3}$	↗

例 17 求函数 $f(x)=(x^2-1)^3+1$ 的极值。

解 (1) 函数的定义域为 $(-\infty,+\infty)$。

(2) $f'(x)=6x(x+1)^2(x-1)^2$。

(3) 令 $f'(x)=0$,得到三个驻点 $x_1=-1,x_2=0,x_3=1$,定义域内没有不可导点。

(4) 如表 3-4 所示,考查 $f'(x)$ 的符号。由表可知函数的极小值为 $f(0)=0$,驻点 $x_1=-1$,$x_3=1$ 不是极值点。

表 3-4

x	$(-\infty,-1)$	-1	$(-1,0)$	0	$(0,1)$	1	$(1,+\infty)$
$f'(x)$	$-$	0	$-$	0	$+$	0	$+$
$f(x)$	↘	无极值	↘	极小值0	↗	无极值	↗

例 18 确定函数 $f(x)=\dfrac{2}{3}x-(x-1)^{\frac{2}{3}}$ 的极值。

解 (1) 该函数的定义域为 $(-\infty,+\infty)$。

(2) $f'(x)=\dfrac{2}{3}-\dfrac{2}{3}(x-1)^{-\frac{1}{3}}=\dfrac{2}{3}\left(1-\dfrac{1}{\sqrt[3]{x-1}}\right)$。

(3) $f'(x)=0$，得驻点 $x=2$，此外，显然 $x=1$ 为 $f(x)$ 的不可导点。

(4) 如表 3-5 所示，考虑 $f'(x)$ 的符号：

表 3-5

x	$(-\infty,1)$	1	$(1,2)$	2	$(2,+\infty)$
$f'(x)$	$+$	不存在	$-$	0	$+$
$f(x)$	↗	极大值 $\dfrac{2}{3}$	↘	极小值 $\dfrac{1}{3}$	↗

函数的极大值为 $f(1)=\dfrac{2}{3}$，极小值为 $f(2)=\dfrac{1}{3}$。

 练一练

1. 指出下列函数的极值可疑点。

(1) $y=x^3-3x+2$；　　　(2) $y=x+\dfrac{1}{x}$；　　　(3) $y=x^{\frac{4}{3}}$。

2. 求下列函数的极值。

(1) $y=x^4-2x^3$；　　　(2) $y=1-(x-2)^{\frac{2}{3}}$。

除了利用一阶导数来判别函数的极值以外，当函数 $f(x)$ 在驻点处的二阶导数存在且不为零时，用下面定理判别函数的极值较为方便。

定理 6(极值判别法 2) 设函数 $f(x)$ 在 x_0 处存在二阶导数，且 $f'(x_0)=0$。

(1) 若 $f''(x_0)<0$，则 $f(x)$ 在 x_0 处取极大值；

(2) 若 $f''(x_0)>0$，则 $f(x)$ 在 x_0 处取极小值；

(3) 若 $f''(x_0)=0$，则不能判断 $f(x_0)$ 是否是极值。

对于 $f''(x_0)=0$ 的情形，$f(x)$ 可能是极大值，可能是极小值，也可能不是极值。例如 $f(x)=-x^4$，$f'(0)=0$，$f''(0)=0$，$f(0)=0$ 是极大值；$g(x)=x^4$，$g'(0)=0$，$g''(0)=0$，$g(0)=0$ 是极小值；$h(x)=x^3$，$h'(0)=0$，$h''(0)=0$，但 $h(0)=0$ 不是极值。

例 19　求函数 $f(x)=\dfrac{1}{3}x^3-x$ 的极值。

解　$f(x)$ 的定义域为 $(-\infty,+\infty)$。

$f'(x)=x^2-1$，令 $f'(x)=0$，得 $x=\pm 1$，$f''(x)=2x$。

由于 $f'(-1)=0$，且 $f''(-1)=-2<0$，故 $f(x)$ 在 $x=-1$ 处取得极大值，极大值为 $f(-1)=\dfrac{2}{3}$；

由于 $f'(1)=0$，且 $f''(1)=2>0$，故 $f(x)$ 在 $x=1$ 处取得极小值，极小值为 $f(1)=-\dfrac{2}{3}$。

 练一练

利用二阶导数求函数 $f(x)=x^3-3x$ 的极值。

习题 3.4

A. 基本题

1. 求下列函数的极值。

(1) $y=2x^3-3x^2$；

(2) $y=x^2+2x-4$；

(3) $y=x^2\ln x$；

(4) $y=x^2\mathrm{e}^{-x}$。

B. 一般题

2. 求下列函数的极值。

(1) $y=2x^2-8x+3$；

(2) $y=x-\ln(x+1)$；

(3) $y=x+\tan x$；

(4) $y=\dfrac{2x}{1+x^2}$；

(5) $y=\dfrac{(x-2)(3-x)}{x^2}$；

(6) $y=3-\sqrt[3]{(x-2)^2}$。

3. 利用二阶导数，求下面函数的极值。

(1) $y=x^3-3x^2-9x-5$；

(2) $y=(x-3)^2(x-2)$；

(3) $y=2\mathrm{e}^x+\mathrm{e}^{-x}$；

(4) $y=2x^2-x^4$。

C. 提高题

4. 如果函数 $f(x)=a\sin x+\dfrac{1}{3}\sin 3x$ 在 $x=\dfrac{\pi}{3}$ 取得极值，求 a 的值，它是极大值还是极小值？

3.5　函数的最大值与最小值

在工农业生产、工程技术实践和各种经济分析中，往往会遇到在一定条件下，怎样使"产品最多"、"用料最省"、"成本最低"、"利润最大"等问题,这类问题在数学上可归结为求某个函数(称为目标函数)的最大值或最小值问题。求函数最大值、最小值的问题就称为最值问题。

3.5.1　函数最值的求法

中学介绍了一些很简单的函数最值的求法,如利用不等式、配方等来求二次函数的最值:$y=x^2-2x+2=(x-1)^2+1\geqslant 1$,其最小值为 1。显然这些方法对一些特殊的函数来说是可行的,但对一般函数而言它就无能为力了。因此有必要寻求一种对一般函数都适合的求最值的方法。

1. 闭区间上连续函数的最值

设函数 $f(x)$ 在 $[a,b]$ 上连续,则由闭区间上连续函数的性质可知,$f(x)$ 在 $[a,b]$ 上一定存在最大值、最小值,但定理未告诉其究竟在何处?

若函数 $f(x)$ 在闭区间 $[a,b]$ 上连续,由最值定理知一定存在 ξ_1、$\xi_2 \in [a,b]$,对于任意 $x\in [a,b]$,均有 $m=f(\xi_1)\leqslant f(x)\leqslant f(\xi_2)=M$。

(1) 如果 m、M 在区间的端点取得,则必为 $f(a)$ 或 $f(b)$;

(2) 如果 m、M 在区间的内部取得,即存在 $\xi_1 \in (a,b)$ 或 $\xi_2 \in (a,b)$,使得:$m=f(\xi_1)$ 或 $M=f(\xi_2)$,则此时的 ξ_1 或 ξ_2 一定是 $f(x)$ 是极值点(注意到:极值点产生于驻点或不可导点)。

通过以上分析,可得闭区间 $[a,b]$ 上连续函数的最大值、最小值的求法:

(1) 求出函数 $f(x)$ 在开区间 (a,b) 内所有的驻点及不可导点;

(2) 计算以上各点以及区间端点的函数值,比较大小,可得函数最大值及最小值。

例 20　求函数 $f(x)=(x-2)^2(x+1)^{\frac{2}{3}}$ 在闭区间 $[-2,3]$ 上最大值及最小值。

解　$f'(x)=2(x-2)(x+1)^{\frac{2}{3}}+\dfrac{2}{3}(x-2)^2(x+1)^{-\frac{1}{3}}$

$$=\frac{2(x-2)(4x+1)}{3\sqrt[3]{x+1}}。$$

驻点:$x=2,-\dfrac{1}{4}$;不可导点:$x=-1$。

$$f(-1)=0;f\left(-\frac{1}{4}\right)=\left(\frac{9}{4}\right)^2\left(\frac{3}{4}\right)^{\frac{2}{3}};f(2)=0;f(-2)=16;f(3)=4^{\frac{2}{3}}。$$

比较可得:$M=f(-2)=16,m=f(-1)=f(2)=0$。

练一练

求下列函数在给定闭区间上的最值。

(1) $y=x^3-3x+3,\left[-\dfrac{3}{2},\dfrac{5}{2}\right]$;

(2) $y=x+\sqrt{1-x},[-1,5]$。

2*. 特殊可导函数最值的求法

定理 7　如果连续函数在区间 I 内只有一个极值点,则该极值点一定是函数在区间 I 内的最值点。

当目标函数 $f(x)$ 在目标区间内(可以是开区间、闭区间,也可以是无限区间)可导时,由定理可得下面结论:

结论　若可导函数 $f(x)$ 在给定区间内只有一个驻点 x_0,当此驻点为极值点时,则 $f(x_0)$ 就是此区间上的最值。

如 $y=10x-x^2$ 在 $(0,10)$ 内只有一个驻点 $x=5$,且其为极大值点,所以 $f(5)=25$ 为函数在给定区间 $(0,10)$ 上的最大值。

例 21　求函数 $f(x)=x^2-8x+7$ 在定义域内的最值。

解　$f(x)$ 的定义域为 $(-\infty,+\infty)$。

$f'(x)=2x-8$,令 $f'(x)=0$ 得定义域内唯一驻点 $x=4$。

因为 $f''(x)=2$,所以 $f''(4)=2>0$,故 $x=4$ 为极小值点,从而也为最小值点,最小值为 $f(4)=-9$。

例 22　把 100 cm 长的铁丝弯成一个矩形,问当其长、宽为多少时,才能使矩形的面积最大?

解　设矩形的面积为 y,长为 x,则其宽为 $(100-2x)/2$,于是

$y=x(50-x)=50x-x^2$,其中 $0<x<50$。

$y'=50-2x$,令 $y'=0$ 得 y 在 $(0,50)$ 内唯一驻点:$x=25$。

$y''=-2,y''(25)=-2<0$。

所以,$x=25$ 是极大值点。

又因为 $x=25$ 是函数在定义域上唯一的极大值点,

所以 $x=25$ 也是最大值点。

此时,宽为 $(100-2\times25)/2=25$,面积 $y=50\times25-25^2=625$。

所以当矩形的长为 25 cm、宽为 25 cm 时,其面积最大为 $y_{\max}=625$ cm^2。

练一练

求函数 $y=-x^2+4x-7$ 在定义域内的最值。

3.5.2　几何应用问题

在求实际问题的最值时,一般是先建立起描述问题的函数关系(这一步是关键,假设目标函数在定义域内可导),然后求出该函数在其有意义的区间内的驻点。如果能判断该驻点是唯一的极值点,则该极值点也是最值点。

例 23　用边长为 48 cm 的正方形铁皮做一个无盖的铁盒时,在铁皮的四角各截去一个面积相等的小正方形如图 3-11(a) 所示。然后把四边折起,就能焊成铁盒,如图 3-11(b) 所示。问在四角应截去边长多大的正方形,方能使所做的铁盒容积最大?

解　设截去的小正方形边长为 x cm,则铁盒的底边长为 $48-2x$ cm,铁盒的容积(单位:cm^3)为

$$V=x(48-2x)^2(0<x<24)$$

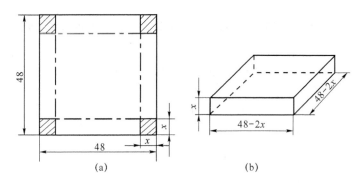

图 3-11

此问题归结为:当 x 取何值时,函数 V 在区间 $(0,24)$ 内取得最大值。

求导数 $V'=(48-2x)^2+2x(48-2x)(-2)=12(24-x)(8-x)$。

令 $V'=0$,得 $x_1=24$(舍去),$x_2=8$,在 $(0,24)$ 内只有唯一驻点 $x=8$;
$$V''=24(x-16),V''(8)<0$$

所以,$x=8$ 是极大值点;

又因为 $x=8$ 是函数在定义域内唯一的极大值点,所以 $x=8$ 也是最大值点。

因此,当 $x=8$ 时,函数 V 有最大值,即当截去的小正方形边长为 8 cm 时铁盒的容积最大。

例 24 要作一个容积为 V 的带盖的圆柱形容器(缸子),问当其底半径与其高成何比例时,所用材料最省?

解 设其底半径为 r,高为 $2h$,由 $V=2\pi r^2 h \Rightarrow h=V/(2\pi r^2)$,

于是其表面积 $S=2\pi r^2+2\pi r \cdot 2h=2\pi r^2+2V/r$,其中 $r>0$;

$S'=4\pi r-\dfrac{2V}{r^2}$,令 $S'=0 \Rightarrow r=\sqrt[3]{\dfrac{V}{2\pi}}$(唯一驻点)。

$S'=4\pi+4Vr^{-3}$,$S'\left(\sqrt[3]{\dfrac{V}{2\pi}}\right)>0$。

所以,$r=\sqrt[3]{\dfrac{V}{2\pi}}$ 是函数的极小值点;

又因为,$r=\sqrt[3]{\dfrac{V}{2\pi}}$ 是函数在定义域上唯一的极小值点;

所以也是最小值点。

所以当 $r=\sqrt[3]{\dfrac{V}{2\pi}}$,$h=\sqrt[3]{\dfrac{V}{2\pi}}$ 时,圆柱形容器的表面积最小,即所用材料最省。

由上例看出,对于求解最值问题关键在于正确建立函数关系,有些实际问题的函数关系是较明显的,即把所求的最值量设为函数,而引起其发生变化的某变量就设为自变量。当然有些实际问题的函数关系就不太明显,此时应仔细分析题意。

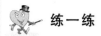 **练一练**

　　以直的河岸为一边用篱笆围出一矩形场地。现有篱笆长 36 m，问所能围出的最大场地的面积是多少？

习题 3.5

A. 基本题

1. 求下列函数在给定区间上的最大值和最小值。

(1) $y = x + 2\sqrt{x}$，$[0, 4]$；

(2) $y = x^2 - 4x + 6$，$[-3, 10]$；

(3) $y = x + \dfrac{1}{x}$，$[0.001, 100]$；

(4) $y = \dfrac{x-1}{x+1}$，$[0, 4]$。

B. 一般题

2. 从长 12 cm、宽 8 cm 的矩形铁片的四个角上剪去相同的小正方形，折起来做成一个无盖的盒子，要使盒子的容积最大，剪去的小正方形的边长应为多少？

3. 把长为 24 cm 的铁丝剪成两段，一段作成圆，另一段作成正方形，应如何剪法才能使圆和正方形面积之和最小？

4. 欲做一个容积为 300 m³ 的无盖圆柱形蓄水池，已知池底单位造价为周围单位造价的两倍。问蓄水池的尺寸应怎样设计才能使总造价最低？

C. 提高题

5. 某通信公司要从一条东西流向的河岸 A 点向河北岸 B 点铺设地下光缆。已知从点 A 向东直行 1 000 m 到 C 点，而 C 点距其正北方向的 B 点也恰好为 1 000 m。根据工程的需要，铺设线路是先从 A 点向东铺设 $x(0 \leqslant x \leqslant 1\,000)$ m，然后直接从河底直线铺设到河对岸的 B 点。已知河岸地下每米铺设费用是 16 元，河底每米铺设费用是 20 元，求使总费用最少的 x？

3.6* 利用导数研究函数图像

3.6.1　函数图像的凹凸性与拐点

　　在研究函数图像的变化状况时，了解它上升和下降的规律是重要的，但是只了解这一点是不够的，上升和下降还不能完全反映图像的变化。如图 3-12 所示函数的图像在区间内始终是上升的，但却有不同的弯曲状况，L_1 是向下弯曲的"凸"弧，L_2 向上弯曲的是"凹"弧，L_3 既有凸弧，也有凹弧。从图 3-13 中还可观察到，曲线向上弯曲的弧段位于该弧段上任意一点的切线上方；而向下弯曲的弧段则位于该弧段上任意一点的切线的下方。据此，我们给出如下定义。

定义 1 在区间 I 上任意作曲线 $y=f(x)$ 的切线,若曲线总是在切线上方,则称此曲线在区间 I 上是(向上)凹的;若曲线总是在切线下方,则称此曲线在区间 I 上是(向上)凸的;曲线的凹凸分界点称为曲线的拐点。

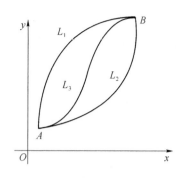

同时,由图 3-13 还可以看出:

(1)当曲线是凹时,切线的斜率随着 x 的增大而增大,即 $f'(x)$ 单调增加;

(2)当曲线是凸时,切线的斜率随着 x 的增大而减小,即 $f'(x)$ 单调减少。

图 3-12

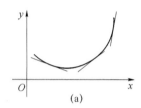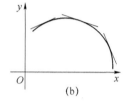

图 3-13

而函数 $f'(x)$ 的单调性,可用 $f''(x)$ 的符号来判别。故曲线 $y=f(x)$ 的凹凸性与 $f''(x)$ 的符号有关。下面给出曲线凹凸性的判定定理。

定理 8 设函数 $f(x)$ 在区间 (a,b) 内具有二阶导数,如果对于任意 $x\in(a,b)$,有

(1) $f''(x)>0$,则曲线 $y=f(x)$ 在区间 (a,b) 内是凹的;

(2) $f''(x)<0$,则曲线 $f(x)$ 在区间 (a,b) 内是凸的。

例 25 判定曲线 $y=x^3$ 的凹凸性。

解 函数 $y=f(x)=x^3$ 定义域为 $(-\infty,+\infty)$,

$$y'=3x^2,y''=6x$$

令 $y''=0$,得 $x=0$,它把区间 $(-\infty,+\infty)$ 分成 $(-\infty,0)$ 和 $(0,+\infty)$ 两个区间。

当 $x\in(0,+\infty)$ 时,$y''>0$,曲线是凹的;当 $x\in(-\infty,0)$ 时,$y''<0$,曲线是凸的,这里点 $(0,0)$ 是曲线的拐点。其图像如图 3-14 所示。

拐点既然是凹与凸的分界点,那么在拐点的左、右邻近 $f''(x)$ 必然异号,因而在拐点处有 $f''(x)=0$ 或 $f''(x)$ 不存在。与极值可疑点的情形类似,使 $f''(x)=0$ 的点或 $f''(x)$ 不存在的点只是可能的拐点的横坐标。究竟是否为拐点的横坐标,还要根据 $f''(x)$ 在该点的左、右邻近是否异号来确定。

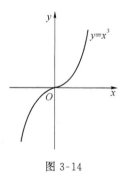

图 3-14

于是,我们归纳出求曲线的凹凸区间与拐点的一般步骤:

(1)确定 $f(x)$ 的定义域,并求 $f'(x),f''(x)$;

(2)解出使 $f''(x)=0$ 的点和 $f''(x)$ 不存在的点;

(3)用这些点将定义域分成若干小区间,列表判定 $f''(x)$ 的符号;

(4)得出结论。

例 26 求函数 $f(x)=x^4-4x^3+2x-5$ 的凹凸区间及拐点。

解 (1)函数的定义域为 $(-\infty,+\infty)$,

$$f'(x) = 4x^3 - 12x^2 + 2$$

$$f''(x) = 12x^2 - 24x = 12x(x-2)$$

(2) 令 $f''(x) = 0$，得 $x_1 = 0, x_2 = 2$。

(3) 列表如表 3-6 所示。

表 3-6

x	$(-\infty, 0)$	0	$(0, 2)$	2	$(2, +\infty)$
$f''(x)$	$+$	0	$-$	0	$+$
$f(x)$	$\cup$	拐点	$\cap$	拐点	$\cup$

(4) 由表可知，函数 $f(x)$ 在 $(-\infty, 0)$ 与 $[2, +\infty)$ 是凹的，在 $[0, 2]$ 是凸的，曲线 $f(x)$ 的拐点为 $(0, -5)$ 和 $(2, -17)$。

例 27　求函数 $f(x) = (x-1)\sqrt[3]{x^2}$ 的凹凸区间与拐点。

解　(1) 函数的定义域为 $(-\infty, +\infty)$，

$$f'(x) = \frac{5}{3}x^{\frac{2}{3}} - \frac{2}{3}x^{-\frac{1}{3}}$$

$$f''(x) = \frac{10}{9}x^{-\frac{1}{3}} + \frac{2}{9}x^{-\frac{4}{3}} = \frac{2(5x+1)}{9x^{\frac{4}{3}}}$$

(2) 令 $f''(x) = 0$ 得 $x = -\frac{1}{5}$，而 $x = 0$ 时，$f''(x)$ 不存在。

(3) 列表如表 3-7 所示。

表 3-7

x	$\left(-\infty, -\dfrac{1}{5}\right)$	$-\dfrac{1}{5}$	$\left(-\dfrac{1}{5}, 0\right)$	0	$(0, +\infty)$
$f''(x)$	$-$	0	$+$	不存在	$+$
$f(x)$	$\cap$	拐点	$\cup$	非拐点	$\cup$

(4) 所以 $f(x)$ 在 $\left(-\infty, -\dfrac{1}{5}\right)$ 是凸的，在 $\left[-\dfrac{1}{5}, 0\right]$ 和 $[0, +\infty)$ 是凹的，$\left(-\dfrac{1}{5}, -\dfrac{6}{25}\sqrt[3]{5}\right)$ 是拐点。

练一练

求函数 $f(x) = 3x^4 - 4x^3 + 1$ 的凹凸区间与拐点。

3.6.2　函数图像的描绘

前面介绍了如何判定函数的单调性、极值、凹凸性与拐点，掌握了函数的这些重要几何特性，就能用手工大概描绘出函数曲线的简图。步骤如下：

（1）确定 $f(x)$ 的定义域,奇偶性,周期性;

（2）求 $f'(x)$,找出 $f(x)$ 在定义域内的驻点和 $f'(x)$ 不存在的点;求 $f''(x)$,找出 $f''(x)=0$ 的点或 $f''(x)$ 不存在的点;

（3）用所有这些点把定义域分成若干小区间,列表,确定单调区间与极值点,凹凸区间与拐点;

（4）讨论 $f(x)$ 有无水平或铅垂渐近线;

（5）求出一些特殊的点(如曲线与坐标轴的交点),根据以上各步描绘 $y=f(x)$ 的草图。

函数的水平渐近线与铅垂渐近线可按如下方法求得。

①水平渐近线:若 $a=\lim\limits_{x\to\infty}f(x)$,则 $y=a$ 是曲线 $y=f(x)$ 的一条水平渐近线;

②铅垂渐近线:若 $\lim\limits_{x\to b}f(x)=\infty$,则 $x=b$ 是曲线 $y=f(x)$ 的一条铅垂渐近线。

例 28 作函数 $y=x^3-x^2-x+1$ 的图像。

解 （1）函数的定义域为 $(-\infty,+\infty)$,非奇偶函数,非周期函数。

（2）$y'=3x^2-2x-1=3\left(x+\dfrac{1}{3}\right)(x-1)$,

令 $y'=0$,得驻点 $x_1=-\dfrac{1}{3}$,$x_2=1$,

$y''=6x-2$,令 $y''=0$,得 $x_3=\dfrac{1}{3}$。

（3）列表如表 3-8 所示。

表 3-8

x	$\left(-\infty,-\dfrac{1}{3}\right)$	$-\dfrac{1}{3}$	$\left(-\dfrac{1}{3},\dfrac{1}{3}\right)$	$\dfrac{1}{3}$	$\left(\dfrac{1}{3},1\right)$	1	$(1,+\infty)$
y'	+	0	−	−	−	0	+
y''	−	−	−	0	+	+	+
y	↗	极大	↘	拐点	↘	极小	↗

$y_{极大}=y|_{x=-\frac{1}{3}}=\dfrac{32}{27}$,$y_{极小}=y|_{x=1}=0$,点 $\left(\dfrac{1}{3},\dfrac{16}{27}\right)$ 为拐点。

（4）描出一些特殊点:如 $f(-1)=0$, $f(1)=0$,$f\left(\dfrac{3}{2}\right)=\dfrac{5}{8}$。

（5）描出草图,如图 3-15 所示。

例 29 作函数 $f(x)=\mathrm{e}^{-x^2}$ 的图像。

解 （1）函数 $f(x)$ 的定义域是 $(-\infty,+\infty)$,为偶函数,它的曲线关于 y 轴对称,由对称性,只讨论函数在 $[0,+\infty)$ 的图形。

（2）$f'(x)=-2x\mathrm{e}^{-x^2}$,令 $f'(x)=0$,得 $x_1=0$,

$f''(x)=2\mathrm{e}^{-x^2}(2x^2-1)$。

令 $f''(x)=0$,得 $x_2=\dfrac{-\sqrt{2}}{2}$,$x_3=\dfrac{\sqrt{2}}{2}$。

（3）列表如表 3-9 所示。

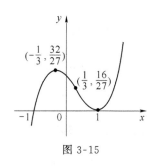

图 3-15

表 3-9

x	0	$\left(0,\dfrac{\sqrt{2}}{2}\right)$	$\dfrac{\sqrt{2}}{2}$	$\left(\dfrac{\sqrt{2}}{2},+\infty\right)$
y'	0	$-$	$-$	$-$
y''	$-$	$-$	0	$+$
y	极大	↘	拐点	↘

从表可知:当 $x=0$ 时,有极大值 $y=1$;曲线的拐点为 $\left(\pm\dfrac{\sqrt{2}}{2},\dfrac{\sqrt{\mathrm{e}}}{\mathrm{e}}\right)$。

(4) 因为 $\lim\limits_{x\to\infty}\mathrm{e}^{-x^2}=0$,所以 $y=0$ 是曲线的水平渐近线。

(5) 描出草图,如图 3-16 所示。

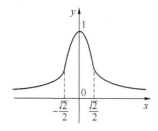

图 3-16

 **练一练**

作函数 $y=\dfrac{1}{3}x^3-x$ 的图像。

习题 3.6

A. 基本题

1. 求下列曲线的渐近线。

(1) $y=c+\dfrac{a^2}{(x-b)}$;　　　　　(2) $y=2\ln\left(\dfrac{x+3}{x}\right)-3$;

(3) $y=\dfrac{4x-1}{(x-2)^2}$;　　　　　(4) $y=\dfrac{(x-1)^2}{x^2+2x+4}$。

2. 求下列函数的凹凸区间与拐点。

(1) $y=x^3-5x^2+3x-5$;　　　　(2) $y=x+x^{\frac{5}{3}}$;

(3) $y=2x^2-x^3$;　　　　　　　(4) $y=\ln(x^2+1)$。

B. 一般题

3. 求下列函数的凹凸区间与拐点。

(1) $y = x\mathrm{e}^{-x}$；   (2) $y = (x-2)^{\frac{5}{3}}$。

4. 对下列各函数进行全面讨论,并画出它们的图像。

(1) $y = (x+1)(x-2)^2$；   (2) $y = \dfrac{x}{(1-x^2)^2}$；

(3) $y = \dfrac{x}{1+x^2}$；   (4) $y = x - \ln(1+x)$；

(5) $y = \dfrac{1}{1-x^2}$；   (6) $y = x^4 - 2x^3 + 1$。

C. 提高题

5. 试确定 a,b,c,使曲线 $y = ax^3 + bx^2 + cx$ 有一拐点 $(1,2)$,且在该点的切线斜率为 -1。

复习题 3

(历年专插本考试真题)

一、单项选择题

(2011/3) 已知 $f(x)$ 的二阶导数存在,且 $f(2)=1$,则 $x=2$ 是函数 $F(x)=(x-2)^2 f(x)$ 的(　　)。

A. 极小值点   B. 最小值点   C. 极大值点   D. 最大值点

二、填空题

1. (2009/7) 曲线 $y = \dfrac{\ln(1+x)}{x}$ 的水平渐近线方程是 _____。

2. (2008/6) 极限 $\lim\limits_{x \to 0} \dfrac{x}{\mathrm{e}^x - \mathrm{e}^{-x}} =$ _____。

3. (2007/8) 设函数 $y = \dfrac{1-\mathrm{e}^{-x^2}}{1+\mathrm{e}^{-x^2}}$,则其函数图像的水平渐近线方程是 _____。

4. (2002/6) 如果点 $(1,3)$ 是曲线 $y = ax^3 + bx^2$ 的拐点,则 $a =$ _____；$b =$ _____。

三、计算题

1. (2011/11) 计算 $\lim\limits_{x \to 0} \left(\dfrac{1}{x} - \dfrac{x+1}{\sin x} \right)$。

2. (2010/11) 计算 $\lim\limits_{x \to \frac{\pi}{2}} \dfrac{\ln \sin x}{(\pi - 2x)^2}$。

3. (2010/13) 已知点 $(1,1)$ 是曲线 $y = a\mathrm{e}^{\frac{1}{x}} + bx^2$ 的拐点,求常数 a,b 的值。

4. (2008/11) 计算 $\lim\limits_{x \to 0} \dfrac{\tan x - x}{x - \sin x}$。

5. (2008/12) 求函数 $f(x) = 3 - x - \dfrac{4}{(x+2)^2}$ 在区间 $[-1,2]$ 上的最大值及最小值。

6. (2007/11) 求极限 $\lim\limits_{x \to 0}\left(\dfrac{1}{x} - \dfrac{1}{\tan x}\right)$ 的值。

7. (2001/二.1) $\lim\limits_{x \to 0}\dfrac{e^x + e^{-x} - 2}{\sin^2 x}$。

四、综合题

1. (2009/20) 设函数 $f(x) = x^2 + 4x - 4x\ln x - 8$，判断 $f(x)$ 在区间 $(0,2)$ 上的图形的凹凸性，并说明理由。

2. (2005/21) 设 $f(x) = xe^{-\frac{x^2}{2}}$，

(1) 求 $f(x)$ 的单调区间及极值；

(2) 求 $f(x)$ 在闭区间 $[0,2]$ 上的最大值和最小值。

第4章 不定积分

前面我们已经研究了一元函数的微分学,其基本内容是对于给定的函数 $F(x)$,求其导数 $F'(x)$ 或微分 $\mathrm{d}F(x)$。而在实际问题中,往往要研究与此相反的问题,对于给定的函数 $f(x)$,要找出 $F(x)$,使得 $F'(x)=f(x)$ 或 $\mathrm{d}F(x)=f(x)\mathrm{d}x$,这就是不定积分要完成的任务。

4.1 不定积分的概念与性质

4.1.1 不定积分的概念

先看一个实例:

例 1 [列车何时制动]列车快进站时,需要减速。若列车减速后的速度为 $v(t)=1-\dfrac{1}{3}t$ (单位为 km/min),那么,列车应该在离站台多远的地方开始减速呢?

解 列车进站时开始减速,当速度为 $v(t)=1-\dfrac{1}{3}t=0$ 时列车停下,解出 $t=3$ min,即列车从开始减速到列车完全停下来共需要 3 min 的时间。

设列车从减速开始到 t 时刻所走过的路程为 $s(t)$,列车从减速到停下来这一段时间所走的路程为 $s(3)$,由速度与位移的关系知 $v(t)=s'(t)$,路程 $s(t)$ 满足

$$s'(t)=1-\frac{1}{3}t, \text{且 } s(0)=0$$

问题转化为求 $s(t)$,即什么函数的导数为 $1-\dfrac{1}{3}t$。不难验证,可取

$$s(t)=t-\frac{1}{6}t^2+C$$

因为 $s(0)=0$,于是 $C=0$,得

$$s(t)=t-\frac{1}{6}t^2$$

列车从减速开始到停下来的 3 min 内所走的路程为

$$s(3)=3-\frac{1}{6}\cdot 3^2=1.5 \text{ km}$$

即列车在距站台 1.5 km 处开始减速。

这个问题的核心是已知一个函数的导函数 $F'(x)=f(x)$,反过来求函数 $F(x)$。这就引出了原函数与不定积分的概念。

1. 原函数

定义 1 如果在区间 I 内,可导函数 $F(x)$ 的导函数为 $f(x)$,即

$$F'(x)=f(x)(x\in I) \quad 或 \quad dF(x)=f(x)dx$$

则称 $F(x)$ 为 $f(x)$ 在区间 I 内的一个原函数。

例如,在 $(-\infty,+\infty)$ 内,$(\sin x)'=\cos x$,故 $\sin x$ 是 $\cos x$ 的一个原函数;在 $t\in$ $[0,T]$ 内,$s'(t)=v(t)$,故路程函数 $s(t)$ 是与它对应的速度函数 $v(t)$ 的一个原函数。

现在进一步要问:如果一个已知函数 $f(x)$ 的原函数存在,那么 $f(x)$ 的原函数是否唯一?

因为 $(\sin x)'=\cos x$,而常数的导数等于零,所以有 $(\sin x+1)'=\cos x$,$(\sin x+2)'=\cos x$,$\cdots$,$(\sin x+C)'=\cos x$(这里 C 是任意常数)。由此可见,如果已知函数 $f(x)$ 有原函数,那么 $f(x)$ 的原函数就不止一个,而是有无穷多个。那么 $f(x)$ 的全体原函数之间的内在联系是什么呢?

定理 1 若函数 $f(x)$ 在区间 I 上存在原函数,则其任意两个原函数之间只差一个常数。

证 设 $F(x)$,$G(x)$ 是 $f(x)$ 在区间 I 上的任意两个原函数,则

$$F'(x)=G'(x)=f(x)$$

于是

$$(F(x)-G(x))'=F'(x)-G'(x)=f(x)-f(x)=0$$

由于导数为零的函数必为常数,所以有

$$F(x)-G(x)=C_0,\quad 即 \quad F(x)=G(x)+C_0(C_0 \text{ 为某常数})$$

这个定理表明:若 $F(x)$ 是 $f(x)$ 的一个原函数,则 $f(x)$ 的全体原函数为 $F(x)+C$(其中 C 是任意常数)。

一个函数具备怎样的条件,就能保证它的原函数存在呢? 这里给出一个简明的结论:连续的函数都有原函数。由于初等函数在其定义区间上都是连续函数,所以初等函数在其定义区间上都有原函数。下面引入不定积分的概念。

2. 不定积分

定义 2 如果函数 $F(x)$ 是 $f(x)$ 的一个原函数,那么 $f(x)$ 的全体原函数 $F(x)+C$ (C 为任意常数),称为函数 $f(x)$ 的不定积分,记作 $\int f(x)dx$,即

$$\int f(x)dx = F(x)+C$$

其中,把符号 $\int$ 称为积分号,$f(x)$ 称为被积分函数,$f(x)dx$ 称为被积分表达式,x 称为积分变量,C 称为积分常数。

由此可见,求不定积分 $\int f(x)dx$,就是求 $f(x)$ 的全体原函数,为此,只需求得 $f(x)$ 的一个原函数 $F(x)$,然后再加任意常数 C 即可。

例 2 求下列函数的不定积分。

(1) $\int x^2 dx$;   (2) $\int \dfrac{1}{1+x^2} dx$。

解 (1) 因为 $\left(\dfrac{x^3}{3}\right)'=x^2$,所以 $\dfrac{x^3}{3}$ 是 x^2 的一个原函数,因此,

$$\int x^2 dx = \frac{x^3}{3}+C$$

（2）因为 $(\arctan x)' = \dfrac{1}{1+x^2}$，所以 $\arctan x$ 是 $\dfrac{1}{1+x^2}$ 的一个原函数，因此

$$\int \frac{1}{1+x^2} \mathrm{d}x = \arctan x + C$$

例 3 求 $\displaystyle\int \frac{1}{\sqrt{1-x^2}} \,\mathrm{d}x$。

解 因 $(\arcsin x)' = \dfrac{1}{\sqrt{1-x^2}}(-1 < x < 1)$，所以在 $(-1,1)$ 上，

$$\int \frac{1}{\sqrt{1-x^2}} \,\mathrm{d}x = \arcsin x + C$$

例 4 求 $\displaystyle\int \frac{1}{x} \,\mathrm{d}x$。

解 当 $x > 0$ 时，有 $(\ln x)' = \dfrac{1}{x}$，

当 $x < 0$ 时，有 $[\ln(-x)]' = \dfrac{1}{-x}(-x)' = \dfrac{1}{-x}(-1) = \dfrac{1}{x}$，而

$$\ln|x| = \begin{cases} \ln x, & x > 0 \\ \ln(-x), & x < 0 \end{cases}。$$

综上所述 $$\int \frac{1}{x} \,\mathrm{d}x = \ln|x| + C$$

例 5 验证下式成立：$\displaystyle\int x^\alpha \mathrm{d}x = \frac{1}{\alpha+1} x^{\alpha+1} + C (\alpha \neq -1)$。

解 因为 $$\left(\frac{1}{\alpha+1} x^{\alpha+1}\right)' = \frac{1}{\alpha+1} \cdot (\alpha+1)x^\alpha = x^\alpha$$

所以 $$\int x^\alpha \mathrm{d}x = \frac{1}{\alpha+1} x^{\alpha+1} + C (\alpha \neq -1)$$

例 5 所验证的正是幂函数的积分公式，其中指数 α 是不等于 -1 的任意实数。

3. 基本积分公式

由前面的例子可知，微分运算与积分运算互为逆运算。因此，由基本导数或基本微分公式，可以得到相应的基本积分公式：

（1）$\displaystyle\int k\mathrm{d}x = kx + C$（$k$ 为常数）；

（2）$\displaystyle\int x^\mu \mathrm{d}x = \frac{x^{\mu+1}}{\mu+1} + C$（$\mu \neq -1$）；

（3）$\displaystyle\int \frac{1}{x}\mathrm{d}x = \ln|x| + C$；

（4）$\displaystyle\int a^x \mathrm{d}x = \frac{a^x}{\ln a} + C$；

（5）$\displaystyle\int \mathrm{e}^x \mathrm{d}x = \mathrm{e}^x + C$；

（6）$\displaystyle\int \sin x \,\mathrm{d}x = -\cos x + C$；

（7）$\displaystyle\int \cos x\mathrm{d}x = \sin x + C$；

(8) $\int \sec^2 x \mathrm{d}x = \tan x + C$;

(9) $\int \csc^2 x \mathrm{d}x = -\cot x + C$;

(10) $\int \sec x \cdot \tan x \mathrm{d}x = \sec x + C$;

(11) $\int \csc x \cdot \cot x \mathrm{d}x = -\csc x + C$;

(12) $\int \dfrac{1}{\sqrt{1-x^2}} \mathrm{d}x = \arcsin x + C = -\arccos x + C$;

(13) $\int \dfrac{1}{1+x^2} \mathrm{d}x = \arctan x + C = -\operatorname{arccot} x + C$。

以上 13 个基本积分公式组成基本积分表,基本积分公式是计算不定积分的基础,必须熟悉牢记。

例 6 计算下列不定积分。

(1) $\int \sqrt[3]{x^2} \, \mathrm{d}x$;　　　　(2) $\int \dfrac{1}{x^2} \mathrm{d}x$;　　　　(3) $\int \dfrac{1}{\sqrt{x}} \mathrm{d}x$。

解 (1) $\int \sqrt[3]{x^2} \, \mathrm{d}x = \int x^{\frac{2}{3}} \, \mathrm{d}x = \dfrac{1}{\frac{2}{3}+1} x^{\frac{2}{3}+1} + C = \dfrac{3}{5} x^{\frac{5}{3}} + C$;

(2) $\int \dfrac{1}{x^2} \mathrm{d}x = \int x^{-2} \, \mathrm{d}x = \dfrac{1}{-2+1} x^{-2+1} + C = -1 x^{-1} + C = -\dfrac{1}{x} + C$;

(3) $\int \dfrac{1}{\sqrt{x}} \mathrm{d}x = \int x^{-\frac{1}{2}} \, \mathrm{d}x = \dfrac{1}{-\frac{1}{2}+1} x^{-\frac{1}{2}+1} + C = 2 x^{\frac{1}{2}} + C$。

练一练

1. 求下列函数的不定积分。

(1) $\int \sqrt{x \sqrt{x \sqrt{x}}} \, \mathrm{d}x$;　(2) $\int \dfrac{1}{\sqrt[3]{x^2}} \, \mathrm{d}x$;　(3) $\int x^2 \cdot \sqrt[4]{x^3} \, \mathrm{d}x$。

2. 求 $\left(\int x^3 \mathrm{d}x \right)'$ 及 $\int \left(\dfrac{x^4}{4} \right)' \mathrm{d}x$。

4.1.2　不定积分的性质

不定积分有以下性质(假定以下所涉及的函数,其原函数都存在)。

性质 1　(1) $\left[\int f(x)\mathrm{d}x \right]' = f(x)$ 或 $\mathrm{d}\left[\int f(x)\mathrm{d}x \right] = f(x)\mathrm{d}x$;

(2) $\int F'(x)\mathrm{d}x = F(x) + C$ 或 $\int \mathrm{d}F(x) = F(x) + C$。

即若先积分后求导,则两者的作用互相抵消;反之,若先求导后积分,则抵消后要多一个任意常数项。

性质 2 $\displaystyle\int [f(x) \pm g(x)]\mathrm{d}x = \int f(x)\mathrm{d}x \pm \int g(x)\mathrm{d}x$。

即两个函数和(差)的不定积分等于这两个函数的不定积分的和(差)。

性质 3 $\displaystyle\int kf(x)\mathrm{d}x = k\int f(x)\mathrm{d}x$ ($k \neq 0, k$ 是常数)。

即被积函数中的不为 0 的常数因子可以提到积分号外。

用不定积分的定义可直接验证以上性质。利用基本积分公式以及不定积分的性质,可以直接计算一些简单函数的不定积分。

例 7 求 $\displaystyle\int (3x^3 - 4x^2 + 2x - 5)\mathrm{d}x$。

解
$$\int (3x^3 - 4x^2 + 2x - 5)\mathrm{d}x$$
$$= \int 3x^3\mathrm{d}x - \int 4x^2\mathrm{d}x + \int 2x\mathrm{d}x - \int 5\mathrm{d}x$$
$$= 3\int x^3\mathrm{d}x - 4\int x^2\mathrm{d}x + 2\int x\mathrm{d}x - 5\int \mathrm{d}x$$
$$= \frac{3}{4}x^4 - \frac{4}{3}x^3 + x^2 - 5x + C$$

注意:此题中被积函数是积分变量 x 的多项式函数,在利用不定积分性质 2 之后,拆成了四项分别求不定积分,从而可得到四个积分常数,因为任意常数与任意常数的和仍为任意常数。因此,无论"有限项不定积分的代数和"中的有限项为多少项,在求出原函数后只加一个积分常数 C。

例 8 求 $\displaystyle\int (2^x - 3\sin x)\mathrm{d}x$。

解
$$\int (2^x - 3\sin x)\mathrm{d}x$$
$$= \int 2^x\mathrm{d}x - \int 3\sin x\mathrm{d}x$$
$$= \int 2^x\mathrm{d}x - 3\int \sin x\mathrm{d}x$$
$$= \frac{2^x}{\ln 2} + 3\cos x + C$$

注意:计算不定积分所得结果是否正确,可以进行检验。检验的方法很简单,只需验证所得结果的导数是否等于被积函数即可。如例 8 中,因为有
$$\left(\frac{2^x}{\ln 2} + 3\cos x + C\right)' = \left(\frac{2^x}{\ln 2}\right)' + (3\cos x)' + C'$$
$$= 2^x - 3\sin x$$

所以所求结果是正确的。

有些不定积分虽然不能直接使用基本公式,但当被积函数经过适当的代数或三角恒等变形,便可以利用基本积分公式及不定积分的性质计算不定积分。

例 9 求 $\displaystyle\int \sqrt{x}(x+1)(x-1)\mathrm{d}x$。

解 因为被积函数
$$\sqrt{x}(x+1)(x-1) = \sqrt{x}(x^2 - 1) = x^2\sqrt{x} - \sqrt{x} = x^{\frac{5}{2}} - x^{\frac{1}{2}}$$

所以有

$$\int \sqrt{x}(x+1)(x-1)\,\mathrm{d}x$$

$$= \int (x^{\frac{5}{2}} - x^{\frac{1}{2}})\,\mathrm{d}x$$

$$= \int x^{\frac{5}{2}}\,\mathrm{d}x - \int x^{\frac{1}{2}}\,\mathrm{d}x$$

$$= \frac{2}{7}x^{\frac{7}{2}} - \frac{3}{2}x^{\frac{3}{2}} + C$$

例 10　求 $\displaystyle\int \frac{(1+\sqrt{x})^2}{\sqrt[3]{x}}\,\mathrm{d}x$。

解　因为被积函数

$$\frac{(1+\sqrt{x})^2}{\sqrt[3]{x}} = \frac{1+2\sqrt{x}+x}{\sqrt[3]{x}} = x^{-\frac{1}{3}} + 2x^{\frac{1}{6}} + x^{\frac{2}{3}}$$

所以有

$$\int \frac{(1+\sqrt{x})^2}{\sqrt[3]{x}}\,\mathrm{d}x = \int (x^{-\frac{1}{3}} + 2x^{\frac{1}{6}} + x^{\frac{2}{3}})\,\mathrm{d}x$$

$$= \int x^{-\frac{1}{3}}\,\mathrm{d}x + \int 2x^{\frac{1}{6}}\,\mathrm{d}x + \int x^{\frac{2}{3}}\,\mathrm{d}x$$

$$= \frac{3}{2}x^{\frac{2}{3}} + \frac{12}{7}x^{\frac{7}{6}} + \frac{3}{5}x^{\frac{5}{3}} + C$$

例 11　求 $\displaystyle\int \frac{x^2-1}{x^2+1}\,\mathrm{d}x$。

解　将被积函数化为下面的形式：

$$\frac{x^2-1}{x^2+1} = \frac{x^2+1-2}{x^2+1} = 1 - \frac{2}{x^2+1}$$

即有

$$\int \frac{x^2-1}{x^2+1}\,\mathrm{d}x = \int \left(1 - \frac{2}{x^2+1}\right)\mathrm{d}x$$

$$= \int \mathrm{d}x - 2\int \frac{1}{1+x^2}\,\mathrm{d}x$$

$$= x - 2\arctan x + C$$

例 12　求 $\displaystyle\int \tan^2 x\,\mathrm{d}x$。

解　本题不能直接利用基本积分公式，但被积函数可以经过三角恒等变形化为

$$\tan^2 x = \sec^2 x - 1$$

所以有

$$\int \tan^2 x\,\mathrm{d}x = \int (\sec^2 x - 1)\,\mathrm{d}x$$

$$= \int \sec^2 x\,\mathrm{d}x - \int \mathrm{d}x$$

$$= \tan x - x + C$$

例 13 求 $\int \cos^2 \dfrac{x}{2} \mathrm{d}x$。

解 本题也不能直接利用基本积分公式,可以用二倍角的余弦公式将被积函数作恒等变形,然后再逐项积分,即

$$\int \cos^2 \frac{x}{2} \mathrm{d}x = \int \frac{1+\cos x}{2} \mathrm{d}x$$
$$= \frac{1}{2}\int \mathrm{d}x + \frac{1}{2}\int \cos x \mathrm{d}x$$
$$= \frac{1}{2}x + \frac{1}{2}\sin x + C$$

例 14 $\int \dfrac{\cos 2x}{\sin^2 x \cos^2 x} \mathrm{d}x$。

解 由于 $\cos 2x = \cos^2 x - \sin^2 x$,因此

$$\int \frac{\cos 2x}{\sin^2 x \cos^2 x} \mathrm{d}x = \int \frac{\mathrm{d}x}{\sin^2 x} - \int \frac{\mathrm{d}x}{\cos^2 x} = -\cot x - \tan x + C$$

练一练

求下列函数的不定积分。

(1) $\int (x^6 + x^5 + x^2 + 1)\mathrm{d}x$;　(2) $\int \dfrac{\cos 2x}{\cos x - \sin x}\mathrm{d}x$;　(3) $\int \dfrac{1}{\sin^2 x \cos^2 x}\mathrm{d}x$。

4.1.3　不定积分的几何意义

例 15 求过已知点 $(2,5)$,且其切线的斜率始终为 $2x$ 的曲线方程。

解 设已知曲线为 $y=y(x)$,由题意可知,该曲线上点 (x,y) 处的切线斜率为 $2x$ 即

$$y' = 2x$$

所以

$$y = \int 2x\mathrm{d}x = x^2 + C$$

$y=x^2$ 是一条抛物线,而 $y=x^2+C$ 是一族抛物线。我们要求的曲线是这一族抛物线中经过点 $(2,5)$ 的那一条,将 $x=2,y=5$ 代入 $y=x^2+C$ 中可确定积分常数 C:$5=2^2+C$,即 $C=1$。

由此所求曲线方程是 $y=x^2+1$,如图 4-1 所示。

从几何上看,抛物线族 $y=x^2+C$,可由其中一条抛物线 $y=x^2$ 沿着 y 轴上下平移得到,而且在横坐标相同的点 x 处,它们的切线相互平行。

通常称 $y=x^2$ 的图像是函数 $y=2x$ 的一条积分曲线,函数族 $y=x^2+C$ 的图像是函数 $y=2x$ 的积分曲线族。

一般来说,函数 $f(x)$ 在某区间上的一个原函数 $F(x)$,在几何上表示一条曲线 $y=F(x)$,称为 $f(x)$ 的一条积分曲线。$f(x)$ 的全部原函数 $y=F(x)+C$(即 $f(x)$ 的不定积分 $\int f(x)\mathrm{d}x$))是一族积分曲线,或称为 $f(x)$ 的积分曲线族,这一族积分曲线可由其中任一条沿着 y 轴上下平移得到,在每一条积分曲线横坐标相同的点 x 处作切线,它们相互平行,其斜率

都等于 $f(x)$，如图 4-2 所示。

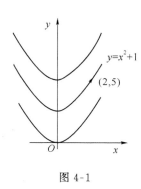

图 4-1

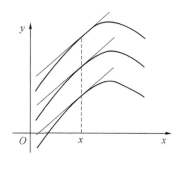

图 4-2

习题 4.1

A. 基本题

1. 求下列不定积分。

(1) $\displaystyle\int (x^2 - 3x + 2)\,\mathrm{d}x$；

(2) $\displaystyle\int \frac{12}{1+x^2}\,\mathrm{d}x$；

(3) $\displaystyle\int \left(\frac{1}{1+x^2} + \frac{1}{\sqrt{1-x^2}}\right)\mathrm{d}x$；

(4) $\displaystyle\int \frac{2 \cdot 3^x - 5 \cdot 2^x}{3^x}\,\mathrm{d}x$。

2. 求过已知点 $(0,1)$，且其切线的斜率始终为 x^2 的曲线方程。

B. 一般题

3. 求下列不定积分。

(1) $\displaystyle\int \frac{\mathrm{d}x}{x^2\sqrt{x}}$；

(2) $\displaystyle\int \left(\frac{2}{x} + \frac{x^2}{3}\right)\mathrm{d}x$；

(3) $\displaystyle\int \mathrm{e}^{x+1}\,\mathrm{d}x$；

(4) $\displaystyle\int (\cos x - \sin x)\,\mathrm{d}x$；

(5) $\displaystyle\int \cot^2 x\,\mathrm{d}x$；

(6) $\displaystyle\int \frac{x^2}{1+x^2}\,\mathrm{d}x$；

(7) $\displaystyle\int (x^3 + 3^x)\,\mathrm{d}x$；

(8) $\displaystyle\int \frac{x^2 - x + \sqrt{x} - 1}{x}\,\mathrm{d}x$；

(9) $\displaystyle\int \frac{1 - \mathrm{e}^{2x}}{1 + \mathrm{e}^x}\,\mathrm{d}x$；

(10) $\displaystyle\int \frac{1}{x^2(x^2+1)}\,\mathrm{d}x$；

(11) $\displaystyle\int \frac{\cos 2x}{\cos x + \sin x}\,\mathrm{d}x$；

(12) $\displaystyle\int \sin^2 \frac{x}{2}\,\mathrm{d}x$。

C. 提高题

4. 求下列不定积分。

(1) $\displaystyle\int \frac{\sin x}{\cos^2 x}\,\mathrm{d}x$；

(2) $\displaystyle\int \sec x(\sec x + \tan x)\,\mathrm{d}x$；

(3) $\displaystyle\int \frac{(x+1)^2}{x(1+x^2)}\,\mathrm{d}x$；

(4) $\displaystyle\int \frac{\mathrm{d}x}{1 + \cos 2x}$。

5. 已知 $f(x)$ 的导数是 x 的二次函数，$f(x)$ 在 $x=-1,x=5$ 处有极值，且 $f(0)=2$，$f(-2)=0$，求 $f(x)$。

4.2 换元积分法

用直接积分法能计算的不定积分是很有限的，即使像 $\tan x$ 与 $\ln x$ 这样的一些基本初等函数的积分也不能直接求得。因此，有必要寻求更有效的积分方法。本节将介绍一种重要的积分方法——换元积分法。

4.2.1 第一类换元法

第一类换元积分法是与复合函数的求导法则相联系的一种求不定积分的方法。

先分析一个例子：求 $\int e^{2x} dx$。

解 被积函数 e^{2x} 是复合函数，不能直接套用公式 $\int e^x dx = e^x + C$，为了套用这个公式，先把原积分作下列变形，再作计算：

$$\int e^{2x} dx = \int e^{2x} \frac{1}{2} d(2x) \xrightarrow{\diamondsuit u=2x} \frac{1}{2} \int e^u du = \frac{1}{2} e^u + C \xrightarrow{\text{回代}u=2x} \frac{1}{2} e^{2x} + C$$

验证：因为 $\left(\dfrac{1}{2} e^{2x} + C\right)' = e^{2x}$，所以 $\dfrac{1}{2} e^{2x} + C$ 确实是 e^{2x} 的原函数，这说明上面的方法是正确的。

此解法的特点是引入新变量 $u=2x$，从而把原积分化为积分变量为 u 的积分，再用基本积分公式求解。它就是利用 $\int e^x dx = e^x + C$，得 $\int e^u du = e^u + C$，再回代 $u=2x$ 而得其积分结果的。

现在进一步问，如果更一般地，设有积分恒等式 $\int f(x) dx = F(x) + C$，那么当 u 是 x 的任何一个可导函数 $u=\varphi(x)$ 时，积分等式

$$\int f(u) du = F(u) + C$$

是否也成立？回答是肯定的。事实上，由

$$\int f(x) dx = F(x) + C$$

得
$$dF(x) = f(x) dx$$

根据第 3 章证得的微分形式不变性可以知道，当 u 是 x 的一个可导函数 $u=\varphi(x)$ 时，有
$$dF(u) = f(u) du$$

从而根据不定积分定义，有 $\int f(u) du = F(u) + C$。

这个结论表明：在基本积分公式中，自变量 x 换成任一可导函数 $u=\varphi(x)$ 时，公式仍成立，这就大大扩大了基本积分公式的使用范围。这个结论又称为不定积分的形式不变性。

一般地，如果所求不定积分可以写成：

$$\int f[\varphi(x)] \varphi'(x) dx = \int f[\varphi(x)] d\varphi(x)$$

的形式,则令 $\varphi(x)=u$,当积分 $\int f(u)\mathrm{d}u=F(u)+C$ 容易求得时,可按下述方法计算不定积分:

$$\int g(x)\mathrm{d}x \xlongequal{\text{恒等变形}} \int f[\varphi(x)]\varphi'(x)\mathrm{d}x \xlongequal{\text{凑微分}} \int f[\varphi(x)]\mathrm{d}\varphi(x)$$

$$\xlongequal[\text{令}\varphi(x)=u]{\text{换元}} \int f(u)\mathrm{d}u=F(u)+C \xlongequal[u=\varphi(x)]{\text{回代}} F[\varphi(x)]+C$$

这种先"凑"微分式,再作变量置换的方法,称为第一类换元积分法。

写成定理即:

定理 2　[第一类换元法] 设 $f(u)$ 具有原函数 $F(u)$,$u=\varphi(x)$ 可导,则有

$$\int f[\varphi(x)]\cdot\varphi'(x)\mathrm{d}x=\int f(u)\mathrm{d}u=F(u)+C \xlongequal{\text{回代}} F[\varphi(x)]+C$$

第一类换元法又称凑微分法,凑微分法的基本步骤为:凑微分、换元求出积分、回代原变量。其中最关键的步骤是凑微分,现举例说明几种常见的凑微形式,要求把它们作为公式记住。

1. 凑微公式 1　　　　　$\mathrm{d}x=\dfrac{1}{a}\mathrm{d}(ax+b)$　$(a\neq 0)$

例 16　求 $\displaystyle\int(3+2x)^6\mathrm{d}x$。

解　被积函数是复合函数,中间变量为 $u=3+2x$,故将 $\mathrm{d}x$ 凑微分为 $\dfrac{1}{2}\mathrm{d}(3+2x)$。

因此
$$\int(3+2x)^6\mathrm{d}x=\frac{1}{2}\int(3+2x)^6\mathrm{d}(3+2x)$$
$$=\frac{1}{2}\int u^6\mathrm{d}u=\frac{1}{2}\cdot\frac{1}{7}u^7+C$$
$$=\frac{1}{14}(3+2x)^7+C$$

例 17　求 $\displaystyle\int\sin(3x+1)\mathrm{d}x$。

解　被积函数是复合函数,中间变量为 $u=3x+1$,故将 $\mathrm{d}x$ 凑微分为 $\dfrac{1}{3}\mathrm{d}(3x+1)$。

因此
$$\int\sin(3x+1)\mathrm{d}x=\frac{1}{3}\int\sin(3x+1)\mathrm{d}(3x+1)$$
$$=\frac{1}{3}\int\sin u\mathrm{d}u=-\frac{1}{3}\cos u+C$$
$$=-\frac{1}{3}\cos(3x+1)+C$$

当运算比较熟练后,设定中间变量 $\varphi(x)=u$ 和回代过程 $u=\varphi(x)$ 可以省略,将 $\varphi(x)$ 当作 u 积分就行了。

例 18　求 $\displaystyle\int\mathrm{e}^{-2x+1}\mathrm{d}x$。

解　$\displaystyle\int\mathrm{e}^{-2x+1}\mathrm{d}x=-\frac{1}{2}\int\mathrm{e}^{-2x+1}\mathrm{d}(-2x+1)=-\frac{1}{2}\mathrm{e}^{-2x+1}+C$

例 19 求 $\int \dfrac{\mathrm{d}x}{\sqrt[3]{1-2x}}$。

解
$$\int \frac{\mathrm{d}x}{\sqrt[3]{1-2x}} = -\frac{1}{2}\int (1-2x)^{-\frac{1}{3}}\mathrm{d}(1-2x)$$
$$= -\frac{1}{2}\cdot\frac{3}{2}(1-2x)^{\frac{2}{3}}+C$$
$$= -\frac{3}{4}\sqrt[3]{(1-2x)^2}+C$$

例 20 求 $\int \dfrac{1}{1+7x}\,\mathrm{d}x$。

解
$$\int \frac{1}{1+7x}\,\mathrm{d}x = \frac{1}{7}\int \frac{1}{1+7x}\mathrm{d}(1+7x) = \frac{1}{7}\ln|1+7x|+C$$

2. 凑微公式 2 $\qquad x^\mu \mathrm{d}x = \dfrac{1}{\mu+1}\mathrm{d}x^{\mu+1}\quad (\mu \neq -1)$

例 21 求 $\int x\mathrm{e}^{x^2}\mathrm{d}x$。

解 $\quad \int x\mathrm{e}^{x^2}\mathrm{d}x = \dfrac{1}{2}\int \mathrm{e}^{x^2}\mathrm{d}x^2 = \dfrac{1}{2}\mathrm{e}^{x^2}+C$

例 22 求 $\int x\sqrt{1+x^2}\,\mathrm{d}x$。

解 $\quad \int x\sqrt{1+x^2}\,\mathrm{d}x = \dfrac{1}{2}\int (1+x^2)^{\frac{1}{2}}\mathrm{d}x^2 = \dfrac{1}{2}\int (1+x^2)^{\frac{1}{2}}\mathrm{d}(1+x^2)$
$$= \frac{1}{2}\cdot\frac{1}{1+\dfrac{1}{2}}(1+x^2)^{\frac{1}{2}+1}+C = \frac{1}{3}(1+x^2)^{\frac{3}{2}}+C$$

例 23 求 $\int \dfrac{x\mathrm{d}x}{(1+x^2)^2}$。

解 $\quad \int \dfrac{x\mathrm{d}x}{(1+x^2)^2} = \dfrac{1}{2}\int (1+x^2)^{-2}\mathrm{d}x^2 - \dfrac{1}{2}\int (1+x^2)^{-2}\mathrm{d}(1+x^2) = -\dfrac{1}{2(1+x^2)}+C$。

3. 凑微公式 3 $\qquad \dfrac{1}{x}\mathrm{d}x = \mathrm{d}\ln x\quad (x>0)$

例 24 求 $\int \dfrac{\ln^2 x}{x}\mathrm{d}x$。

解 $\quad \int \dfrac{\ln^2 x}{x}\,\mathrm{d}x = \int \ln^2 x\mathrm{d}\ln x = \dfrac{1}{3}\ln^3 x+C$

例 25 求 $\int \dfrac{1}{x(1+\ln x)}\mathrm{d}x$。

解
$$\int \frac{1}{x(1+\ln x)}\mathrm{d}x = \int \frac{1}{1+\ln x}\mathrm{d}\ln x$$
$$= \int \frac{1}{1+\ln x}\mathrm{d}(1+\ln x) = \ln|1+\ln x|+C$$

4. 凑微公式 4 $\qquad \mathrm{e}^x\mathrm{d}x = \mathrm{d}\mathrm{e}^x$

例 26 求 $\int \dfrac{\mathrm{e}^x}{\mathrm{e}^x+2}\mathrm{d}x$。

解 $\quad \int \dfrac{\mathrm{e}^x}{\mathrm{e}^x+2}\mathrm{d}x = \int \dfrac{1}{\mathrm{e}^x+2}\mathrm{d}\mathrm{e}^x = \int \dfrac{1}{\mathrm{e}^x+2}\mathrm{d}(\mathrm{e}^x+2) = \ln(\mathrm{e}^x+2)+C$

5. 凑微公式 5 $\qquad \cos x \mathrm{d}x = \mathrm{d}\sin x , \quad \sin x \mathrm{d}x = -\mathrm{d}\cos x$

例 27 求 $\displaystyle\int \tan x \mathrm{d}x$。

解 $\displaystyle\int \tan x \mathrm{d}x = \int \frac{\sin x}{\cos x} \mathrm{d}x = -\int \frac{1}{\cos x} \mathrm{d}\cos x = -\ln|\cos x| + C$

用同样的方法可以求得： $\displaystyle\int \cot x \mathrm{d}x = \ln|\sin x| + C$。

例 28 求 $\displaystyle\int \sin^5 x \cos x \mathrm{d}x$。

解 $\displaystyle\int \sin^5 x \cos x \mathrm{d}x = \int \sin^5 x \mathrm{d}\sin x = \frac{\sin^6 x}{6} + C$

6. 凑微公式 6 $\qquad \dfrac{1}{1+x^2} \mathrm{d}x = \mathrm{d}\arctan x , \quad \dfrac{1}{\sqrt{1-x^2}} \mathrm{d}x = \mathrm{d}\arcsin x$

例 29 求 $\displaystyle\int \frac{(\arctan x)^4}{1+x^2} \mathrm{d}x$。

解 $\displaystyle\int \frac{(\arctan x)^4}{1+x^2} \mathrm{d}x = \int (\arctan x)^4 \mathrm{d}\arctan x = \frac{(\arctan x)^5}{5} + C$

例 30 求 $\displaystyle\int \frac{\mathrm{e}^{\arcsin x}}{\sqrt{1-x^2}} \mathrm{d}x$。

解 $\displaystyle\int \frac{\mathrm{e}^{\arcsin x}}{\sqrt{1-x^2}} \mathrm{d}x = \int \mathrm{e}^{\arcsin x} \mathrm{d}\arcsin x = \mathrm{e}^{\arcsin x} + C$

7. 凑微公式 7 $\qquad \sec^2 x \mathrm{d}x = \mathrm{d}\tan x$

例 31 求 $\displaystyle\int \tan^2 x \sec^2 x \mathrm{d}x$。

解 $\displaystyle\int \tan^2 x \sec^2 x \mathrm{d}x = \int \tan^2 x \mathrm{d}\tan x = \frac{\tan^3 x}{3} + C$

前面仅列举了常见的几种凑微形式,凑微的形式还有很多,需要多做练习,不断归纳,积累经验,才能灵活运用。

8. 杂例

例 32 求 $\displaystyle\int \frac{1}{a^2 - x^2} \mathrm{d}x \quad (a \neq x)$。

解 由于 $\dfrac{1}{a^2 - x^2} = \dfrac{1}{2a}\left(\dfrac{1}{a+x} + \dfrac{1}{a-x}\right)$,故

$$\int \frac{\mathrm{d}x}{a^2 - x^2} = \frac{1}{2a}\int \left(\frac{1}{a+x} + \frac{1}{a-x}\right) \mathrm{d}x = \frac{1}{2a}\left[\int \frac{\mathrm{d}(a+x)}{a+x} - \int \frac{\mathrm{d}(a-x)}{a-x}\right]$$

$$= \frac{1}{2a}\left[\ln|a+x| - \ln|a-x|\right] + C = \frac{1}{2a}\ln\left|\frac{a+x}{a-x}\right| + C$$

例 33 求 $\displaystyle\int \frac{1}{a^2 + x^2} \mathrm{d}x \quad (a \neq 0)$。

解 $\displaystyle\int \frac{1}{a^2 + x^2} \mathrm{d}x = \frac{1}{a^2}\int \frac{1}{1 + \left(\dfrac{x}{a}\right)^2} \mathrm{d}x = \frac{1}{a}\int \frac{1}{1 + \left(\dfrac{x}{a}\right)^2} \mathrm{d}\left(\frac{x}{a}\right) = \frac{1}{a}\arctan \frac{x}{a} + C$

例 34 求 $\displaystyle\int \frac{1}{\sqrt{a^2-x^2}}\mathrm{d}x \quad (a>0)$。

解 $\displaystyle\int \frac{1}{\sqrt{a^2-x^2}}\mathrm{d}x = \frac{1}{a}\int \frac{\mathrm{d}x}{\sqrt{1-\left(\dfrac{x}{a}\right)^2}} = \int \frac{\mathrm{d}\left(\dfrac{x}{a}\right)}{\sqrt{1-\left(\dfrac{x}{a}\right)^2}} = \arcsin \frac{x}{a}+C$

练一练

1. 在下列各等式右端的括号内填入适当的常数,使等式成立。

(1) $\mathrm{d}x = (\quad)\mathrm{d}(7x-3)$; 　　(2) $x\,\mathrm{d}x = (\quad)\mathrm{d}(x^2)$;

(3) $x\,\mathrm{d}x = (\quad)\mathrm{d}(4x^2)$; 　　(4) $x\,\mathrm{d}x = (\quad)\mathrm{d}(1+4x^2)$;

(5) $x^2\,\mathrm{d}x = (\quad)\mathrm{d}(2x^3+4)$; 　　(6) $\mathrm{e}^{3x}\,\mathrm{d}x = (\quad)\mathrm{d}(\mathrm{e}^{3x})$。

2. 求下列不定积分。

(1) $\displaystyle\int (5-3x)^8\,\mathrm{d}x$; 　　(2) $\displaystyle\int \cos(4x+3)\,\mathrm{d}x$; 　　(3) $\displaystyle\int \mathrm{e}^{6x+1}\,\mathrm{d}x$;

(4) $\displaystyle\int \frac{1}{\sqrt{1+2x}}\,\mathrm{d}x$; 　　(5) $\displaystyle\int \frac{1}{1-6x}\,\mathrm{d}x$; 　　(6) $\displaystyle\int x^4 \mathrm{e}^{x^5}\,\mathrm{d}x$;

(7) $\displaystyle\int x^3\sqrt{1+x^4}\,\mathrm{d}x$; 　　(8) $\displaystyle\int \frac{x^2\,\mathrm{d}x}{(1+x^3)^5}$; 　　(9) $\displaystyle\int \frac{\ln^3 x}{x}\,\mathrm{d}x$;

(10) $\displaystyle\int \frac{1}{x(8+\ln x)^2}\,\mathrm{d}x$; 　　(11) $\displaystyle\int \frac{\mathrm{e}^x}{(\mathrm{e}^x+5)^3}\,\mathrm{d}x$; 　　(12) $\displaystyle\int \frac{\sin x}{\cos^3 x}\,\mathrm{d}x$;

(13) $\displaystyle\int \sin^2 x \cos x\,\mathrm{d}x$; 　　(14) $\displaystyle\int \frac{1}{(1+x^2)\arctan x}\,\mathrm{d}x$;(15) $\displaystyle\int \frac{1}{\sqrt{1-x^2}}(\arcsin x)^5\,\mathrm{d}x$;

(16) $\displaystyle\int \tan^5 x \sec^2 x\,\mathrm{d}x$; 　　(17) $\displaystyle\int \frac{1}{x^2-3x+2}\,\mathrm{d}x$。

4.2.2 第二类换元法

第一类换元法是通过选择新积分变量 u,用 $\varphi(x)=u$ 进行换元,从而使原积分便于求出,但对有些积分,如 $\displaystyle\int \frac{\sqrt{x}}{1+\sqrt[3]{x}}\mathrm{d}x$,$\displaystyle\int \sqrt{a^2-x^2}\,\mathrm{d}x$ 等,需要作相反方向的换元,才能比较顺利地求出结果。

定理 3 ［第二换元法］设

(1) $x=\psi(t)$ 是单调可导函数,且 $\psi'(t)\neq0$;

(2) $\displaystyle\int f[\psi(t)]\cdot\psi'(t)\mathrm{d}t = F(t)+C$。

则有换元公式

$$\int f(x)\mathrm{d}x \xrightarrow{x=\psi(t)} \int f[\psi(t)]\cdot\psi'(t)\mathrm{d}t = F(t)+C \xrightarrow{t=\psi^{-1}(x)} F[\psi^{-1}(x)]+C$$

其中,$t=\psi^{-1}(x)$ 是 $x=\psi(t)$ 的反函数。

第二换元法常用于求解含有根式的被积函数的不定积分,下面介绍几种常用的第二换元技巧。

1. 简单根式代换

例 35 求不定积分 $\displaystyle\int \frac{\sqrt{x-1}}{x}\mathrm{d}x$。

解 令 $\sqrt{x-1}=t$，则 $x=1+t^2$，$\mathrm{d}x=2t\mathrm{d}t$，因而有

$$\int \frac{\sqrt{x-1}}{x}\mathrm{d}x = \int \frac{t}{1+t^2}\cdot 2t\mathrm{d}t$$
$$= 2\int\left(1-\frac{1}{1+t^2}\right)\mathrm{d}t$$
$$= 2(t-\arctan t)+C$$
$$= 2\left(\sqrt{x-1}-\arctan\sqrt{x-1}\right)+C$$

例 36 求 $\displaystyle\int \frac{1}{1+\sqrt{2x+1}}\mathrm{d}x$。

解 令 $\sqrt{2x+1}=t$，则 $x=\dfrac{t^2-1}{2}$，$\mathrm{d}x=t\mathrm{d}t$，于是

$$\int \frac{1}{1+\sqrt{2x+1}}\,\mathrm{d}x = \int \frac{1}{1+t}t\,\mathrm{d}t$$
$$= \int \frac{(t+1)-1}{1+t}\mathrm{d}t$$
$$= \int \left(1-\frac{1}{t+1}\right)\mathrm{d}t$$
$$= t-\ln|t+1|+C$$

代回 $t=\sqrt{2x+1}$，并注意到 $\sqrt{2x+1}+1>0$，因此

$$\int \frac{1}{\sqrt{2x+1}+1}\,\mathrm{d}x = \sqrt{2x+1}-\ln(\sqrt{2x+1}+1)+C$$

从以上例子可以看出，简单根式代换法常用于求被积函数中含有根式，并且根式的形式为 $\sqrt[n]{ax+b}$ 的不定积分。

2. 三角代换

例 37 求不定积分 $\displaystyle\int \sqrt{a^2-x^2}\mathrm{d}x$ $(a>0)$。

解 用三角公式 $\sin^2 t+\cos^2 t=1$ 消去根式。

设 $x=a\sin t\left(-\dfrac{\pi}{2}<t<\dfrac{\pi}{2}\right)$，则

$$\sqrt{a^2-x^2}=a\sqrt{1-\sin^2 t}=a\cos t,\ \mathrm{d}x=a\cos t\mathrm{d}t$$

于是

$$\int \sqrt{a^2-x^2}\,\mathrm{d}x = \int a\cos t\cdot a\cos t\mathrm{d}t = a^2\int \cos^2 t\mathrm{d}t = a^2\int \frac{1+\cos 2t}{2}\,\mathrm{d}t$$
$$= \frac{a^2}{2}\left(t+\frac{1}{2}\sin 2t\right)+C$$

由 $x=a\sin t$ 或 $\sin t=\dfrac{x}{a}$ 作辅助三角形如图 4-3 所示。由图可知 $t=\arcsin\dfrac{x}{a}$，$\cos t=\dfrac{\sqrt{a^2-x^2}}{a}$，代入上式得

$$\int \sqrt{a^2 - x^2}\,\mathrm{d}x = \frac{a^2}{2}\left(t + \frac{1}{2}\sin 2t\right) + C$$

$$= \frac{a^2}{2}\left(\arcsin\frac{x}{a} + \frac{x}{a} \cdot \frac{\sqrt{a^2 - x^2}}{a}\right) + C$$

$$= \frac{a^2}{2}\arcsin\frac{x}{a} + \frac{x}{2}\sqrt{a^2 - x^2} + C$$

例 38　求不定积分 $\displaystyle\int \frac{1}{\sqrt{x^2 + a^2}}\,\mathrm{d}x$　$(a>0)$。

解　利用三角公式 $1 + \tan^2 t = \sec^2 t$ 消去根式。

设 $x = a\tan t\left(-\dfrac{\pi}{2} < t < \dfrac{\pi}{2}\right)$，则 $\sqrt{x^2 + a^2} = a\sec t$，$\mathrm{d}x = a\sec^2 t\,\mathrm{d}t$，故

$$\int \frac{1}{\sqrt{x^2 + a^2}}\,\mathrm{d}x = \int \frac{a\,\sec^2 t}{a\,\sec t}\,\mathrm{d}t$$

$$= \int \sec t\,\mathrm{d}t = \ln|\sec t + \tan t| + C_1$$

根据 $\tan t = \dfrac{x}{a}$，作辅助三角形如图 4-4 所示，得

$$\int \frac{1}{\sqrt{x^2 + a^2}}\,\mathrm{d}x = \ln|\sec t + \tan t| + C_1$$

$$= \ln\left|\frac{x}{a} + \frac{\sqrt{x^2 + a^2}}{a}\right| + C_1$$

$$= \ln\left|x + \sqrt{x^2 + a^2}\right| + C$$

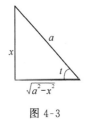

图 4-3　　　　　　图 4-4

其中 $C = C_1 - \ln a$。

例 39　求不定积分 $\displaystyle\int \frac{1}{\sqrt{x^2 - a^2}}\,\mathrm{d}x$　$(a > 0)$。

解　利用三角公式 $\sec^2 t - 1 = \tan^2 t$ 消去根式。

设 $x = a\sec t\left(0 < t < \dfrac{\pi}{2}\right)$，则 $\sqrt{x^2 - a^2} = a\tan t$，$\mathrm{d}x = a\sec t \cdot \tan t\,\mathrm{d}t$，故

$$\int \frac{1}{\sqrt{x^2 - a^2}}\,\mathrm{d}x = \int \frac{a\,\sec t \cdot \tan t}{a\tan t}\,\mathrm{d}t$$

$$= \int \sec t\,\mathrm{d}t = \ln|\sec t + \tan t| + C_1$$

根据 $\sec t = \dfrac{x}{a}$，作辅助三角形如图 4-5 所示，得

$$\int \frac{1}{\sqrt{x^2 - a^2}}\,\mathrm{d}x = \ln|\sec t + \tan t| + C_1$$

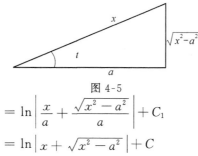

图 4-5

$$= \ln\left|\frac{x}{a} + \frac{\sqrt{x^2 - a^2}}{a}\right| + C_1$$

$$= \ln\left|x + \sqrt{x^2 - a^2}\right| + C$$

从以上的例子可以看出,三角代换常用于求解被积函数为二次根式的不定积分。

以上三例使用的代换称为三角代换,归纳如下:

被积函数含有	作代换
$\sqrt{a^2 - x^2}$	$x = a\sin t$
$\sqrt{x^2 + a^2}$	$x = a\tan t$
$\sqrt{x^2 - a^2}$	$x = a\sec t$

由于三角代换的回代过程比较麻烦,所以,若能直接用公式或凑微分来积分,就避免用三角代换,例如:

$$\int x\sqrt{4 - x^2}\,\mathrm{d}x = -\frac{1}{2}\int \sqrt{4 - x^2}\,\mathrm{d}(4 - x^2)$$

这比使用变换 $x = 2\sin t$ 来计算简便得多。

作为基本积分公式的补充,有下列公式:

(1) $\displaystyle\int \tan x\,\mathrm{d}x = -\ln|\cos x| + C$;

(2) $\displaystyle\int \cot x\,\mathrm{d}x = \ln|\sin x| + C$;

(3) $\displaystyle\int \sec x\,\mathrm{d}x = \ln|\sec x + \tan x| + C$;

(4) $\displaystyle\int \csc x\,\mathrm{d}x = \ln|\csc x - \cot x| + C$;

(5) $\displaystyle\int \frac{1}{a^2 + x^2}\,\mathrm{d}x = \frac{1}{a}\arctan\frac{x}{a} + C$;

(6) $\displaystyle\int \frac{1}{a^2 - x^2}\,\mathrm{d}x = \frac{1}{2a}\ln\left|\frac{a + x}{a - x}\right| + C$;

(7) $\displaystyle\int \frac{1}{\sqrt{a^2 - x^2}}\,\mathrm{d}x = \arcsin\frac{x}{a} + C\,(a > 0)$;

(8) $\displaystyle\int \sqrt{a^2 - x^2}\,\mathrm{d}x = \frac{a^2}{2}\arcsin\frac{x}{a} + \frac{x}{2}\sqrt{a^2 - x^2} + C \quad (a > 0)$;

(9) $\displaystyle\int \frac{1}{\sqrt{x^2 \pm a^2}}\,\mathrm{d}x = \ln\left|x + \sqrt{x^2 \pm a^2}\right| + C\,(a > 0)$。

练一练

求下列不定积分：

(1) $\int \dfrac{1}{2+\sqrt{x-1}}\mathrm{d}x$；　　(2) $\int \dfrac{1}{(1+\sqrt[3]{x})\sqrt{x}}\ \mathrm{d}x$；　　(3) $\int \dfrac{x^2}{\sqrt{1-x^2}}\ \mathrm{d}x$。

习题 4.2

A. 基本题

1. 填空使等号成立。

(1) $\mathrm{d}x=(\quad)\mathrm{d}(1-7x)$；　　　　　　(2) $x^2\mathrm{d}x=(\quad)\mathrm{d}(3x^3-1)$；

(3) $\mathrm{e}^{\frac{x}{2}}\mathrm{d}x=(\quad)\mathrm{d}(1+\mathrm{e}^{-\frac{x}{2}})$；　　　　(4) $\sin\dfrac{2}{3}x\mathrm{d}x=(\quad)\mathrm{d}\left(\cos\dfrac{2}{3}x\right)$；

(5) $\dfrac{\mathrm{d}x}{x}=(\quad)\mathrm{d}(1-5\ln x)$；　　　　(6) $\dfrac{\mathrm{d}x}{1+9x^2}=(\quad)\mathrm{d}(\arctan 3x)$；

(7) $\dfrac{x\mathrm{d}x}{\sqrt{1-x^2}}=(\quad)\mathrm{d}\sqrt{1-x^2}$；　　(8) $\dfrac{\mathrm{d}x}{\sqrt{1-x^2}}=(\quad)\mathrm{d}(1-\arcsin x)$。

2. 求下列不定积分。

(1) $\int \dfrac{1}{1-2x}\ \mathrm{d}x$；　　(2) $\int (1-3x)^5\mathrm{d}x$；　　(3) $\int \dfrac{\mathrm{d}x}{\sqrt{2-x^2}}$；

(4) $\int \dfrac{x}{1-x^2}\mathrm{d}x$；　　(5) $\int \mathrm{e}^{\mathrm{e}^x+x}\mathrm{d}x$；　　(6) $\int \dfrac{\sin x}{\cos^2 x}\mathrm{d}x$。

B. 一般题

3. 求下列不定积分。

(1) $\int \dfrac{1}{\sqrt[3]{2-3x}}\mathrm{d}x$；　　　　　(2) $\int \mathrm{e}^{-3x+1}\mathrm{d}x$；

(3) $\int \dfrac{1}{\sin^2 3x}\ \mathrm{d}x$；　　　　　(4) $\int \tan(2x-5)\ \mathrm{d}x$；

(5) $\int \dfrac{\mathrm{d}x}{x\sqrt{1-\ln^2 x}}$；　　　　(6) $\int \dfrac{\mathrm{d}x}{\mathrm{e}^x+\mathrm{e}^{-x}}$；

(7) $\int \tan^5 x\sec^2 x\mathrm{d}x$；　　　　(8) $\int \dfrac{\sin x\cos x}{1+\sin^4 x}\mathrm{d}x$；

(9) $\int \dfrac{1}{x^2}\sin\dfrac{1}{x}\mathrm{d}x$；　　　　(10) $\int \dfrac{\sin^3 x}{\cos^2 x}\mathrm{d}x$。

4. 求下列不定积分。

(1) $\int \dfrac{\sqrt{x^2-9}}{x}\mathrm{d}x$；　　　　(2) $\int x^2\sqrt{4-x^2}\mathrm{d}x$；　　　　(3) $\int \dfrac{\mathrm{d}x}{x\sqrt{x^2-1}}$；

(4) $\displaystyle\int \frac{\mathrm{d}x}{\sqrt{(x^2+1)^3}}$;　　　(5) $\displaystyle\int \frac{\sqrt{a^2-x^2}}{x^2}\mathrm{d}x$;　　　(6) $\displaystyle\int \frac{1}{\sqrt{\mathrm{e}^x-1}}\mathrm{d}x$ 。

5. 求下列不定积分。

(1) $\displaystyle\int \frac{\sqrt[3]{x}}{x(\sqrt{x}+\sqrt[3]{x})}\mathrm{d}x$;　　　　　(2) $\displaystyle\int \frac{2-\sqrt{2x+3}}{1-2x}\mathrm{d}x$;

(3) $\displaystyle\int \sqrt{\frac{1+x}{1-x}}\mathrm{d}x$;　　　　　　(4) $\displaystyle\int \frac{\mathrm{d}x}{\sqrt{x-x^2}}$ 。

C. 提高题

6. 求下列不定积分。

(1) $\displaystyle\int \frac{\mathrm{d}x}{1+\cos x}$;　　　　(2) $\displaystyle\int \frac{\mathrm{d}x}{\sqrt{x}\,(1+\sqrt[4]{x}\,)^3}$ 。

7. 设 $f'(\ln x)=1+x$ ，求 $f(x)$ 。

4.3　分部积分法

积分为求导的逆运算。对应于求导法则中的和、差运算，我们介绍了直接积分法；对应于求复合函数的链式法则，我们介绍了换元积分法。它们都是重要的积分方法，但对于某些类型的积分，它们往往不能奏效，如 $\displaystyle\int x\cos x\mathrm{d}x, \int \mathrm{e}^x\cos x\mathrm{d}x, \int \ln x\mathrm{d}x$ 等。为此，下面将给出建立在求导乘法法则基础上的一种积分方法——分部积分法。

由两个函数之积的导数公式
$$(uv)'=u'v+uv'$$
得
$$uv'=(uv)'-u'v$$

两边求不定积分，有
$$\int uv'\mathrm{d}x = \int [(uv)'-u'v]\,\mathrm{d}x = \int (uv)'\mathrm{d}x - \int u'v\mathrm{d}x$$
即
$$\int u\mathrm{d}v = uv - \int v\mathrm{d}u$$

上式称为分部积分公式。它的特点是把左边积分 $\displaystyle\int u\mathrm{d}v$ 换为了右边积分 $\displaystyle\int v\mathrm{d}u$，如果 $\displaystyle\int v\mathrm{d}u$ 比 $\displaystyle\int u\mathrm{d}v$ 容易求得，就可以试用此法。

一般地，若被积函数为不同类函数的乘积，则要用分部积分法。下面通过例题来说明如何运用这个重要公式。

例 40　求不定积分 $\displaystyle\int x\cos x\mathrm{d}x$ 。

解　如何选择 u 和 v 呢？

方法一　选 x 为 u ，
$$\int x\cos x\mathrm{d}x = \int x\mathrm{d}(\sin x)$$
$$= x\sin x - \int \sin x\mathrm{d}x$$

$$= x \sin x + \cos x + C$$

此种选择是成功的。

方法二 如果选 $\cos x$ 为 u,结果会怎样呢?

$$\int x \cos x \mathrm{d}x = \frac{1}{2}\int \cos x \mathrm{d}(x^2)$$

$$= \frac{1}{2}x^2 \cos x + \int \frac{1}{2}x^2 \sin x \mathrm{d}x$$

比较一下不难发现,被积函数中 x 的幂次反而升高了,积分的难度增大,这样选择 u 是不适合的。所以在应用分部积分法时,恰当选取 u 是一个关键。选取 u 一般要考虑下面两点:

(1) v 要容易求得; (2) $\int v\mathrm{d}u$ 比 $\int u\mathrm{d}v$ 容易求得。

关于 u 的选取规则,我们给出这样一句口诀:五指山上觅对象——反常。"指"表示指数函数;"山"表示三角函数;"觅"表示幂函数;"对"表示对数函数;"反"表示反三角函数。一般地,两种不同类型函数乘积的不定积分,按照口诀的顺序,谁排在后面谁做 u,谁做 u 谁不变,剩下的那个函数和 $\mathrm{d}x$ 凑微分。

例 41 求 $\int x \sin x \mathrm{d}x$。

解 被积函数是幂函数 x 和三角函数 $\sin x$ 的乘积,根据口诀顺序,"觅(幂)"排在"山(三)"的后面,故选取幂函数 x 做 u。又因 $\sin x \mathrm{d}x = -\mathrm{d}\cos x$,故

$$\int x \sin x \mathrm{d}x = -\int x \mathrm{d}\cos x$$

$$= -\left(x \cos x - \int \cos x \mathrm{d}x\right)$$

$$= -x \cos x + \int \cos x \mathrm{d}x$$

$$= -x \cos x + \sin x + C$$

例 42 求 $\int x\mathrm{e}^{3x}\mathrm{d}x$。

解 被积函数是幂函数 x 和指数函数 e^{3x} 的乘积,根据口诀顺序,"觅(幂)"排在"指"的后面,故选取幂函数 x 做 u。又因 $\mathrm{e}^{3x}\mathrm{d}x = \frac{1}{3}\mathrm{e}^{3x}\mathrm{d}(3x) = \frac{1}{3}\mathrm{d}\mathrm{e}^{3x}$,故

$$\int x\mathrm{e}^{3x}\,\mathrm{d}x = \frac{1}{3}\int x\mathrm{d}(\mathrm{e}^{3x}) = \frac{1}{3}\left(x\mathrm{e}^{3x} - \int \mathrm{e}^{3x}\,\mathrm{d}x\right)$$

$$= \frac{1}{3}\left[x\mathrm{e}^{3x} - \frac{1}{3}\int \mathrm{e}^{3x}\mathrm{d}(3x)\right]$$

$$= \frac{1}{3}x\mathrm{e}^{3x} - \frac{1}{9}\mathrm{e}^{3x} + C$$

例 43 求 $\int x\ln x\mathrm{d}x$。

解 被积函数是幂函数 x 和对数函数 $\ln x$ 的乘积,根据口诀顺序,"对"排在"觅(幂)"的后面,故选取对数函数 $\ln x$ 做 u。又因 $x\mathrm{d}x = \frac{1}{2}\mathrm{d}x^2$,故

$$\int x \ln x\mathrm{d}x = \frac{1}{2}\int \ln x\mathrm{d}x^2$$

$$= \frac{1}{2}\left(x^2\ln x - \int x^2 \,d\ln x\right)$$

$$= \frac{1}{2}x^2\ln x - \frac{1}{2}\int x\,dx$$

$$= \frac{1}{2}x^2\ln x - \frac{x^2}{4} + C$$

例 44　求 $\displaystyle\int x\arctan x\,dx$。

解　被积函数是幂函数 x 和反三角函数 $\arctan x$ 的乘积，根据口诀顺序，"反"排在"觅（幂）"的后面，故选取反三角函数 $\arctan x$ 做 u。又因 $x\,dx = \frac{1}{2}\,dx^2$，故

$$\int x\arctan x\,dx = \frac{1}{2}\int \arctan x\,dx^2$$

$$= \frac{1}{2}x^2\arctan x - \frac{1}{2}\int x^2\,d\arctan x$$

$$= \frac{1}{2}x^2\arctan x - \frac{1}{2}\int \frac{x^2}{1+x^2}\,dx$$

$$= \frac{x^2}{2}\arctan x - \frac{1}{2}\int \frac{1+x^2-1}{1+x^2}\,dx$$

$$= \frac{x^2}{2}\arctan x - \frac{1}{2}\int \left(1 - \frac{1}{1+x^2}\right)dx$$

$$= \frac{x^2}{2}\arctan x - \frac{1}{2}(x - \arctan x) + C$$

例 45　求 $\displaystyle\int \ln x\,dx$。

解　因为被积函数是单一函数，就可以看做被积表达式已经自然分成 $u\,dv$ 的形式了，直接应用分部积分公式，得

$$\int \ln x\,dx = x\ln x - \int x\,d(\ln x) = x\ln x - \int dx = x\ln x - x + C$$

例 46　求 $\displaystyle\int \arcsin x\,dx$。

解　同例 45

$$\int \arcsin x\,dx = x\arcsin x - \int x\,d\arcsin x$$

$$= x\arcsin x - \int \frac{x}{\sqrt{1-x^2}}\,dx$$

$$= x\arcsin x + \frac{1}{2}\int \frac{1}{\sqrt{1-x^2}}\,d(1-x^2)$$

$$= x\arcsin x + \sqrt{1-x^2} + C$$

 练一练

求下列各不定积分。

(1) $\displaystyle\int x\sec^2 x\,dx$；　(2) $\displaystyle\int x\mathrm{e}^{-x}\,dx$；　(3) $\displaystyle\int x\operatorname{arccot} x\,dx$；　(4) $\displaystyle\int \arctan x\,dx$。

有时须经过几次分部积分才能得出结果;有时经过几次分部积分后,又会还原到原来的积分,此时通过移项、合并求出积分。

例 47 求 $\int x^2 e^x dx$。

解

$$\int x^2 e^x \, dx = \int x^2 \, de^x$$

$$= x^2 e^x - \int e^x dx^2$$

$$= x^2 e^x - 2\int x \, e^x dx$$

右端的积分再次用分部积分公式,得

$$\int x^2 e^x dx = x^2 e^x - 2\int x de^x$$

$$= x^2 e^x - 2\left(x e^x - \int e^x dx\right)$$

$$= x^2 e^x - 2x e^x + 2e^x + C$$

$$= e^x (x^2 - 2x + 2) + C$$

例 48 求不定积分 $\int e^x \sin x dx$。

解

$$\int e^x \sin x dx = \int \sin x d \, e^x$$

$$= e^x \sin x - \int e^x \, d\sin x$$

$$= e^x \sin x - \int e^x \cos x dx$$

$$= e^x \sin x - \int \cos x de^x$$

$$= e^x \sin x - e^x \cos x + \int e^x d\cos x$$

$$= e^x \sin x - e^x \cos x - \int e^x \sin x dx$$

得到一个关于所求积分 $\int e^x \sin x dx$ 的方程,解出得

$$2\int e^x \sin x dx = e^x (\sin x - \cos x) + C_1$$

所以

$$\int e^x \sin x dx = \frac{1}{2} e^x (\sin x - \cos x) + C$$

其中

$$C = \frac{1}{2} C_1$$

有些不定积分需要综合运用换元积分法和分部积分法才能求解。

例 49 求不定积分 $\int e^{\sqrt{x}} dx$。

解 令 $\sqrt{x} = t$,则 $x = t^2$,$dx = 2t dt$,于是有

$$\int e^{\sqrt{x}} dx = \int e^t \cdot 2t dt$$

$$= 2e^t (t-1) + C$$

应用高等数学习题集
（第 2 版）

目　　录

练 习 一

班级：_____ 姓名：_____ 学号：_____

一、填空题

1. $f(x)=\begin{cases}2^x,-1\leqslant x<0\\2,0\leqslant x<1\\x-1,1\leqslant x<3\end{cases}$ ，则 $f(0)=$_____， $f(1)=$_____， $f(-1)=$_____。

2. 设 $f(x)=\ln(2x+1)$ ，则 $f(x^2)=$_____。

3. 下列函数为偶函数的有_____，为奇函数的是_____。

A. $y=1-x^3$ B. $y=x^2-3x$ C. $y=x\sin x$ D. $y=x\cos x$

4. 将分式、根式转换成幂函数： $\sqrt[3]{x^2}=$_____， $\dfrac{1}{x^3}=$_____； $\dfrac{1}{\sqrt[9]{x^7}}=$_____。

5. 将幂函数化为根式、分式： $x^{\frac{5}{6}}=$_____； $x^{-\frac{2}{3}}=$_____。

二、计算题

1. 求函数 $f(x)=\ln(x+5)-\dfrac{1}{\sqrt{2-x}}$ 的定义域。

2. 将复合函数 $y=\sin(3x+2)$ 分解为简单函数。

3. 将复合函数 $f(x)=\sin^4 x$ 分解为简单函数。

4. 将复合函数 $y=(2+\lg x)^3$ 分解成简单函数。

三、选做题

1. 求函数 $f(x) = \sqrt{x-3} + \dfrac{1}{\ln(4-x)}$ 的定义域。

2. 求函数 $f(x) = \arcsin(x^2 - 1)$ 的定义域。

3. 将复合函数 $f(x) = \ln[\sin(2x-1)]$ 分解为简单函数。

4. 已知函数 $f(\sin x) = \cos 2x$，求 $f(x)$。

练习二

班级：_____　姓名：_____　学号：_____

一、填空填

1. 若 $\lim\limits_{x \to 0} f(x) = 3$，则 $\lim\limits_{x \to 0^-} f(x) = $ _____ 。

2. 若 $\lim\limits_{x \to 0^-} f(x) = 3$，$\lim\limits_{x \to 0^-} f(x) = 2$，则 $\lim\limits_{x \to 0} f(x)$ _____ 。

3. $\lim\limits_{x \to 0} x \cdot \sin \dfrac{1}{x} = $ _____ 。

二、求下列极限

1. $\lim\limits_{x \to 2} \dfrac{2x^2 - 3x}{x - 1}$

2. $\lim\limits_{x \to -1} \dfrac{x^2 - 1}{x + 1}$

3. $\lim\limits_{x \to 1} \dfrac{x^2 - 2x + 1}{x^2 - 4x + 3}$

4. $\lim\limits_{x \to \infty} \dfrac{2x^2 + x - 3}{4x^2 - 2x + 1}$

三、选做题

1. 计算 $\lim\limits_{x \to 0} \dfrac{\sqrt{x+1} - \sqrt{1-x}}{x}$。

2. 已知 $\lim\limits_{x \to \infty} \dfrac{ax^2 - bx + 1}{3x + 2} = 5$，求 a, b。

3. 计算 $\lim\limits_{x \to +\infty} \left(\sqrt{x^2 + 3x} - x \right)$。

练 习 三

班级：_____ 姓名：_____ 学号：_____

一、填空题

1. $\lim\limits_{x \to 0} \dfrac{\sin 3x}{x} =$ _____。

2. 如果 $\lim\limits_{x \to 0} \dfrac{\sin kx}{x} = 2$，则 $k =$ _____。

3. $\lim\limits_{x \to \infty} \left(1 + \dfrac{1}{2x}\right)^x =$ _____。

4. $\lim\limits_{x \to 0} (1 + 3x)^{\frac{1}{x}} =$ _____。

5. 设 $\lim\limits_{x \to \infty} \left(1 + \dfrac{2}{x}\right)^{kx} = e^{-3}$，则 $k =$ _____。

二、计算题

1. $\lim\limits_{x \to 1} \dfrac{\sin(x^2 - 1)}{x - 1}$

2. $\lim\limits_{x \to \infty} \left(1 - \dfrac{3}{x}\right)^{2x}$

3. $\lim\limits_{x \to 0} \dfrac{\sin 5x}{\tan 3x}$

三、填空题

1. 若 $f(x)$ 在点 x_0 处连续，且 $f(x_0) = 2$，则 $\lim\limits_{x \to x_0} f(x) =$ _____。

2. 函数 $f(x) = \dfrac{x+1}{4x^2 - 2x}$ 在_____点不连续，连续区间是_____。

3. 函数 $f(x) = \dfrac{(x+2)(x+1)}{(x-1)(x+2)}$ 在_____点不连续，连续区间是_____。

四、求解下列各题

1. 函数 $f(x) = \begin{cases} \dfrac{x^2-1}{x^2-3x+2}, & x \neq 1 \\ -2, & x=1 \end{cases}$ 在 $x=1$ 处是否连续？

2. 若函数 $f(x) = \begin{cases} a+x^2, & x \geqslant 0 \\ \dfrac{\sin 2x}{x}, & x < 0 \end{cases}$ 在 $x=0$ 处连续，求 a。

五、选做题

1. 计算 $\lim\limits_{x \to 0} \dfrac{x-\sin 2x}{x+\sin 2x}$。

2. 计算 $\lim\limits_{x \to \infty} \left(1-\dfrac{2}{x}\right)^{x+3}$。

3. 已知函数 $f(x) = \begin{cases} \dfrac{\sin kx}{x}, & x > 0 \\ \dfrac{2}{5}+ax, & x \leqslant 0 \end{cases}$，当 k, a 为何值时，$f(x)$ 在 $x=0$ 处连续。

练 习 四

一、填空题

1. $(\ln\sqrt{5})' = $ _____ , $(3^x)' = $ _____ , $(\log_3 x)' = $ _____ 。

2*. 设 $f(x)$ 在 x_0 可导，则 $\lim\limits_{\Delta x \to 0} \dfrac{f(x_0+2\Delta x)-f(x_0)}{\Delta x} = $ _____ 。

3. 一物体的运动方程为 $S = t^3 + 10$，则该物体在 $t=3$ 时的瞬时速度为 _____ 。

4. 设 $f(x) = e^x - \ln x$，则 $f'(1) = $ _____ 。

5. 曲线 $y = 3x - 2\sqrt{x} + 1$ 过点 $(1,2)$ 的切线方程是 _____ 。

二、求下列函数的导数

1. $y = \sqrt{x} + \sin x - \cos x + 5$

2. $y = x^a + a^x + a^a$（a 为常数）

3. $y = x^3 + \ln x - \dfrac{1}{\sqrt[3]{x}}$

4. $y = \sqrt[3]{x^2} + \dfrac{1}{x^2} + \sqrt{e}$

三、问答题

曲线 $y = x^2 + 2x + 3$ 在哪一点处的切线平行于直线 $2x + y + 4 = 0$?

四、选做题

1. 设 $f'(1) = 1$,则 $\lim\limits_{x \to 1} \dfrac{f(x) - f(1)}{x^2 - 1} = $ _____。

2. 设 $f(x) = \cos x$,则 $\lim\limits_{x \to a} \dfrac{f(x) - f(a)}{x - a} = $ _____。

3. 求 $y = 3^x + x^3 + \sqrt{x} + \dfrac{1}{x} + \cos\dfrac{\pi}{6} - \ln 2$ 的导数。

4. 求 $y = \dfrac{x^2 + x - 2}{\sqrt[3]{x}}$ 的导数。

练习五

班级：＿＿＿＿＿＿＿＿＿　姓名：＿＿＿＿＿＿＿＿＿　学号：＿＿＿＿＿＿＿＿＿

一、填空题

1. 函数曲线 $y = x^3 \ln x - 2$ 在 $x = 1$ 处的切线方程为＿＿＿＿＿＿＿＿＿。

2. 已知 $y = x^2 \sin x$，则 $y'(0) = $＿＿＿＿＿＿＿＿＿。

二、求下列函数的导数

1. $y = \left(\dfrac{1}{x} + 2x \right)(x^3 - 2x^2)$

2. $y = x\cos x - \sqrt{x} \ln x$

3. $y = \dfrac{2x - 3\sqrt{x} + 4x^2}{x}$

4. $y = \dfrac{e^x + \cos x}{x}$

5. $y = \dfrac{\sin x}{1 - \cos x}$

三、选做题

1. 求函数 $y = \dfrac{3^x - 1}{x^3 + 1}$ 的导数。

2. 求函数 $y = x^2 \mathrm{e}^x \sin x$ 的导数。

3. 求函数 $y = \dfrac{x \sin x}{1 + x^2}$ 的导数。

练习六

班级：_____ 姓名：_____ 学号：_____

一、填空题

1. 已知 $y = \ln\cos x$，则 $y'(x) =$ _____。

2. 已知 $y = \ln(x + \sqrt{1+x})$，则 $y'(0) =$ _____。

3. 已知 $y = \sin x^4$，则 $y' =$ _____。

4. 已知 $y = \cos^3 x$，则 $y' =$ _____。

二、求下列各函数的导数

1. $y = e^{2x+1}$

2. $y = \sqrt{e^x + x^2}$

3. $y = \sin\ln x$

4. $y = \cos(3x - 5) + \sqrt{2x - 1}$

三、选做题

1. 求函数 $y = e^{-x}\cos 3x$ 的导数。

2. 求函数 $y = \ln\left(x + \sqrt{1 + x^2}\right)$ 的导数。

3. 求函数 $y = e^{\sin\frac{1}{x}}$ 的导数。

练习七

班级：_____姓名：_____学号：_____

一、求下列由方程所确定的隐函数 $y(x)$ 的导数

1. $x^2 + y^2 = R^2$（R 为常数）

2. $e^y - x^2 y = 2x$

3. $\sin y + xy^2 = 3y$

二、求下列函数的二阶导数 y'' 及 $y''(1)$

1. $y = x^3 + 2x + \ln x$

2. $y = \sin e^x$

3. $y = 2x - \sqrt{x} + \dfrac{3}{x}$

三、选做题

1. 已知由方程确定的隐函数为 $\ln(x+y) = xy$，求该隐函数的导数。

2. 已知由方程确定的隐函数为 $e^{xy} = 3x + y$，求该隐函数的导数。

3. 已知 $y = \ln(1-x^2)$，求 y''。

4. 已知 $y^{(n-2)} = (3-2x)^5$，求 $y^{(n)}$。

练习八

班级：_____ 姓名：_____ 学号：_____

一、填空题

1. 已知 $y = \sin(3x+2)$，则 $dy =$ _____。

2. 已知 $y = \ln\sin x$，则 $dy =$ _____。

3. 已知 $y = x^3 \ln x$，则 $dy =$ _____。

4. 已知 $y = \ln(3+x^2)$，则 $dy =$ _____。

二、求下列函数的微分

1. $y = \ln(x^2 + 3\cos x - 5)$

2. $y = \dfrac{\cos x}{2 - 3x^2}$

3. $y = e^{-3x}$

4. $y = \sin^3 x$

三、计算题

用微分求 $\sqrt[3]{8.1}$ 的近似值。

四、选做题

1. 求函数 $y = \cos^2 3x$ 的微分。

2. 求函数 $y = \dfrac{\ln x}{2x} + x\mathrm{e}^{2x}$ 的微分。

3. 求函数 $y = \ln \sqrt{1+x^2}$ 的微分。

练习九

班级：_____ 姓名：_____ 学号：_____

一、填空题

1. 若 x_0 是可导函数 $y=f(x)$ 的极大值点，则 $f'(x_0)=$_____。

2. 函数 $y=x^2+\dfrac{16}{x}$ 的驻点有_____。

3. 设 $f(x)=x^3-3x$，则 $y=f(x)$ 的极大值点是_____，极小值点是_____。

二、求下列函数的单调区间和极值

1. $f(x)=2x^3-3x^2$

2. $y=x^2+4\ln(x-3)$

3. $y=(x^2-1)^3+2$

三、选做题

1. 求函数 $f(x) = 2e^x \cos x$ 在 $x \in [0, \pi]$ 的极值与单调区间。

2. 求函数 $y = (x-3)^2(x-2)$ 的极值。

3. 如果函数 $f(x) = a\sin x + \dfrac{1}{3}\sin 3x$ 在 $x = \dfrac{\pi}{3}$ 取得极值，求 a 的值. 它是极大值还是极小值？

练习十

班级：_____ 姓名：_____ 学号：_____

一、填空题

1. 函数 $y = f(x)$ 在区间 $[a,b]$ 上恒有 $f'(x) > 0$，则函数在 $[a,b]$ 上的最大值是 _____，最小值是 _____。

2. 函数 $y = x^3 - 3x^2 + 6x - 2$ 在区间 $[-1,1]$ 上的最大值为 _____，最小值为 _____。

二、应用题

1. 要做一个长方体的带盖的箱子，其体积为 72 cm^3，长与宽的比为 $2:1$，问长、宽、高各为多少时，才能使表面积为最小？

2. 要做一个容积为 $250\pi \text{ m}^3$ 的无盖圆柱体蓄水池，已知池底单位造价为池壁单位造价的两倍，问蓄水池的尺寸应怎样设计才能使总造价最低？

1. 从长为 8 cm、宽为 5 cm 的矩形纸板的四个角上减去相同的小正方形,折成一个无盖的盒子,要使盒子的容积最大,减去相同小正方形的边长应为多少?

2. 欲建一座底面是正方形的平顶仓库,设仓库容积是 1 500 m³,已知单位面积仓库屋顶的造价是四周墙壁造价的 3 倍,求仓库的边长和高,使总造价最低。

练习十一

班级：_____ 姓名：_____ 学号：_____

一、计算题

1. 求函数 $f(x)=x^4-2x^3+6x^2-8$ 的凸、凹区间和拐点。

2. 求函数 $y=\dfrac{1}{3}x^3-x^2-3x+4$ 的凸、凹区间和拐点。

3. 用洛必达法则求下列函数的极限：

(1) $\lim\limits_{x\to 0}\dfrac{1-e^x}{x^2-x}$

(2) $\lim\limits_{x\to 1}\dfrac{x^3-3x+2}{x^3-x^2-x+1}$

(3) $\lim\limits_{x\to +\infty}\dfrac{(\ln x)^2}{x}$

二、选做题

1. 已知 $(2,4)$ 是曲线 $y = x^3 + ax^2 + bx + c$ 的拐点,且曲线在 $x = 3$ 处取得极值,求 a, b, c。

2. 求极限 $\lim\limits_{x \to 0^+} \dfrac{x - \sin x}{\ln \cos x}$。

3. 求极限 $\lim\limits_{x \to 0} \dfrac{e^x - e^{-x} - 2x}{x - \sin x}$。

4. 求极限 $\lim\limits_{x \to 1} \left(\dfrac{1}{\ln x} - \dfrac{1}{x - 1} \right)$。

练 习 十 二

班级：_____ 姓名：_____ 学号：_____

一、填空题

1. 已知 $f(x)$ 的一个原函数为 e^{-2x} ,则 $f'(x)=$ _____ 。

2. 已知 $f(x)$ 的一个原函数为 $\ln x$,则 $f'(x)=$ _____ 。

3. 已知 $f'(x)=1+x$,则 $f(x)=$ _____ 。

4. $\int f'(x)\mathrm{d}x=$ _____ 。

5. 若 $f(x)$ 连续,则 $\left(\int f(x)\mathrm{d}x\right)'=$ _____ 。

二、求下列不定积分

1. $\int \dfrac{x+2\sqrt{x}-4\sqrt[3]{x}}{x}\mathrm{d}x$

2. $\int (2-\sqrt[3]{x}+\sqrt{x})x^2\mathrm{d}x$

3. $\int (2\cos x+\mathrm{e}^x+6)\mathrm{d}x$

4. $\displaystyle\int \frac{1-e^{2x}}{1+e^{x}}dx$

三、计算题

一曲线通过点$(e^{2},3)$,且在任一点处的切线的斜率等于该点横坐标的倒数,求该曲线的方程。

四、选做题

1. 若$f(x)$的导函数是$\sin x$,则$f(x)$的所有原函数为_____。

2. $\displaystyle\int \frac{1}{x^{2}(1+x^{2})}dx$

3. $\displaystyle\int \frac{(x+1)^{2}}{x(1+x^{2})}dx$

练习十三

班级：＿＿＿＿＿＿＿＿＿　姓名：＿＿＿＿＿＿＿＿＿　学号：＿＿＿＿＿＿＿＿＿

一、计算下列各题

1. $\int \sin(2x-5)\,\mathrm{d}x$

2. $\int \cos^3 x \sin x\,\mathrm{d}x$

3. $\int \frac{(\ln x)^3}{x}\,\mathrm{d}x$

4. $\int x \sin x^2\,\mathrm{d}x$

5. $\int \sqrt{3x+2}\,\mathrm{d}x$

6. $\int \frac{1}{3-4x}\,\mathrm{d}x$

7. $\int \left[\frac{1}{(2t-5)^2} + \frac{1}{t+1} \right]\mathrm{d}t$

8. $\int \frac{\ln^2(x+1)}{x+1}\,\mathrm{d}x$

二、选做题

1. $\displaystyle\int \frac{1}{(x+1)(x-2)}\mathrm{d}x$

2. $\displaystyle\int \frac{2}{x^2}\cos\frac{1}{x}\mathrm{d}x$

3. $\displaystyle\int \frac{1}{\mathrm{e}^x + \mathrm{e}^{-x}}\mathrm{d}x$

练习十四

班级：_____ 姓名：_____ 学号：_____

一、求下列不定积分

1. $\displaystyle\int x^2\sqrt{1+x}\,\mathrm{d}x$

2. $\displaystyle\int\frac{1}{1+\sqrt{2x-1}}\mathrm{d}x$

3. $\displaystyle\int\frac{1}{\sqrt{x}+\sqrt[3]{x}}\,\mathrm{d}x$

4. $\displaystyle\int\frac{x}{\sqrt{x-1}}\mathrm{d}x$

5. $\int \dfrac{x}{\sqrt[3]{1-x}}\mathrm{d}x$

二、选做题

1. $\int \dfrac{\sqrt[3]{x}}{x\left(\sqrt{x}+\sqrt[3]{x}\right)}\mathrm{d}x$

2. $\int \dfrac{2-\sqrt{2x+3}}{1-2x}\mathrm{d}x$

3. 设 $f'(\ln x)=1+x$，求 $f(x)$。

练习十五

一、求下列不定积分

1. $\int x \sin x \, \mathrm{d}x$

2. $\int x^2 \ln x \, \mathrm{d}x$

3. $\int x \mathrm{e}^{-x} \, \mathrm{d}x$

4. $\int \ln(x-1) \, \mathrm{d}x$

5. $\int x \mathrm{e}^{2x} \, \mathrm{d}x$

6.* $\int \mathrm{e}^{\sqrt{x}} \, \mathrm{d}x$

二、选做题

1. $\int x\cos 2x\,\mathrm{d}x$

2. $\int \mathrm{e}^{\sqrt{2x-1}}\,\mathrm{d}x$

3. $\int x f''(x)\,\mathrm{d}x$

练习十六

班级：_____ 姓名：_____ 学号：_____

一、计算下列各题

1. $\displaystyle\int_0^2 (2x^2 - 3x + 1)\,\mathrm{d}x$

2. $\displaystyle\int_1^4 \frac{2x + 3\sqrt{x} - 1}{x}\,\mathrm{d}x$

3. $\displaystyle\int_0^1 \sqrt{x}\,(1 + 2\sqrt{x})^2\,\mathrm{d}x$

4. $\displaystyle\int_1^3 |x - 2|\,\mathrm{d}x$

5. $\displaystyle\int_0^1 \mathrm{e}^{2x+1}\,\mathrm{d}x$

二、计算题

设函数 $f(x) = \begin{cases} x^2+2, & x<0 \\ 3\sqrt{x}, & 0 \leqslant x < 3 \end{cases}$，求 $\int_{1}^{1} f(x) \mathrm{d}x$。

三、选做题

1. $\displaystyle\int_{-2}^{1} (2+|x+1|) \mathrm{d}x$。

2. 设函数 $f(x) = \begin{cases} x^2+1, & x \leqslant 1 \\ x-1, & x > 1 \end{cases}$，求 $\int_{0}^{2} f(x) \mathrm{d}x$。

3. 设 $f(x) = x + 2\displaystyle\int_{0}^{1} f(t) \mathrm{d}t$，其中 $f(x)$ 为连续函数，求 $f(x)$。

练习十七

班级：_____ 姓名：_____ 学号：_____

一、填空题

1. $\int_{-\pi}^{\pi} x^2 \sin x \, dx = $ _____ 。

2. $\int_{-1}^{1} \dfrac{x^2 \sin x}{1 + \cos x} dx = $ _____ 。

二、计算下列定积分

1. $\int_{0}^{3} \dfrac{1}{1 + \sqrt{x+1}} dx$ 。

2. $\int_{-1}^{1} \dfrac{dx}{\sqrt{5 - 4x}}$ 。

3. $\int_{0}^{3} \dfrac{x}{1 + \sqrt{1+x}} dx$ 。

三、计算下列定积分

1. $\int_{0}^{1} x e^{x} dx$ 。

2. $\int_{0}^{\frac{\pi}{2}} x \sin x \, dx$ 。

四、选做题

1. $\int_0^4 \dfrac{\sqrt{x}}{1+\sqrt{x}}\mathrm{d}x$。

2. $\int_0^8 \dfrac{1}{\sqrt[3]{x}+1}\mathrm{d}x$。

3. $\int_0^1 \mathrm{e}^{\sqrt{x}}\,\mathrm{d}x$。

4. $\int_{-1}^1 \mathrm{e}^{-x^2}\sin x\,\mathrm{d}x$。

练 习 十 八

班级：_____ 姓名：_____ 学号：_____

一、求由下列各曲线所围成的平面图形的面积

1. $y=x^2, x=1, x=3$ 以及 x 轴。

2. $xy=1, y=2, x=1$。

3. $y=x^2-1, y=x+1$。

二、求下列曲线所围成的图形绕 x 轴旋转所得的旋转体的体积

1. $y=x^2, x=1$ 以及 x 轴。

2. $y=x^2, y^2=8x$。

3. $y=x^2$，$y=-x^2+2$。

三、选做题

1. 求由曲线 $y=x^3$ 与直线 $y=4x$ 所围成的平面图形的面积。

2. 求由曲线 $y=\dfrac{1}{x}$，$y=x$ 与直线 $x=\dfrac{1}{2}$，$x=2$ 及 x 轴所围成的图形的面积。

3. 求由曲线 $y=x^2$ 与直线 $y=2x+3$ 所围成图形绕 x 轴旋转一周得到旋转体的体积。

练 习 十九

班级：_____ 姓名：_____ 学号：_____

一、求下列函数的一阶偏导数及全微分

1. $z = 2x\sin 2y$

2. $z = \ln(3x + 5y^2)$

3. $z = e^{2x - y^2}$

4. $z = x^{2y} + y^{3x}$

二、求下列函数的二阶偏导数

1. $z = xy^2 - 2x^3y + e^y$

2. $z = x^3y^2 + \ln y$

三、选做题

1. 求二元函数 $z = e^{xy}\sin x$ 的一阶偏导数及全微分。

2. 求二元函数 $z = \sqrt{\cos(xy)}$ 的一阶偏导数及全微分。

3. 求二元函数 $z = \ln(e^x + e^y)$ 的二阶偏导数。

$$= 2e^{\sqrt{x}}\left(\sqrt{x} - 1\right) + C$$

 练一练

求下列各不定积分。

(1) $\int x^2 \sin x \, \mathrm{d}x$；　　　(2) $\int e^x \cos x \, \mathrm{d}x$；　　　(3) $\int \cos\sqrt{x} \, \mathrm{d}x$。

习题 4.3

A. 基本题

1. 求下列不定积分。

(1) $\int x e^{2x} \, \mathrm{d}x$；　　　　　　(2) $\int x^2 \ln x \, \mathrm{d}x$；

(3) $\int x \cos 2x \, \mathrm{d}x$；　　　　　(4) $\int (x^2 - 1)\cos x \, \mathrm{d}x$。

B. 一般题

2. 求下列不定积分。

(1) $\int x \cos x \sin x \, \mathrm{d}x$；　　(2) $\int \ln^2 x \, \mathrm{d}x$；　　(3) $\int x^2 \, e^{-x} \, \mathrm{d}x$；　　(4) $\int \dfrac{\ln x}{x^2} \, \mathrm{d}x$。

C. 提高题

3. 求下列不定积分。

(1) $\int e^{\sqrt{2x-1}} \, \mathrm{d}x$；　　(2) $\int e^{-x} \cos x \, \mathrm{d}x$；　　(3) $\int \sec^3 x \, \mathrm{d}x$。

4. 如果函数 $f(x)$ 的一个原函数是 $\dfrac{\ln x}{x}$，试求 $\int x f'(x) \, \mathrm{d}x$。

4.4* 简单有理函数的积分

4.4.1　简单有理函数的积分

有理函数是指两个多项式之商的函数，即

$$\frac{P(x)}{Q(x)} = \frac{b_m x^m + b_{m-1} x^{m-1} + \cdots + b_1 x + b_0}{a_n x^n + a_{n-1} x^{n-1} + \cdots + a_1 x + a_0} \quad (a_n \neq 0, b_m \neq 0)$$

当 $m < n$ 时，称为有理真分式；当 $m \geqslant n$ 时，称为有理假分式。任何一个假分式都可以通过多项式除法化成一个多项式和一个真分式之和，例如：

$$\frac{x^5 + x - 1}{x^3 - x} = x^2 + 1 + \frac{2x - 1}{x^3 - x}$$

有理函数的积分就是多项式和真分式的积分。多项式的积分是很容易的,真分式的积分必须首先把有理真分式分解成部分分式之和,下面讨论怎样将真分式分解成部分分式之和。

n 次实系数多项式 $Q(x)$ 在实数范围内总可以分解成一次因式与二次因式的乘积。

当 $Q(x)$ 只有一次因式 $(x-a)^k$ 时,分解后有下列 k 个部分分式之和:

$$\frac{P(x)}{Q(x)}=\frac{A_1}{(x-a)^k}+\frac{A_2}{(x-a)^{k-1}}+\cdots+\frac{A_k}{x-a}$$

其中 $A_1,A_2,\cdots,A_k$ 为待定常数。

当 $Q(x)$ 只有二次因式 $(x^2+px+q)^s$,其中 $p^2-4q<0$,分解后有下列 S 个部分分式之和:

$$\frac{P(x)}{Q(x)}=\frac{M_1x+N_1}{(x^2+px+q)^s}+\frac{M_2x+N_2}{(x^2+px+q)^{s-1}}+\cdots+\frac{M_sx+N_s}{x^2+px+q}$$

其中 $M_1,M_2,\cdots,M_s,N_1,N_2,\cdots,N_s$ 为待定常数。

当 $Q(x)$ 既有因式 $(x-a)^k$ 又有因式 $(x^2+px+q)^s$ 时,分解后有下列 $k+S$ 个部分分式之和:

$$\frac{P(x)}{Q(x)}=\frac{A_1}{(x-a)^k}+\frac{A_2}{(x-a)^{k-1}}+\cdots+\frac{A_k}{x-a}+\frac{M_1x+N_1}{(x^2+px+q)^s}+$$

$$\frac{M_2x+N_2}{(x^2+px+q)^{s-1}}+\cdots+\frac{M_sx+N_s}{(x^2+px+q)}$$

例如

$$\frac{2x+3}{(x-1)^2(x^2+x+2)^2}=\frac{A_1}{(x-1)^2}+\frac{A_2}{x-1}+\frac{M_1x+N_1}{(x^2+x+2)^2}+\frac{M_2x+N_2}{x^2+x+2}$$

真分式经过上面的分解后,它的积分就容易求出了。

例 50 求 $\int\frac{x^5+x-1}{x^3-x}\mathrm{d}x$。

解 由多项式除法得 $\frac{x^5+x-1}{x^3-x}=x^2+1+\frac{2x-1}{x^3-x}$,

按真分式分解定理,可设 $\frac{2x-1}{x^3-x}=\frac{2x-1}{x(x-1)(x+1)}=\frac{A}{x}+\frac{B}{x-1}+\frac{C}{x+1}$,

去分母,得

$$2x-1=A(x^2-1)+Bx(x+1)+Cx(x-1)$$

合并同类项,得

$$2x-1=(A+B+C)x^2+(B-C)x-A$$

比较两端同次幂的系数,得方程组

$$\begin{cases}A+B+C=0\\B-C=2\\-A=-1\end{cases},解得\begin{cases}A=1\\B=\dfrac{1}{2}\\C=-\dfrac{3}{2}\end{cases}$$

于是,

$$\frac{2x-1}{x^3-x}=\frac{1}{x}+\frac{1}{2(x-1)}-\frac{3}{2(x+1)}$$

这种求待定常数 A、B、C 的方法称为待定系数法。

求 A、B、C 有更简捷的方法,在恒等式 $2x-1=A(x^2-1)+Bx(x+1)+Cx(x-1)$ 中,令 $x=0$,得 $A=1$;令 $x=1$,得 $B=\dfrac{1}{2}$;令 $x=-1$,得 $C=-\dfrac{3}{2}$。显然,求得 A、B、C 的值是相同的。

最后，原积分为

$$\int \frac{x^5+x-1}{x^3-x}dx = \int\Big[x^2+1+\frac{1}{x}+\frac{1}{2(x-1)}-\frac{3}{2(x+1)}\Big]dx$$

$$= \frac{1}{3}x^3+x+\ln|x|+\ln\sqrt{|x-1|}-\ln\Big|(x+1)\sqrt{|x+1|}\Big|+C$$

$$= \frac{1}{3}x^3+x+\ln\Big|\frac{x}{x+1}\sqrt{\frac{x-1}{x+1}}\Big|+C$$

例 51　求 $\int \frac{5x-3}{x^2-6x-7}dx$。

解　分解真分式

$$\frac{5x-3}{x^2-6x-7}=\frac{5x-3}{(x-7)(x+1)}=\frac{A}{x-7}+\frac{B}{x+1}$$

去分母，得

$$5x-3=A(x+1)+B(x-7)$$

令 $x=7$，得 $A=4$；令 $x=-1$，得 $B=1$，故有

$$\frac{5x-3}{x^2-6x-7}=\frac{4}{x-7}+\frac{1}{x+1}$$

两端求积分得

$$\int \frac{5x-3}{x^2-6x-7}dx = \int\Big(\frac{4}{x-7}+\frac{1}{x+1}\Big)dx$$

$$= 4\ln|x-7|+\ln|x+1|+C$$

$$= \ln|(x-7)^4(x+1)|+C$$

4.4.2　三角函数有理式的积分

对三角函数（$\sin x$ 或 $\cos x$）只施行四则运算得到的式子称为三角函数有理式，记为 $R(\sin x,\cos x)$。它的积分记为

$$\int R(\sin x,\cos x)dx$$

下面我们就来解决这个积分问题。

因为 $\sin x=\dfrac{2\tan\frac{x}{2}}{1+\tan^2\frac{x}{2}}$，$\cos x=\dfrac{1-\tan^2\frac{x}{2}}{1+\tan^2\frac{x}{2}}$，

所以可令 $\tan\frac{x}{2}=t$，$x=2\arctan t$，$dx=\dfrac{2dt}{1+t^2}$，$\sin x=\dfrac{2t}{1+t^2}$，$\cos x=\dfrac{1-t^2}{1+t^2}$。那么有

$$\int R(\sin x,\cos x)dx = \int R\Big(\frac{2t}{1+t^2},\frac{1-t^2}{1+t^2}\Big)\frac{2}{1+t^2}dt$$

显然，上式右端就是关于 t 的有理函数的积分了。

例 52　求 $\int \frac{1}{\sin x+\cos x}dx$。

解　令 $t=\tan\frac{x}{2}$，得

$$\int \frac{1}{\sin x + \cos x}\mathrm{d}x = \int \frac{1}{\dfrac{2t}{1+t^2} + \dfrac{1-t^2}{1+t^2}} \frac{2\mathrm{d}t}{1+t^2}$$

$$= \int \frac{2\mathrm{d}t}{1+2t-t^2}$$

$$= -2\int \frac{\mathrm{d}(1-t)}{2-(1-t)^2}$$

$$= \frac{\sqrt{2}}{2}\ln\left|\frac{1-t-\sqrt{2}}{1-t+\sqrt{2}}\right| + C$$

$$= \frac{\sqrt{2}}{2}\ln\left|\frac{1-\sqrt{2}-\tan\dfrac{x}{2}}{1+\sqrt{2}-\tan\dfrac{x}{2}}\right| + C$$

上述代换又称万能代换。这种代换虽然能普遍使用,但是不一定是最简捷的代换,有些三角函数有理式积分采用其他方法更容易。

例 53　求 $\displaystyle\int \frac{\cos x - \sin x}{\sin x + \cos x}\mathrm{d}x$。

解　凑微分很快求出积分,即

$$\int \frac{\cos x - \sin x}{\sin x + \cos x}\mathrm{d}x = \int \frac{1}{\sin x + \cos x}\mathrm{d}(\sin x + \cos x) = \ln|\sin x + \cos x| + C$$

最后我们尚需指出,初等函数在其定义域内必存在原函数,但是某些初等函数的原函数却不再是初等函数,例如 $\displaystyle\int \mathrm{e}^{-x^2}\mathrm{d}x$,$\displaystyle\int \frac{\mathrm{d}x}{\ln x}$,$\displaystyle\int \frac{\sin x}{x}\mathrm{d}x$,$\displaystyle\int \frac{\mathrm{d}x}{\sqrt{1+x^4}}$,$\displaystyle\int \frac{\cos x}{x}\mathrm{d}x$,$\displaystyle\int \sin x^2\,\mathrm{d}x$,$\displaystyle\int x^\alpha \mathrm{e}^{-x}\mathrm{d}x$($\alpha$ 不是整数)等。它们的原函数就都不是初等函数,我们常称这些积分是"积不出来"的。

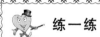

练一练

求下列各不定积分。

(1) $\displaystyle\int \frac{x^2}{1-x^2}\mathrm{d}x$;　　　(2) $\displaystyle\int \frac{x-5}{x^2+2x-3}\mathrm{d}x$;　　　(3) $\displaystyle\int \frac{\sin x + 1}{\sin x(\cos x + 1)}\mathrm{d}x$。

习题 4.4

A. 基本题

1.求下列不定积分。

(1) $\displaystyle\int \frac{1}{(1+x)(2+x)}\mathrm{d}x$;　　　　　(2) $\displaystyle\int \frac{x+3}{x^2-5x+6}\,\mathrm{d}x$;

(3) $\displaystyle\int \frac{4x-2}{x^2-2x+5}\,\mathrm{d}x$;　　　　　(4) $\displaystyle\int \frac{x^3-4x^2+2x+9}{x^2-5x+6}\,\mathrm{d}x$。

B. 一般题

2. 求下列不定积分。

(1) $\displaystyle\int \frac{\sin x}{1-\sin x}\,\mathrm{d}x$；

(2) $\displaystyle\int \frac{\mathrm{d}x}{2\sin x-\cos x+5}$；

(3) $\displaystyle\int \frac{1}{1+2\tan x}\,\mathrm{d}x$；

(4) $\displaystyle\int \frac{1}{1+\cos x}\,\mathrm{d}x$。

C. 提高题

3. 求下列不定积分。

(1) $\displaystyle\int \frac{x-1}{(x^2-2x+5)^2}\,\mathrm{d}x$；

(2) $\displaystyle\int \frac{x^2+1}{x(x-1)^2}\,\mathrm{d}x$。

复习题 4

（历年专插本考试真题）

一、单项选择题

1. (2009/4) 积分 $\displaystyle\int \cos x f'(1-2\sin x)\,\mathrm{d}x = (\qquad)$。

A. $2f(1-2\sin x)+C$ 　　　　　　　　B. $\dfrac{1}{2}f(1-2\sin x)+C$

C. $-2f(1-2\sin x)+C$ 　　　　　　　D. $-\dfrac{1}{2}f(1-2\sin x)+C$

2. (2008/4) 下列函数中，不是 $e^{2x}-e^{-2x}$ 的原函数的是（　　）。

A. $\dfrac{1}{2}(e^x+e^{-x})^2$ 　　　　　　　B. $\dfrac{1}{2}(e^x-e^{-x})^2$

C. $\dfrac{1}{2}(e^{2x}+e^{-2x})$ 　　　　　　　D. $\dfrac{1}{2}(e^{2x}-e^{-2x})$

3. (2007/3) 设 $F(x)$ 是 $f(x)$ 在 $(0,+\infty)$ 内的一个原函数,下列等式不成立的是（　　）。

A. $\displaystyle\int \frac{f(\ln x)}{x}\,\mathrm{d}x = F(\ln x)+C$ 　　　B. $\displaystyle\int \cos x f(\sin x)\,\mathrm{d}x = F(\sin x)+C$

C. $\displaystyle\int 2x f(x^2+1)\,\mathrm{d}x = F(x^2+1)+C$ 　　D. $\displaystyle\int 2^x f(2^x)\,\mathrm{d}x = F(2^x)+C$

4. （2005/2）设 $f(x)$ 是在 $(-\infty,+\infty)$ 上的连续函数,且 $\displaystyle\int f(x)\,\mathrm{d}x = e^{x^2}+C$,则 $\displaystyle\int \frac{f(\sqrt{x})}{\sqrt{x}}\,\mathrm{d}x = (\qquad)$。

A. $-2e^{x^2}$ 　　　B. $2e^x+C$ 　　　C. $-\dfrac{1}{2}e^{x^2}+C$ 　　　D. $\dfrac{1}{2}e^x+C$

5. （2004/6）若 $I=\displaystyle\int \frac{1}{3+2x}\,\mathrm{d}x$,则 $I=(\qquad)$。

A. $\dfrac{1}{2}\ln|3+2x|+C$ 　　　　　　B. $\dfrac{1}{2}\ln(3+2x)+C$

C. $\ln|3+2x|+C$ 　　　　　　　　　D. $\ln(3+2x)+C$

二、填空题

1. （2003/一.8）$f(x)$ 的一个原函数为 xe^{-x},则 $f(x)=$ _____。

2. (2001/一.6) 计算 $\int x^2 f(x^3) \cdot f'(x^3)\mathrm{d}x = $ _____ 。

三、计算题

1. (2011/14) 计算不定积分 $\int \dfrac{1}{x^2 \sqrt{x^2-1}}\mathrm{d}x(x>1)$ 。

2. (2010/14) 计算不定积分 $\int \dfrac{\cos x}{1-\cos x}\mathrm{d}x$ 。

3. (2009/14) 计算不定积分 $\int \arctan \sqrt{x}\,\mathrm{d}x$ 。

4. (2008/14) 求不定积分 $\int \dfrac{\sin x + \sin^2 x}{1+\cos x}\,\mathrm{d}x$ 。

5. (2007/14) 计算不定积分 $\int \left[2^x - \dfrac{1}{(3x+2)^3} + \dfrac{1}{\sqrt{4-x^2}} \right]\mathrm{d}x$ 。

6. (2006/12) 计算不定积分 $\int \dfrac{\mathrm{d}x}{\sqrt{x(1-x)}}$ 。

7. (2005/15) 计算不定积分 $\int \left(\dfrac{1}{\sqrt[3]{x}} - \dfrac{1}{x} + 3^x + \dfrac{1}{\sin^2 x} \right)\mathrm{d}x$ 。

8. (2003/ 二.3) $\int \dfrac{\sin x}{\cos^2 x}\mathrm{d}x$ 。

第5章 定积分及其应用

在科学技术和经济学的许多问题中,经常需要计算某些"和式的极限",定积分就是从各种计算"和式的极限"问题中抽象出的数学概念,它与不定积分是两个不同的数学概念。但是,微积分基本定理则把这两个概念联系起来,解决了定积分的计算问题,使定积分得到广泛的应用。本章首先从几何问题和物理问题引出定积分的概念,然后讨论它的性质和计算方法,最后介绍它的简单应用。

5.1 定积分的定义及性质

定积分是一元函数积分学的又一个基本问题,它在科技及经济领域中都有非常广泛的应用。我们首先从几何问题和物理问题引出定积分的概念,再介绍它的性质。

5.1.1 引例

1. 曲边梯形的面积

所谓曲边梯形是指由连续曲线 $y=f(x)(f(x)\geqslant 0)$ 与直线 $x=a$, $x=b(b>a)$ 及 x 轴所围成的图形。其底边所在的区间是 $[a,b]$,如图 5-1 所示。

前面曾介绍过利用圆内接正多边形的面积去逼近圆面积,当内接正多边形的边数很大时,每个小扇形的面积可以用三角形面积近似计算,让内接正多边形的边数无限增大,取极限,即得到圆面积的值。沿着这一思路,下面讨论曲边梯形的面积。

我们已经有矩形、三角形、梯形等图形的面积计算公式,如何用这些图形的面积来计算曲边梯形的面积呢?考虑到 $f(x)$ 的连续性,当自变量的变化很小时,函数的变化也很小。于是若把曲边梯形分成许多小块,在每一小块上,函数的高变化很小,可

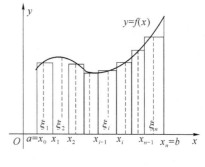

图 5-1

近似地看作不变,即用一系列小矩形的面积近似代替小曲边梯形的面积,从而得到小曲边梯形面积的近似值,再将这些小曲边梯形的面积近似值相加,得到整个曲边梯形面积的近似值。分得越细,面积的近似程度越高,这样无限细分下去,让每一个小曲边梯形的底边长度都趋于零,这时所有小矩形面积和的极限就是所求曲边梯形的面积。通常地讲,其基本思想是"化整为

零"、"积零为整",具体分为四个步骤。

（1）分割（大化小）：在区间$[a,b]$中任意插入若干个分点

$$a=x_0<x_1<x_2\cdots<x_{n-1}<x_n=b,把[a,b]分成 n 个小区间$$

$$[x_0,x_1],[x_1,x_2],\cdots[x_{n-1},x_n]$$

它们的长度依次为

$$\Delta x_1=x_1-x_0,\Delta x_2=x_2-x_1,\cdots,\Delta x_n=x_n-x_{n-1}$$

过各分点 x_i 作平行于 y 轴的直线，这些直线把曲边梯形分成 n 个小曲边梯形，其中第 i 个小曲边梯形的面积记为

$$\Delta A_i(i=1,2,\cdots,n)$$

则有

$$A=\Delta A_1+\Delta A_2+\cdots+\Delta A_i+\cdots+\Delta A_n$$

（2）局部近似代替（常代变）：用小矩形面积近似代替小曲边梯形面积，在第 i 个小区间 $[x_{i-1},x_i]$ 上任意选取一点 $\xi_i(i=1,2,\cdots,n)$，用 ξ_i 点的高 $f(\xi_i)$ 代替第 i 个小曲边梯形的底边 $[x_{i-1},x_i]$ 上各点的高，即以 $[x_{i-1},x_i]$ 作底，$f(\xi_i)$ 为高的小矩形的面积近似代替第 i 个小曲边梯形的面积 ΔA_i，于是

$$\Delta A_i\approx f(\xi_i)\Delta x_i(i=1,2,\cdots,n)$$

（3）求和（近似和）：把 n 个小矩形面积相加（即阶梯形面积）就得到曲边梯形面积 A 的近似值。即

$$A\approx f(\xi_1)\Delta x_1+f(\xi_2)\Delta x_2+\cdots+f(\xi_n)\Delta x_n$$

$$=\sum_{i=1}^{n}f(\xi_i)\Delta x_i$$

（4）取极限：从直观上看，分点越多，即分割越细，$\sum\limits_{i=1}^{n}f(\xi_i)\Delta x_i$ 就越接近于曲边梯形的面积，为了保证全部 Δx_i 都无限缩小，使得分割无限加细，显然只须要求小区间长度中的最大值 $\lambda=\max\limits_{1\leqslant i\leqslant n}\{\Delta x_i\}$ 趋向于零，这时，和式 $\sum\limits_{i=1}^{n}f(\xi_i)\Delta x_i$ 的极限（如果存在）就是曲边梯形面积 A 的精确值，即

$$A=\lim_{\lambda\to 0}\sum_{i=1}^{n}f(\xi_i)\Delta x_i$$

可见，曲边梯形的面积是一个和式的极限。

2. 变速直线运动的路程

设物体做直线运动，速度 $v(t)$ 是时间 t 的连续函数，且 $v(t)\geqslant 0$。求物体在时间间隔$[a,b]$内所经过的路程 s。

由于速度 $v(t)$ 随时间的变化而变化，因此不能用匀速直线运动的公式

$$路程＝速度\times 时间$$

来计算物体做变速运动的路程。但由于 $v(t)$ 连续，当 t 的变化很小时，速度的变化也非常小，因此在很小的一段时间内，变速运动可以近似看成等速运动。又因为时间区间$[a,b]$可以划分为若干个微小的时间区间之和，所以，可以与前述面积问题一样，采用分割、近似、求和、取极限的方法来求变速直线运动的路程。

（1）分割时间区间（大化小）：用分点 $a=t_0<t_1<t_2<\cdots<t_n=b$ 将时间区间$[a,b]$分成 n 个小区间$[t_{i-1},t_i](i=1,2,\cdots,n)$，其中第 i 个时间段的长度为 $\Delta t_i=t_i-t_{i-1}$，物体在此时间段内经过的路程为 Δs_i。

（2）局部近似代替（常代变）：当 Δt_i 很小时，在 $[t_{i-1},t_i]$ 上任取一点 ξ_i，以 $v(\xi_i)$ 来替代 $[t_{i-1},t_i]$ 上各时刻的速度，则 $\Delta s_i \approx v(\xi_i) \cdot \Delta t_i$。

（3）求和（近似和）：在每个小区间上用同样的方法求得路程的近似值，再求和，得

$$s = \sum_{i=1}^{n} \Delta s_i \approx \sum_{i=1}^{n} v(\xi_i) \Delta t_i$$

（4）取极限：令 $\lambda = \max_{1 \leqslant i \leqslant n}\{\Delta t_i\}$，则当 $\lambda \to 0$ 时，上式右端的和式作为 s 近似值的误差会趋于 0，因此

$$s = \lim_{\lambda \to 0} \sum_{i=1}^{n} v(\xi_i) \Delta t_i$$

可见，变速直线运动的路程也是一个和式的极限。

5.1.2　定积分的定义

从上面两个例子可以看到，虽然我们所要计算的量的实际意义不同，前者是几何量，后者是物理量，但是计算这些量的思想方法和步骤都是相同的，并且最终归结为求一个和式的极限：

$$\text{面积}\qquad S = \lim_{\lambda \to 0} \sum_{i=1}^{n} f(\xi_i) \Delta x_i$$

$$\text{路程}\qquad s = \lim_{\lambda \to 0} \sum_{i=1}^{n} v(\xi_i) \Delta t_i$$

类似于这样的实际问题还有很多，抛开这些问题的具体意义，抓住它们在数量关系上共同的本质与特性加以概括，我们就可以抽象出下述定积分定义。

定义 1　设函数 $y = f(x)$ 在 $[a,b]$ 上有界，在 $[a,b]$ 中任意插入若干个分点

$$a = x_0 < x_1 < x_2 \cdots < x_{n-1} < x_n = b$$

把区间 $[a,b]$ 分成个小区间 $[x_0,x_1]$，$[x_1,x_2]$，$\cdots$，$[x_{n-1},x_n]$，
各个小区间的长度依次为

$$\Delta x_1 = x_1 - x_0, \Delta x_2 = x_2 - x_1, \cdots, \Delta x_n = x_n - x_{n-1}$$

在每个小区间 $[x_{i-1},x_i]$ 上任取一点 $\xi_i (i=1,2,\cdots,n)$，$x_{i-1} \leqslant \xi_i \leqslant x_i$，作函数值 $f(\xi_i)$ 与小区间长度 Δx_i 的乘积 $f(\xi_i)\Delta x_i (i=1,2,\cdots,n)$，并作出和

$$\sum_{i=1}^{n} f(\xi_i) \Delta x_i$$

记 $\lambda = \max\{\Delta x_1, \Delta x_2, \cdots, \Delta x_n\}$，如果不论对 $[a,b]$ 怎样分法，也不论在小区间 $[x_{i-1},x_i]$ 上点 ξ_i 怎样取法，只要当 $\lambda \to 0$ 时，上面的和式有确定的极限，那么我们称这个极限为函数 $y = f(x)$ 在区间 $[a,b]$ 上的定积分，记为 $\int_a^b f(x)\mathrm{d}x$，即

$$\int_a^b f(x)\mathrm{d}x = \lim_{\lambda \to 0} \sum_{i=1}^{n} f(\xi_i) \Delta x_i$$

其中 $f(x)$ 称为被积函数，$f(x)\mathrm{d}x$ 称为被积表达式，x 称为积分变量，a,b 分别称为积分下限与积分上限，$[a,b]$ 称为积分区间。

如果定积分 $\int_a^b f(x)\mathrm{d}x$ 存在，则称 $f(x)$ 在 $[a,b]$ 上可积。

利用定积分的定义，前面所讨论的两个实际问题可以分别表述如下。

（1）曲边梯形的面积 A 等于其曲边函数 $y = f(x)$ 在其底边所在的区间 $[a,b]$ 上的定积分：

$$A = \int_a^b f(x)\mathrm{d}x$$

(2) 变速直线运动的物体所经过的路程 s 等于其速度函数 $v=v(t)$ 在时间区间 $[a,b]$ 上的定积分：

$$s = \int_a^b v(t)\mathrm{d}t$$

注意：

(1) 定积分只与被积函数 $f(x)$ 及积分区间 $[a,b]$ 有关，而与积分变量无关。如果不改变被积函数和积分区间，而只把积分变量 x 换成其他字母，例如 t 或 u，定积分的值不变，即

$$\int_a^b f(x)\mathrm{d}x = \int_a^b f(t)\mathrm{d}t = \int_a^b f(u)\mathrm{d}u$$

换言之，定积分中积分变量符号的更换不影响它的值。

(2) 在上述定积分的定义中要求 $a<b$，为了今后运算方便，我们给出以下的补充规定：

$$\int_a^b f(x)\mathrm{d}x = -\int_b^a f(x)\mathrm{d}x \quad (a>b)$$

$$\int_a^a f(x)\mathrm{d}x = 0$$

5.1.3　定积分的几何意义

1. 在 $[a,b]$ 上 $f(x)\geqslant 0$

在 $[a,b]$ 上当 $f(x)\geqslant 0$ 时，定积分 $\int_a^b f(x)\mathrm{d}x$ 的数值在几何上表示由连续曲线 $y=f(x)$，直线 $x=a$，$x=b$ 和 x 轴所围成的曲边梯形的面积，即 $\int_a^b f(x)\mathrm{d}x = S$。

2. 在 $[a,b]$ 上 $f(x)\leqslant 0$

在 $[a,b]$ 上当 $f(x)\leqslant 0$ 时，和式 $\sum_{i=1}^n f(\xi_i)\Delta x_i$ 的每一项 $f(\xi_i)\Delta x_i \leqslant 0$，此时定积分 $\int_a^b f(x)\mathrm{d}x$ 的数值在几何上表示由连续曲线 $y=f(x)$，直线 $x=a$，$x=b$ 和 x 轴所围成的曲边梯形的面积的负值，即 $\int_a^b f(x)\mathrm{d}x = -S$，如图 5-2 所示。

3. 在 $[a,b]$ 上 $f(x)$ 有正有负

在 $[a,b]$ 上 $f(x)$ 有正有负时，正的区间上定积分值取面积的正值，负的区间上定积分值取面积的负值，然后把这些值加起来，即 $\int_a^b f(x)\mathrm{d}x = S_1 - S_2 + S_3$，如图 5-3 所示。

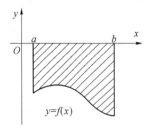

图 5-2

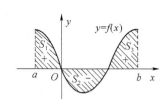

图 5-3

由上面的分析可以得到如下结果：

若规定 x 轴上方的面积为正,下方的面积为负,定积分 $\int_a^b f(x)\mathrm{d}x$ 的几何意义为：它的数值可以用曲边梯形的面积的代数和来表示。

例 1 利用定积分的几何意义,计算定积分 $\int_{-1}^1 \sqrt{1-x^2}\,\mathrm{d}x$ 的值。

解 注意到所求定积分代表上半圆 $y=\sqrt{1-x^2}$ 与 x 轴围成平面图形的面积。显然,这块面积是半径为 1 的圆面积的 $\dfrac{1}{2}$,因此,所求定积分的值为

$$\int_{-1}^1 \sqrt{1-x^2}\,\mathrm{d}x = \frac{\pi}{2}$$

对于定积分,有这样一个重要问题：什么函数是可积的？ 这个问题不作深入讨论,而只是直接给出下面的定积分存在定理。

定理 1 如果函数 $f(x)$ 在 $[a,b]$ 上连续,则函数 $y=f(x)$ 在 $[a,b]$ 上可积。

证明从略。

这个定理在直观上是很容易接受的：如图 5-3 所示,由定积分的几何意义可知,若 $f(x)$ 在 $[a,b]$ 上连续,则由曲线 $y=f(x)$,直线 $x=a$,$x=b$ 和 x 轴所围成的曲边梯形面积的代数和是一定存在的,即定积分 $\int_a^b f(x)\mathrm{d}x$ 一定存在。

练一练

利用定积分的几何意义,计算下列定积分的值。

(1) $\int_{-a}^a \sqrt{a^2-x^2}\,\mathrm{d}x$ $(a>0)$； (2) $\int_0^1 \sqrt{1-x^2}\,\mathrm{d}x$

5.1.4 定积分的基本性质

下面假定各函数在闭区间 $[a,b]$ 上连续,而对 a,b 的大小不加限制(特别情况除外)。

性质 1 函数的和(差)的定积分等于它们的定积分的和(差),即

$$\int_a^b [f(x)\pm g(x)]\mathrm{d}x = \int_a^b f(x)\mathrm{d}x \pm \int_a^b g(x)\,\mathrm{d}x$$

这个性质可以推广到有限个连续函数的代数和的定积分。

性质 2 被积函数的常数因子可以提到积分号外面,即

$$\int_a^b kf(x)\mathrm{d}x = k\int_a^b f(x)\mathrm{d}x$$

性质 3 如果在区间 $[a,b]$ 上,$f(x)=1$,那么有

$$\int_a^b 1\cdot\mathrm{d}x = \int_a^b \mathrm{d}x = b-a$$

以上三条性质可用定积分定义和极限运算法则导出。

证明从略。

例 2 已知 $\int_0^{\frac{\pi}{2}} \sin x \mathrm{d}x = 1$，求 $\int_0^{\frac{\pi}{2}} (3\sin x - 2) \mathrm{d}x$。

解 根据定积分的性质 1、性质 2、性质 3 可知

$$\int_0^{\frac{\pi}{2}} (3\sin x - 2) \mathrm{d}x = 3\int_0^{\frac{\pi}{2}} \sin x \mathrm{d}x - 2\int_0^{\frac{\pi}{2}} \mathrm{d}x = 3 \times 1 - 2\left(\frac{\pi}{2} - 0\right) = 3 - \pi$$

性质 4 如果把区间 $[a,b]$ 分为 $[a,c]$ 和 $[c,b]$ 两个区间,不论 a,b,c 的大小顺序如何,总有

$$\int_a^b f(x)\mathrm{d}x = \int_a^c f(x)\mathrm{d}x + \int_c^b f(x)\ \mathrm{d}x$$

这性质表明定积分对于积分区间具有可加性(如图 5-4 所示)。

性质 5 如果在区间 $[a,b]$ 上,$f(x) \leqslant \psi(x)$,那么有

$$\int_a^b f(x)\mathrm{d}x \leqslant \int_a^b \psi(x)\mathrm{d}x$$

性质 4 和性质 5 的几何意义是明显的,读者可自证(如图 5-5 所示)。

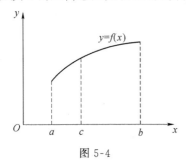

图 5-4

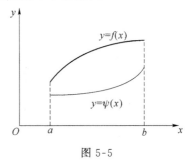

图 5-5

例 3 比较下列定积分 $\int_{-2}^0 \mathrm{e}^x \mathrm{d}x$ 和 $\int_{-2}^0 x \mathrm{d}x$ 的大小。

解 令 $f(x) = \mathrm{e}^x - x, x \in [-2,0]$。可证 $f(x) > 0$,故 $\int_{-2}^0 f(x)\mathrm{d}x > 0$,即

$$\int_{-2}^0 (\mathrm{e}^x - x)\mathrm{d}x > 0$$

故

$$\int_{-2}^0 \mathrm{e}^x \mathrm{d}x > \int_{-2}^0 x \mathrm{d}x$$

注： $f'(x) = \mathrm{e}^x - 1 < 0, x \in [-2,0], f(0) = 1, f(x) > f(0) = 1 > 0$。

性质 6 (**估值定理**)设函数 $f(x)$ 在区间 $[a,b]$ 上的最小值与最大值分别为 m 与 M,则

$$m(b-a) \leqslant \int_a^b f(x)\mathrm{d}x \leqslant M(b-a)$$

证 因为 $m \leqslant f(x) \leqslant M$,由性质 5 得

$$\int_a^b m \mathrm{d}x \leqslant \int_a^b f(x)\mathrm{d}x \leqslant \int_a^b M \mathrm{d}x$$

即

$$m\int_a^b \mathrm{d}x \leqslant \int_a^b f(x)\mathrm{d}x \leqslant M\int_a^b \mathrm{d}x$$

故

$$m(b-a) \leqslant \int_a^b f(x)\mathrm{d}x \leqslant M(b-a)$$

利用这个性质,由被积函数在积分区间上的最小值及最大值,可以估计出积分值的大致范围。

例 4　试估计定积分 $\int_{-\pi}^{\pi}(\cos x+2)\mathrm{d}x$ 的范围。

解　先求被积函数 $f(x)=\cos x+2$ 的最大值与最小值：

由 $f'(x)=-\sin x$ 得驻点为 $x=0$，比较函数 $f(x)$ 在驻点及区间端点处的值：

$$f(0)=3,f(-\pi)=f(\pi)=1，从而 M=3,m=1$$

于是由性质 6 得

$$1(\pi+\pi)\leqslant\int_{-\pi}^{\pi}f(x)\mathrm{d}x\leqslant 3(\pi+\pi)，即$$

$$2\pi\leqslant\int_{-\pi}^{\pi}(\cos x+2)\mathrm{d}x\leqslant 6\pi$$

性质 7　（**定积分中值定理**）如果函数 $f(x)$ 在区间 $[a,b]$ 上连续，则在 $[a,b]$ 内至少存在一点 ξ，使下式成立：

$$\int_{a}^{b}f(x)\mathrm{d}x=f(\xi)(b-a),\xi\in[a,b]$$

这个公式称为积分中值公式。

证　把性质 6 的不等式两端除以 $b-a$，得

$$m\leqslant\frac{1}{b-a}\int_{a}^{b}f(x)\mathrm{d}x\leqslant M$$

由于 $f(x)$ 在闭区间 $[a,b]$ 上连续，而 $\frac{1}{b-a}\int_{a}^{b}f(x)\mathrm{d}x$ 介于 $f(x)$ 的最小值 m 与最大值 M 之间，故根据连续函数的介值定理，在 $[a,b]$ 上至少存在一点 ξ，使 $f(\xi)=\frac{1}{b-a}\int_{a}^{b}f(x)\mathrm{d}x$，即

$$\int_{a}^{b}f(x)\mathrm{d}x=f(\xi)(b-a)$$

显然，积分中值公式不论 $a<b$ 或 $a>b$ 都是成立的。公式中，$f(\xi)=\frac{1}{b-a}\int_{a}^{b}f(x)\mathrm{d}x$ 称为函数 $f(x)$ 在区间 $[a,b]$ 上的平均值。

这个定理有明显的几何意义：对曲边连续的曲边梯形，总存在一个以 $b-a$ 为底，以 $[a,b]$ 上一点 ξ 的纵坐标 $f(\xi)$ 为高的矩形，其面积就等于曲边梯形的面积，如图 5-6 所示。

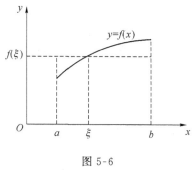

图 5-6

习题 5.1

A. 基本题

1. 利用定积分表示由抛物线 $y=x^2+1$，两直线 $x=-1,x=2$ 及横轴所围成的图形的

面积。

2. 已知 $\int_0^2 x^2 \mathrm{d}x = \dfrac{8}{3}, \int_0^2 x \mathrm{d}x = 2$，计算下列各式的值。

(1) $\int_0^2 (x+1)^2 \mathrm{d}x$；

(2) $\int_0^2 (x-\sqrt{3})(x+\sqrt{3}) \mathrm{d}x$。

B. 一般题

3. 利用定积分的几何意义说明下列等式。

(1) $\int_0^1 2x \mathrm{d}x = 1$；   (2) $\int_0^a \sqrt{a^2 - x^2} \mathrm{d}x = \dfrac{\pi}{4} a^2 \quad (a > 0)$；

(3) $\int_{-\pi}^{\pi} \sin x \mathrm{d}x = 0$；   (4) $\int_{-\frac{\pi}{2}}^{\frac{\pi}{2}} \cos x \mathrm{d}x = 2\int_0^{\frac{\pi}{2}} \cos x \mathrm{d}x$。

4. 估计下列积分的值。

(1) $\int_0^1 \mathrm{e}^x \mathrm{d}x$；   (2) $\int_1^4 (x^2 + 1) \mathrm{d}x$。

5. 根据定积分的性质，比较各对积分值的大小。

(1) $\int_0^1 x^2 \mathrm{d}x$, $\int_0^1 x^3 \mathrm{d}x$；   (2) $\int_1^2 \ln x \mathrm{d}x$, $\int_1^2 (\ln x)^2 \mathrm{d}x$；

(3) $\int_0^1 \mathrm{e}^x \mathrm{d}x$, $\int_0^1 (1+x) \mathrm{d}x$；   (4) $\int_0^{\frac{\pi}{2}} x \mathrm{d}x$, $\int_0^{\frac{\pi}{2}} \sin x \mathrm{d}x$。

C. 提高题

6. 利用定积分定义计算 $\int_0^1 x^2 \mathrm{d}x$。

5.2 牛顿-莱布尼茨公式

定积分的定义是以一种特殊和的极限给出的，直接用定义计算定积分十分繁杂。本节先研究积分变上限的定积分及其求导定理，然后证明计算定积分的基本公式牛顿-莱布尼茨公式(微积分基本公式)。我们将发现，定积分与不定积分之间有密切的联系，从而可以用不定积分来计算定积分。

5.2.1 变上限的定积分及其导数

设函数 $f(x)$ 在区间 $[a,b]$ 上连续，若仅考虑定积分 $\int_a^b f(x)\mathrm{d}x$，则它是一个定数。若固定下限，让上限在区间 $[a,b]$ 上变动，即取 x 为区间 $[a,b]$ 上的任意一点，由于 $f(x)$ 在 $[a,b]$ 上连续，因而在 $[a,x]$ 上也连续，由定理 1 知 $f(x)$ 在 $[a,x]$ 可积，即积分 $\int_a^x f(x)\mathrm{d}x$ 存在，这个积分称为变上限的定积分，记作

$$\Phi(x) = \int_a^x f(x)\mathrm{d}x, \quad x \in [a,b]$$

这里 x 既是定积分的上限,又是积分变量。为避免混淆,把积分变量改用 t 表示。则上式改写为

$$\Phi(x) = \int_a^x f(t)\mathrm{d}t \quad (a \leqslant x \leqslant b)$$

变上限定积分 $\Phi(x)$,具有下面的重要性质:

定理 2　如果函数 $f(x)$ 在区间 $[a,b]$ 上连续,则变上限的定积分 $\Phi(x)$ 在 $[a,b]$ 上可导,且 $\Phi(x)$ 的导数等于被积函数在积分上限 x 处的值,即

$$\Phi'(x) = \left[\int_a^x f(t)\mathrm{d}t\right]' = f(x) \quad (a \leqslant x \leqslant b)$$

或者

$$\mathrm{d}\Phi(x) = \mathrm{d}\left(\int_a^x f(t)\mathrm{d}t\right) = f(x)\mathrm{d}x$$

证　如图 5-7 所示,给 x 以增量 Δx,则 $\Phi(x)$ 有增量为

$$\begin{aligned}
\Delta\Phi(x) &= \Phi(x + \Delta x) - \Phi(x) \\
&= \int_a^{x+\Delta x} f(t)\mathrm{d}t - \int_a^x f(t)\mathrm{d}t \\
&= \int_a^x f(t)\mathrm{d}t + \int_x^{x+\Delta x} f(t)\mathrm{d}t - \int_a^x f(t)\mathrm{d}t \\
&= \int_x^{x+\Delta x} f(t)\mathrm{d}t
\end{aligned}$$

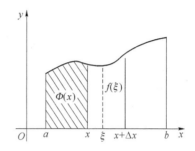

图 5-7

由积分中值定理得,在 $[x, x + \Delta x]$ 内必存在一点 ξ,使得

$$\Delta\Phi(x) = \int_x^{x+\Delta x} f(t)\mathrm{d}t = f(\xi)\Delta x$$

即

$$\frac{\Delta\Phi(x)}{\Delta x} = f(\xi)$$

当 $\Delta x \to 0$ 时,$\xi \to x$,根据 $f(x)$ 的连续性,得

$$\lim_{\Delta x \to 0} \frac{\Delta\Phi(x)}{\Delta x} = \lim_{\Delta x \to 0} f(\xi) = \lim_{\xi \to x} f(\xi) = f(x)$$

即

$$\Phi'(x) = f(x) \quad (a \leqslant x \leqslant b)$$

推论　若函数 $f(x)$ 在区间 $[a,b]$ 连续,则变上限的定积分 $\int_a^x f(t)\mathrm{d}t$ 是 $f(x)$ 在 $[a,b]$ 上的一个原函数。

由推论可知:连续函数必有原函数。由此证明了第 4 章给出的原函数存在定理。

例 5　求下列函数的导数。

(1) $\int_0^x \mathrm{e}^{-t}\mathrm{d}t$；
(2) $\int_x^1 \cos^2 t\,\mathrm{d}t$。

解　(1) $\left[\int_0^x \mathrm{e}^{-t}\mathrm{d}t\right]'_x = \mathrm{e}^{-t}\Big|_{t=x} = \mathrm{e}^{-x}$。

(2) $\left[\int_x^1 \cos^2 t\,\mathrm{d}t\right]'_x = \left[-\int_1^x \cos^2 t\,\mathrm{d}t\right]'_x = -\cos^2 x$。

例 6 设 $\Phi(x) = \displaystyle\int_0^{\sqrt{x}} \cos t^2 \, dt$，求 $\Phi'(x)$。

解 令 $u = \sqrt{x}$，则 $\Phi(x)$ 可以看作是函数 $\displaystyle\int_0^u \cos t^2 \, dt$ 和 $u = \sqrt{x}$ 复合而成的复合函数，由复合函数微分法及变上限定积分的导数公式，有

$$\Phi'(x) = \frac{d(\int_0^u \cos t^2 \, dt)}{du} \cdot \frac{du}{dx}$$

$$= \cos u^2 \cdot \frac{1}{2\sqrt{x}} = \frac{1}{2\sqrt{x}} \cos x$$

例 7 求 $\displaystyle\lim_{x \to 0} \frac{\int_{2x}^0 \sin t^2 \, dt}{x^3}$。

解 这是一个"$\dfrac{0}{0}$"型不定式，利用洛必达法则，有

$$\lim_{x \to 0} \frac{\int_{2x}^0 \sin t^2 \, dt}{x^3} = \lim_{x \to 0} \frac{(-\int_0^{2x} \sin t^2 \, dt)'}{(x^3)'}$$

$$= \lim_{x \to 0} \frac{-\sin (2x)^2 \cdot (2x)'}{3x^2} = \lim_{x \to 0} \frac{-2\sin 4x^2}{3x^2}$$

$$= -\frac{8}{3} \lim_{x \to 0} \frac{\sin 4x^2}{4x^2} = -\frac{8}{3}$$

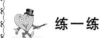 **练一练**

求下列函数的导数。

(1) $\displaystyle\int_0^x \sqrt{1+t^4} \, dt$；   (2) $\displaystyle\int_{\frac{\pi}{2}}^{x^2} \frac{\sin t}{t} \, dt$；   (3) $\displaystyle\int_{-x}^{2x} \sqrt{1+t^2} \, dt$。

5.2.2 牛顿-莱布尼茨公式

定理 3 设函数 $f(x)$ 在区间 $[a,b]$ 上连续，$F(x)$ 是 $f(x)$ 的一个原函数，则

$$\int_a^b f(x) \, dx = F(b) - F(a)$$

上述公式称为牛顿-莱布尼茨公式，也称为微积分基本公式。

证 $F(x)$ 是函数 $f(x)$ 的一个原函数，由定理 1 知函数 $\Phi(x) = \displaystyle\int_a^x f(t) \, dt$ 也是 $f(x)$ 的一个原函数，因此 $F(x) = \Phi(x) + C$，即

$$F(x) = \int_a^x f(t) \, dt + C \quad (a \leqslant x \leqslant b)$$

上式中令 $x = a$，得 $F(a) = C$，于是

$$F(x) = \int_a^x f(t) \, dt + F(a)$$

令 $x = b$，得 $F(b) = \displaystyle\int_a^b f(t) \, dt + F(a)$，即

$$\int_a^b f(t)\,\mathrm{d}t = F(b) - F(a) = F(x)\Big|_a^b$$

定理 3 称为微积分基本定理。它揭示了定积分与不定积分的内在联系,从而把定积分的计算问题转化为不定积分的计算问题。

例 8　计算 $\displaystyle\int_2^4 \frac{1}{x}\,\mathrm{d}x$。

解　$\displaystyle\int_2^4 \frac{1}{x}\,\mathrm{d}x = \ln|x|\,\Big|_2^4 = \ln 4 - \ln 2 = \ln 2$。

例 9　计算 $\displaystyle\int_0^1 \mathrm{e}^{2x}\,\mathrm{d}x$。

解　$\displaystyle\int_0^1 \mathrm{e}^{2x}\,\mathrm{d}x = \frac{1}{2}\int_0^1 \mathrm{e}^{2x}\,\mathrm{d}(2x) = \frac{1}{2}\mathrm{e}^{2x}\,\Big|_0^1 = \frac{1}{2}(\mathrm{e}^2 - 1)$。

例 10　计算 $\displaystyle\int_0^2 \frac{x}{\sqrt{1+x^2}}\,\mathrm{d}x$。

解　$\displaystyle\int_0^2 \frac{x}{\sqrt{1+x^2}}\,\mathrm{d}x = \frac{1}{2}\int_0^2 (1+x^2)^{-\frac{1}{2}}\,\mathrm{d}(1+x^2) = \frac{1}{2}\cdot 2\sqrt{1+x^2}\,\Big|_0^2 = \sqrt{5} - 1$

例 11　求 $\displaystyle\int_{-1}^3 |2-x|\,\mathrm{d}x$。

解　$|2-x| = \begin{cases} 2-x, & x \leqslant 2 \\ x-2, & x > 2 \end{cases}$。由区间可加性,得

$$\int_{-1}^3 |2-x|\,\mathrm{d}x = \int_{-1}^2 (2-x)\,\mathrm{d}x + \int_2^3 (x-2)\,\mathrm{d}x$$

$$= \left[2x - \frac{x^2}{2}\right]\Big|_{-1}^2 + \left[\frac{x^2}{2} - 2x\right]\Big|_2^3$$

$$= \frac{9}{2} + \frac{1}{2} = 5$$

例 12　如图 5-8 所示,求正弦曲线 $y = \sin x$ 在 $[0, \pi]$ 上与 x 轴所围成的平面图形的面积。

解　这个曲边梯形的面积

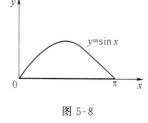

图 5-8

$$A = \int_0^\pi \sin x\,\mathrm{d}x$$

$$= \left[-\cos x\right]\Big|_0^\pi$$

$$= -(\cos\pi - \cos 0)$$

$$= 2$$

练一练

1. 计算:　(1) $\displaystyle\int_{-\frac{\pi}{4}}^{\frac{\pi}{4}} \sec^2 x\,\mathrm{d}x$;　(2) $\displaystyle\int_{-1}^1 \frac{x^2}{1+x^2}\,\mathrm{d}x$;　(3) $\displaystyle\int_{-1}^1 (x + \mathrm{e}^2)\,\mathrm{d}x$。

2. 求 $\displaystyle\int_0^3 f(x)\,\mathrm{d}x$,其中 $f(x) = \begin{cases} \sqrt{x}, & 0 \leqslant x < 1 \\ \mathrm{e}^x, & 1 \leqslant x \leqslant 3 \end{cases}$。

习 题 5.2

A. 基本题

1. 求下列各函数的导数。

(1) $\Phi(x) = \int_x^{-2} e^{2t} \sin t \, dt$；

(2) $\Phi(x) = \int_1^x t e^{\sqrt{t}} \, dt$；

(3) $\Phi(x) = \int_x^{x^2} e^{-t^2} \, dt$；

(4) $\Phi(x) = \int_{\cos x}^{\sin x} (1 - t^2) \, dt$。

2. 计算下列各定积分。

(1) $\int_1^3 x^3 \, dx$；

(2) $\int_0^a (3x^2 - x + 1) \, dx$；

(3) $\int_1^2 \left(x^2 + \dfrac{1}{x^4} \right) \, dx$；

(4) $\int_4^9 \sqrt{x} \, (1 + \sqrt{x}) \, dx$。

B. 一般题

3. 计算下列各定积分。

(1) $\int_0^4 \sqrt{x} \, (1 + \sqrt{x}) \, dx$；

(2) $\int_0^{\frac{\pi}{4}} \tan^2 \theta \, d\theta$；

(3) $\int_{-e-1}^{-2} \dfrac{1}{1 + x} \, dx$；

(4) $\int_0^{\pi} \cos^2 \dfrac{x}{2} \, dx$；

(5) $\int_0^{\frac{\pi}{2}} \left| \dfrac{1}{2} - \sin x \right| \, dx$。

4. 求下列极限：

(1) $\lim\limits_{x \to 0} \dfrac{\int_0^{x^2} \arctan \sqrt{t} \, dt}{x^2}$；

(2) $\lim\limits_{x \to \frac{\pi}{2}} \dfrac{\int_{\frac{\pi}{2}}^x \sin^2 t \, dt}{x - \dfrac{\pi}{2}}$；

(3) $\lim\limits_{x \to 1} \dfrac{\int_1^x \sin(t - 1) \, dt}{(x - 1)^2}$。

C. 提高题

5. 求函数 $y = \int_0^{x^2} e^{-t^2} \, dt$ 的极值。

6. 设 $f(x) = \begin{cases} x^2, & x \leqslant 1 \\ x - 1, & x > 1 \end{cases}$，求 $\int_0^2 f(x) \, dx$。

7. 函数 $f(x)$ 可导，且对任意的 x 都满足：$\int_0^x f(t) \, dt = f^2(x)$，试求 $f(x)$。

8. 设 $f(x) = x + 2 \int_0^1 f(t) \, dt$，其中 $f(x)$ 为连续函数，求 $f(x)$。

5.3 定积分的换元积分法与分部积分法

由牛顿-莱布尼茨公式可知,定积分的计算归结为求被积函数的原函数(即不定积分)。对应于不定积分的换元积分法和分部积分法,定积分也有相应的换元积分法和分部积分法,此时要注意积分上下限的处理。

5.3.1　定积分换元法

定理 4　假设

(1) 函数 $f(x)$ 在区间 $[a,b]$ 上连续;

(2) 函数 $x=\varphi(t)$ 在区间 $[\alpha,\beta]$ 上有连续且不变号的导数;

(3) 当 t 在 $[\alpha,\beta]$ 变化时, $x=\varphi(t)$ 的值在 $[a,b]$ 上变化, 且 $\varphi(\alpha)=a,\varphi(\beta)=b$,

则有

$$\int_a^b f(x)\mathrm{d}x = \int_\alpha^\beta f[\varphi(t)]\varphi'(t)\mathrm{d}t$$

本定理证明从略。上式称为定积分的换元公式,这里 α 不一定小于 β,应用公式时,必须注意变换 $x=\varphi(t)$ 应满足定理的条件,在改变积分变量的同时相应改变积分限,然后对新变量积分。即注意"换元的同时要换限"。

例 13　求定积分 $\int_0^4 \dfrac{\mathrm{d}x}{1+\sqrt{x}}$。

解　用定积分换元法。令 $\sqrt{x}=t$,则 $x=t^2,\mathrm{d}x=2t\mathrm{d}t$。

换限　$x=0 \longrightarrow t=0$,

$\qquad x=4 \longrightarrow t=2$,于是

$$\int_0^4 \frac{\mathrm{d}x}{1+\sqrt{x}} = \int_0^2 \frac{1}{1+t}\cdot 2t\mathrm{d}t = 2\int_0^2\left(1-\frac{1}{1+t}\right)\mathrm{d}t$$

$$= 2(t-\ln|1+t|)\Big|_0^2 = 4-2\ln 3$$

例 14　计算 $\int_1^2 \dfrac{\sqrt{x-1}}{x}\mathrm{d}x$。

解　令 $\sqrt{x-1}=t$,则 $x=1+t^2,\mathrm{d}x=2t\mathrm{d}t$。

换限　$x=1 \longrightarrow t=0$,

$\qquad x=2 \longrightarrow t=1$。

于是

$$\int_1^2 \frac{\sqrt{x-1}}{x}\mathrm{d}x = \int_0^1 \frac{t}{1+t^2}\cdot 2t\mathrm{d}t = 2\int_0^1\left(1-\frac{1}{1+t^2}\right)\mathrm{d}t$$

$$= 2(t-\arctan t)\Big|_0^1 = 2\left(1-\frac{\pi}{4}\right)$$

例 15　求定积分 $\int_0^{\frac{\pi}{2}} \cos^5 x \cdot \sin x\mathrm{d}x$。

解 1　令 $t=\cos x$,则 $\mathrm{d}t=-\sin x\mathrm{d}x$。

换限　$x=0 \longrightarrow t=1$,

$\qquad x=\dfrac{\pi}{2} \longrightarrow t=0$,

于是

$$\int_0^{\frac{\pi}{2}} \cos^5 x \cdot \sin x\mathrm{d}x = -\int_1^0 t^5\mathrm{d}t = -\frac{1}{6}t^6\Big|_1^0 = \frac{1}{6}$$

解 2 利用"凑微分法",得

$$\int_0^{\frac{\pi}{2}} \cos^5 x \cdot \sin x \mathrm{d}x = -\int_0^{\frac{\pi}{2}} \cos^5 x \mathrm{d}(\cos x) = \left(-\frac{1}{6}\cos^6 x\right)\Big|_0^{\frac{\pi}{2}} = \frac{1}{6}$$

注意:因未引入新变量,故不改变积分限。

此例看出:定积分换元公式主要适用于第二类换元法,利用凑微分法换元不需要变换上、下限。

例 16 求椭圆 $\dfrac{x^2}{a^2} + \dfrac{y^2}{b^2} = 1$ 的面积。

解 如图 5-9 所示,根据椭圆的对称性,得

$$A = 4\int_0^a \frac{b}{a}\sqrt{a^2-x^2}\,\mathrm{d}x$$

$$= \frac{4b}{a}\int_0^a \sqrt{a^2-x^2}\,\mathrm{d}x$$

设 $x = a\sin t$,则 $\mathrm{d}x = a\cos t$,

当 $x = 0$ 时,$t = 0$;当 $x = a$ 时,$t = \dfrac{\pi}{2}$。于是

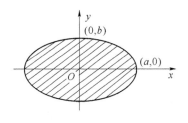

图 5-9

$$A = \frac{4b}{a}\int_0^{\frac{\pi}{2}} a^2 \cos^2 t \mathrm{d}t$$

$$= 4ab\int_0^{\frac{\pi}{2}} \cos^2 t \mathrm{d}t$$

$$= 2ab\int_0^{\frac{\pi}{2}} (1 + \cos 2t)\mathrm{d}t$$

$$= 2ab\left[t + \frac{\sin 2t}{2}\right]_0^{\frac{\pi}{2}} = ab\pi$$

例 17 设 $f(x)$ 在 $[-a, a]$ 上连续,证明:

(1) 若 $f(x)$ 为奇函数,则 $\displaystyle\int_{-a}^a f(x)\mathrm{d}x = 0$;

(2) 若 $f(x)$ 为偶函数,则 $\displaystyle\int_{-a}^a f(x)\mathrm{d}x = 2\int_0^a f(x)\mathrm{d}x$。

证 由于

$$\int_{-a}^a f(x)\mathrm{d}x = \int_{-a}^0 f(x)\mathrm{d}x + \int_0^a f(x)\mathrm{d}x$$

对上式右端第一个积分作变换 $x = -t$,有

$$\int_{-a}^0 f(x)\mathrm{d}x = -\int_a^0 f(-t)\mathrm{d}t = \int_0^a f(-t)\mathrm{d}t = \int_0^a f(-x)\mathrm{d}x$$

故

$$\int_{-a}^a f(x)\mathrm{d}x = \int_0^a [f(-x) + f(x)]\mathrm{d}x$$

(1) 当 $f(x)$ 为奇函数时,$f(-x) = -f(x)$,故

$$\int_{-a}^a f(x)\mathrm{d}x = \int_0^a 0\mathrm{d}x = 0$$

(2) 当 $f(x)$ 为偶函数时,$f(-x) = f(x)$,故

$$\int_{-a}^a f(x)\mathrm{d}x = \int_0^a 2f(x)\mathrm{d}x = 2\int_0^a f(x)\mathrm{d}x$$

例 17 说明在对称区间上的积分具有"奇零偶倍"的性质。利用这个结论能很方便地求出一些定积分的值。例如

$$\int_{-\pi}^{\pi} x^6 \sin x \, \mathrm{d}x = 0$$

$$\int_{-1}^{1} (x + \sqrt{4 - x^2})^2 \, \mathrm{d}x = \int_{-1}^{1} (4 + 2x\sqrt{4 - x^2}) \, \mathrm{d}x = 4\int_{-1}^{1} \mathrm{d}x + 0 = 8$$

 **练一练**

求下列各定积分。

(1) $\int_0^1 \dfrac{\mathrm{d}x}{1 + \sqrt{x}}$;　(2) $\int_0^3 \dfrac{x}{\sqrt{1 + x}} \mathrm{d}x$;　(3) $\int_0^1 \dfrac{x}{1 + x^2} \mathrm{d}x$;　(4) $\int_{-1}^1 \dfrac{x}{1 + x^2} \mathrm{d}x$。

5.3.2　定积分的分部积分法

设函数 $u(x)$ 与 $v(x)$ 均在区间 $[a, b]$ 上有连续的导数,由微分法则 $\mathrm{d}(uv) = u\mathrm{d}v + v\mathrm{d}u$,可得

$$u\mathrm{d}v = \mathrm{d}(uv) - v\mathrm{d}u$$

等式两边同时在区间 $[a, b]$ 上积分,有

$$\int_a^b u\mathrm{d}v = (uv)\Big|_a^b - \int_a^b v\mathrm{d}u$$

这个公式称为定积分的分部积分公式,其中 a 与 b 是自变量 x 的下限与上限。

例 18　计算 $\int_1^{\mathrm{e}} \ln x \, \mathrm{d}x$。

解
$$\int_1^{\mathrm{e}} \ln x \, \mathrm{d}x = \left[x \ln x \right]\Big|_1^{\mathrm{e}} - \int_1^{\mathrm{e}} x \cdot \frac{\mathrm{d}x}{x}$$
$$= (\mathrm{e} - 0) - (\mathrm{e} - 1) = 1$$

例 19　计算 $\int_0^{\pi} x \cos 3x \, \mathrm{d}x$。

解
$$\int_0^{\pi} x \cos 3x \, \mathrm{d}x = \frac{1}{3} \int_0^{\pi} x \mathrm{d}\sin 3x = \frac{1}{3} \left[x \sin 3x \Big|_0^{\pi} - \int_0^{\pi} \sin 3x \, \mathrm{d}x \right]$$
$$= \frac{1}{3} \left[0 + \frac{1}{3} \cos 3x \Big|_0^{\pi} \right] = -\frac{2}{9}$$

例 20　计算 $\int_0^1 \mathrm{e}^{\sqrt{x}} \, \mathrm{d}x$。

解　先用换元法,令 $\sqrt{x} = t$,则 $x = t^2$, $\mathrm{d}x = 2t\mathrm{d}t$。

当 $x = 0$ 时,$t = 0$;当 $x = 1$ 时,$t = 1$。于是

$$\int_0^1 \mathrm{e}^{\sqrt{x}} \, \mathrm{d}x = 2\int_0^1 t\mathrm{e}^t \, \mathrm{d}t$$

再用分部积分法,得

$$\int_0^1 e^{\sqrt{x}} dx = 2\int_0^1 t de^t = 2\left(te^t\Big|_0^1 - \int_0^1 e^t dt\right)$$

$$= 2[e - (e-1)] = 2$$

练一练

求下列各定积分。

(1) $\int_0^\pi x\cos x dx$;　　　　(2) $\int_1^e x\ln x dx$。

习题 5.3

A. 基本题

1. 计算下列定积分。

(1) $\int_0^{\ln2} \dfrac{e^x}{1+e^{2x}} dx$;　　　(2) $\int_1^e \dfrac{1+\ln x}{x} dx$;　　　(3) $\int_0^1 te^{-\frac{t^2}{2}} dt$;

(4) $\int_0^3 \dfrac{x}{1+\sqrt{x+1}} dx$;　　(5) $\int_0^3 \dfrac{dt}{1+\sqrt[3]{t}}$;　　　(6) $\int_{-1}^1 \dfrac{x^7}{1+x^2} dx$;

(7) $\int_{-1}^1 xe^{|x|} dx$;　　　(8) $\int_{-1}^1 (x^2+3x+\sin x\cos^2 x) dx$。

B. 一般题

2. 计算下列定积分。

(1) $\int_{\ln2}^{\ln3} \dfrac{dx}{e^x - e^{-x}}$;　　(2) $\int_0^2 x^2\sqrt{4-x^2} dx$;　　(3) $\int_0^1 (1+x^2)^{-\frac{3}{2}} dx$;

(4) $\int_0^1 \dfrac{\arctan x}{1+x^2} dx$;　　(5) $\int_1^e \dfrac{1}{x\sqrt{1+\ln x}} dx$;　　(6) $\int_0^1 \dfrac{1}{e^x+e^{-x}} dx$。

3. 计算下列定积分。

(1) $\int_0^{\frac{\pi}{2}} x\sin x dx$;　　　(2) $\int_0^1 x\arcsin x dx$;　　　(3) $\int_0^{\frac{\pi}{2}} e^x\sin x dx$;

(4) $\int_0^{\frac{1}{2}} (\arcsin x)^2 dx$;　　(5) $\int_0^{\ln2} \sqrt{1-e^{-2x}} dx$;　　(6) $\int_{\frac{1}{2}}^1 e^{\sqrt{2x-1}} dx$;

(7) $\int_1^e \dfrac{\ln3}{x^3} dx$;　　　(8) $\int_0^\pi (x-\pi)e^{-x} dx$。

C. 提高题

4. 已知 $f''(x)$ 在 $[0,2]$ 上连续,且 $f(0)=1, f(2)=3, f'(2)=5$,试求 $\int_0^2 xf''(x) dx$ 的值。

5. 设函数 $f(x)$ 在 $[a,b]$ 上连续,证明:$\int_a^b f(x)\mathrm{d}x = \int_a^b f(a+b-x)\mathrm{d}x$。

5.4* 无穷区间上的广义积分

在定义定积分时,假定了积分区间是有限的。但在一些实际问题中,会遇到无穷区间上的积分。因此,有必要推广积分的概念。

定义 2　设函数 $f(x)$ 在区间 $[a,+\infty)$ 上连续,取 $b>a$,称

$$\int_a^{+\infty} f(x)\mathrm{d}x = \lim_{b\to+\infty}\int_a^b f(x)\mathrm{d}x$$

为函数 $f(x)$ 在无穷区间 $[a,+\infty)$ 上的广义积分。若上式右端的极限存在,则称左端的广义积分收敛,否则称该广义积分发散。

类似地,可定义 $f(x)$ 在 $(-\infty,b]$ 上的广义积分

$$\int_{-\infty}^b f(x)\mathrm{d}x = \lim_{a\to-\infty}\int_a^b f(x)\mathrm{d}x$$

该积分同样有收敛与发散的概念。

对于 $f(x)$ 在 $(-\infty,+\infty)$ 上的广义积分,可定义为

$$\int_{-\infty}^{+\infty} f(x)\mathrm{d}x = \int_{-\infty}^c f(x)\mathrm{d}x + \int_c^{+\infty} f(x)\mathrm{d}x$$

其中 c 为给定的实数。该积分收敛的充要条件是右端的两个广义积分都收敛。

有时为书写方便,在计算过程中省去极限记号,例如,在 $[a,+\infty)$ 上,$F(x)$ 是 $f(x)$ 的一个原函数,则记

$$\int_a^{+\infty} f(x)\mathrm{d}x = F(x)\Big|_a^{+\infty} = F(+\infty) - F(a)$$

其中 $F(+\infty)$ 应理解为 $F(+\infty) = \lim\limits_{x\to+\infty} F(x)$。另外两种广义积分有类似的简写方法。

例 21　求 $\int_0^{+\infty} \dfrac{1}{1+x^2}\mathrm{d}x$。

解
$$\begin{aligned}
\int_0^{+\infty} \frac{\mathrm{d}x}{1+x^2} &= \lim_{b\to+\infty}\int_0^b \frac{\mathrm{d}x}{1+x^2} \\
&= \lim_{b\to+\infty} \arctan x\Big|_0^b \\
&= \lim_{b\to+\infty}(\arctan b - 0) \\
&= \frac{\pi}{2}
\end{aligned}$$

在几何上,例 21 的结论说明:当 $b\to+\infty$ 时,图 5-10 中阴影部分面积的极限为 $\dfrac{\pi}{2}$。

例 22　求 $\int_0^{+\infty} x\mathrm{e}^{-x^2}\mathrm{d}x$。

解　$\int_0^{+\infty} x\mathrm{e}^{-x^2}\mathrm{d}x = -\dfrac{1}{2}\int_0^{+\infty} \mathrm{e}^{-x^2}\mathrm{d}(-x^2)$

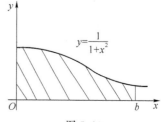

图 5-10

$$=-\frac{1}{2}e^{-x^2}\Big|_0^{+\infty}$$

$$=-\frac{1}{2}(\lim_{x\to+\infty}e^{-x^2}-1)$$

$$=\frac{1}{2}$$

例 23 求 $\displaystyle\int_{-\infty}^0\frac{x\mathrm{d}x}{1+x^2}$。

解

$$\int_{-\infty}^0\frac{x}{1+x^2}\mathrm{d}x=\frac{1}{2}\int_{-\infty}^0\frac{\mathrm{d}(1+x^2)}{1+x^2}$$

$$=\frac{1}{2}\ln(1+x^2)\Big|_{-\infty}^0$$

$$=-\frac{1}{2}\lim_{x\to-\infty}\ln(1+x^2)$$

$$=-\infty$$

故该广义积分发散。

例 24 讨论广义积分 $\displaystyle\int_a^{+\infty}\frac{1}{x^p}\mathrm{d}x(a>0,p>0)$ 的敛散性。

解 当 $p=1$ 时，

$$\int_a^{+\infty}\frac{\mathrm{d}x}{x}=\ln x\Big|_a^{+\infty}=+\infty$$

当 $p\neq1$ 时

$$\int_a^{+\infty}\frac{\mathrm{d}x}{x^p}=\frac{x^{1-p}}{1-p}\Big|_a^{+\infty}=\begin{cases}+\infty,p<1\\\dfrac{a^{1-p}}{p-1},p>1\end{cases}°$$

因此，当 $p>1$ 时，该广义积分收敛，其值为 $\dfrac{a^{1-p}}{p-1}$；当 $p\leqslant1$ 时，该广义积分发散。

例 24 的结论常可直接运用。例如 $\displaystyle\int_1^{+\infty}\frac{1}{x^2}\mathrm{d}x$ 收敛于 1，而 $\displaystyle\int_1^{+\infty}\frac{\mathrm{d}x}{\sqrt[3]{x}}$ 发散。

习题 5.4

1. 计算下列广义积分。

(1) $\displaystyle\int_1^{+\infty}\frac{\mathrm{d}x}{x^4}$；

(2) $\displaystyle\int_1^{+\infty}\frac{\mathrm{d}x}{\sqrt{x}}$；

(3) $\displaystyle\int_{-\infty}^0\cos x\mathrm{d}x$；

(4) $\displaystyle\int_{-\infty}^{+\infty}\frac{\mathrm{d}x}{x^2+2x+2}$；

(5) $\displaystyle\int_0^{+\infty}\frac{(1+x)\mathrm{d}x}{1+x^2}$；

(6) $\displaystyle\int_{-\infty}^0x\mathrm{e}^x\mathrm{d}x$。

2. 已知 $\displaystyle\int_{-\infty}^0\mathrm{e}^{kx}\mathrm{d}x=\frac{1}{3}$，求 k 的值。

5.5　定积分的应用

本节中将应用前面学过的定积分理论来分析和解决一些几何中的问题,通过这些例子,不仅在于建立计算这些几何量的公式,而且更重要的还在于介绍运用微元法将一个量表示成定积分的分析方法。

5.5.1　定积分的微元法

在 5.1 节中,用定积分表示过曲边梯形的面积和变速直线运动的路程。解决这两个问题的基本思想是:分割、近似代替、求和、取极限。其中关键一步是近似代替,即在局部范围内"以常代变"、"以直代曲"。下面用这种基本思想解决怎样用定积分表示一般的量 U 的问题。先看一个实例。

1. 实例[水箱积分问题]

设水流到水箱的速度为 $r(t)\mathrm{L/min}$,其中 $r(t)$ 是时间 t 的连续函数,问从 $t=0$ 到 $t=2$ 这段时间水流入水箱的总量 W 是多少?

解　利用定积分的思想,这个问题要用以下几个步骤来解决。

(1) 分割:用任意一组分点把区间 $[0,2]$ 分成长度为 $\Delta t_i=t_i-t_{i-1}(i=1,2,\cdots,n)$ 的 n 个小时间段。

(2) 取近似:设第 i 个小时间段里流入水箱的水量是 ΔW_i,在每个小时间段上,水的流速可视为常量,得 ΔW_i 的近似值

$$\Delta W_i\approx r(\xi_i)\Delta t_i\quad(t_{i-1}\leqslant\xi_i\leqslant t_i)$$

(3) 求和:得 W 的近似值

$$W\approx\sum_{i=1}^n r(\xi_i)\Delta t_i$$

(4) 取极限:得 W 的精确值

$$W=\lim_{\lambda\to 0}\sum_{i=1}^n r(\xi_i)\Delta t_i=\int_0^2 r(t)\mathrm{d}t$$

上述四个步骤"分割-近似-求和-取极限"可概括为两个阶段。

第一阶段:包括分割和求近似。其主要过程是将时间间隔细分成很多小的时间段,在每个小的时间段内,"以常代变",将水的流速近似看作是匀速的,设为 $r(\xi_i)$,得到在这个小的时间段内流入水箱的水量的近似值

$$\Delta W_i\approx r(\xi_i)\Delta t_i\approx r(t_i)\Delta t_i$$

在实际应用时,为了简便起见,省略下标 i,用 ΔW 表示任意小的时间段 $[t,t+\Delta t]$ 上流入水箱的水量,这样

$$\Delta W\approx r(t)\mathrm{d}t$$

其中,$r(t)\mathrm{d}t$ 是流入水箱水量的微元(或元素),记作 $\mathrm{d}W$。

第二阶段:包括"求和"和"取极限"两步,即将所有小时间段上的水量全部加起来,即

$$W=\sum\Delta W$$

然后取极限,当最大的小时间段趋于零时,得到总流水量:区间$[0,2]$上的定积分,即

$$W = \int_0^2 r(t)\,dt$$

2. 微元法的步骤

一般地,如果某一个实际问题中所求量 U 符合下列条件:

(1) U 与变量 x 的变化区间 $[a,b]$ 有关;

(2) U 对于区间 $[a,b]$ 具有可加性。也就是说,如果把区间 $[a,b]$ 分成许多部分区间,则 U 相应地分成许多部分量,而 U 等于所有部分量之和;

(3) 部分量 ΔU_i 的近似值可以表示为 $f(\xi_i)\Delta x_i$。

那么,在确定了积分变量以及其取值范围后,就可以用以下两步来求解:

(1) 写出 U 在小区间 $[x, x+dx]$ 上的微元 $dU = f(x)dx$,常运用"以常代变,以直代曲"等方法;

(2) 以所求量 U 的微元 $f(x)dx$ 为被积表达式,写出在区间 $[a,b]$ 上的定积分,得

$$U = \int_a^b f(x)\,dx$$

上述方法称为微元法或元素法,也称为微元分析法。这一过程充分体现了积分是将微分"加"起来的实质。

下面将应用微元法求解各类实际问题。

5.5.2 平面图形的面积

下面考察两种情形下图形的面积。

(1) 如图 5-11 所示,求由曲线 $y=f(x)$、$y=g(x)$ 与直线 $x=a$、$x=b$ 围成的图形的面积,对任一 $x\in[a,b]$ 有 $g(x)\leqslant f(x)$。

① 任意的一个小区间 $[x, x+dx]$(其中 $x, x+dx\in[a,b]$)上的窄条面积 dS 可以用底宽为 dx,高度为 $f(x)-g(x)$ 的窄条矩形的面积来近似计算,因此面积微元为 $dS = [f(x)-g(x)]dx$。

② 以 $[f(x)-g(x)]dx$ 为被积表达式,在区间 $[a,b]$ 上积分,得到以 x 为积分变量的面积公式:

$$S = \int_a^b [f(x)-g(x)]\,dx \quad (上减下) \tag{公式(1)}$$

(2) 如图 5-12 所示,求由曲线 $x=\varphi(y)$,$x=\psi(y)$,以及直线 $y=c$,$y=d$ 围成的图形的面积。对任一 $y\in[c,d]$ 有 $\psi(y)\leqslant\varphi(y)$。

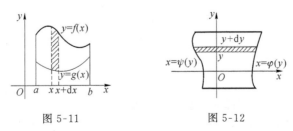

图 5-11   图 5-12

(3) 任意的一个小区间 $[y, y+dy]$(其中 y、$y+dy\in[c,d]$)上的水平窄条面积 dS 可以用

宽度为 $\varphi(y)-\psi(y)$，高度为 $\mathrm{d}y$ 的水平矩形窄条的面积来近似计算，即平面图形的面积微元为 $\mathrm{d}S=[\varphi(y)-\psi(y)]\mathrm{d}y$。

（4）以 $[\varphi(y)-\psi(y)]\mathrm{d}y$ 为被积表达式，在区间 $[c,d]$ 上积分，得到以 y 为积分变量的面积公式：

$$S = \int_c^d [\varphi(y) - \psi(y)]\mathrm{d}y \quad （右减左） \qquad 公式（2）$$

在求解实际问题的过程中，首先应准确地画出所求面积的平面图形，弄清曲线的位置以及积分区间，找出面积微元，然后将微元在相应积分区间上积分。

例 25　求曲线 $y=\mathrm{e}^x$，$y=\mathrm{e}^{-x}$ 和直线 $x=1$ 所围成的图形的面积。

解　所求面积的图像，如图 5-13 所示。

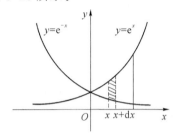

图 5-13

取横坐标 x 为积分变量，变化区间为 $[0,1]$。由公式（1）所求面积为

$$S = \int_0^1 (\mathrm{e}^x - \mathrm{e}^{-x})\mathrm{d}x = (\mathrm{e}^x + \mathrm{e}^{-x})\Big|_0^1 = \mathrm{e} + \frac{1}{\mathrm{e}} - 2$$

例 26　计算由两条抛物线：$y^2=x$，$y=x^2$ 所围成的图形的面积。

解　如图 5-14 所示。解方程组 $\begin{cases} y^2=x, \\ y=x^2, \end{cases}$ 得两抛物线的交点为 $(0,0)$ 和 $(1,1)$。由公式（1）得

$$A = \int_0^1 (\sqrt{x} - x^2)\mathrm{d}x = \left(\frac{2}{3}x^{\frac{3}{2}} - \frac{1}{3}x^3\right)\Big|_0^1 = \frac{1}{3}$$

例 27　计算抛物线 $y^2=2x$ 与直线 $y=x-4$ 所围成的图形的面积。

解　如图 5-15 所示，解方程组 $\begin{cases} y^2=2x \\ y=x-4 \end{cases}$。得抛物线与直线的交点 $(2,-2)$ 和 $(8,4)$，由公式（2）得

$$A = \int_{-2}^4 \left(y + 4 - \frac{1}{2}y^2\right)\mathrm{d}y = \left(\frac{y^2}{2} + 4y - \frac{y^3}{6}\right)\Big|_{-2}^4 = 18$$

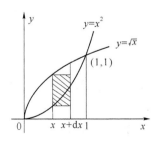

图 5-14

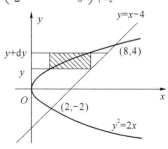

图 5-15

若用公式(1)来计算,则要复杂一些,读者可以试一试。积分变量选得适当,计算会简便一些。

练一练

1. 求直线 $y=2x+3$ 与抛物线 $y=x^2$ 所围图形的面积。
2. 求三直线 $y=2x$,$y=x$ 与 $x=2$ 所围图形的面积。
3. 求直线 $y=x$ 与抛物线 $x=y^2$ 所围图形的面积。

5.5.3 旋转体的体积

旋转体体积是一种特殊的立体体积,它是由一个平面图形绕这平面内的一条直线旋转一周而成的立体。这条直线称为旋转轴。球体、圆柱体、圆台、圆锥、椭球体等都是旋转体。

1. 绕 x 轴旋转所成的立体的体积

由连续曲线 $y=f(x)$ 与直线 $x=a$、$x=b$ 以及 x 轴所围成的曲边梯形绕 x 轴旋转一周而成的立体,如图 5-16 所示,用任意一个垂直于 x 轴的平面所截,得到的截面面积 $A(x)=\pi[f(x)]^2$,故旋转体的体积为

$$V_x = \pi\int_a^b f^2(x)\,\mathrm{d}x = \pi\int_a^b y^2\,\mathrm{d}x。 \qquad 公式(3)$$

2. 绕 y 轴旋转所成的立体的体积

同理,另一种由连续曲线 $x=\varphi(y)$ 与直线 $y=c$、$y=d$ 以及 y 轴所围成的曲边梯形,如图 5-17 所示,其绕 y 轴旋转一周而成的旋转体体积为

$$V_y = \pi\int_c^d \varphi^2(y)\,\mathrm{d}y \qquad 公式(4)$$

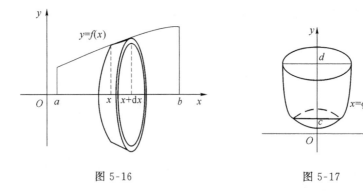

图 5-16　　　　　　　　　　图 5-17

例 28　求由曲线 $y=x^2$ 与直线 $x=1$ 以及 x 轴所围成的图形分别绕 x 轴、y 轴旋转所成立体的体积。

解　绕 x 轴旋转所成立体,如图 5-18 所示。所求立体的体积 V_1 为

$$V_1 = \int_0^1 \pi x^4\,\mathrm{d}x = \pi \cdot \frac{1}{5}x^5 \Big|_0^1 = \frac{1}{5}\pi$$

绕 y 轴旋转所成的立体,如图 5-19 所示。所求立体的体积 V_2 为

$$V_2 = \pi \cdot 1^2 - \int_0^1 \pi (\sqrt{y})^2 \mathrm{d}y = \pi - \pi \cdot \frac{1}{2} y^2 \Big|_0^1 = \frac{1}{2}\pi$$

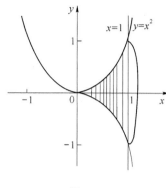 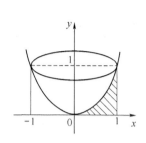

图 5-18　　　　　　　　　　　图 5-19

例 29　连接坐标原点 O 及点 $A(h,r)$ 的直线 OA、直线 $x=h$ 及 x 轴围成一个直角三角形。将它绕 x 轴旋转构成一个底面半径为 r、高为 h 的圆锥体。计算这圆锥体的体积。

解　如图 5-20 所示,取圆锥顶点为原点,其中心轴为 x 轴建立坐标系。圆锥体可看成是由直角三角形 ABO 绕 x 轴旋转而成,直线 OA 的方程为

$$y = \frac{r}{h} x \quad (0 \leqslant x \leqslant h)$$

代入公式(3),得圆锥体体积为

$$V = \int_0^h \pi \left(\frac{r}{h} x \right)^2 \mathrm{d}x = \frac{\pi r^2}{h^2} \cdot \frac{x^3}{3} \Big|_0^h = \frac{1}{3} \pi r^2 h$$

例 30　求椭圆 $\dfrac{x^2}{a^2} + \dfrac{y^2}{b^2} = 1$ 绕 y 轴旋转而成的旋转体的体积。

解　如图 5-21 所示,旋转体是由曲边梯形 BAC 绕 y 轴旋转而成。曲边 BAC 的方程为

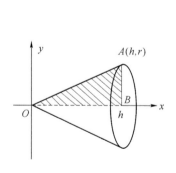 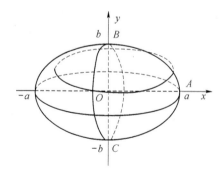

图 5-20　　　　　　　　　　　图 5-21

$$x = \frac{a}{b} \sqrt{b^2 - y^2} \quad (x > 0, y \in [-b, b])$$

代入公式(4),得

$$V = \int_{-b}^b \pi \left(\frac{a}{b} \sqrt{b^2 - y^2} \right)^2 \mathrm{d}y$$

$$= \frac{2\pi a^2}{b^2} \int_0^b (b^2 - y^2) \, \mathrm{d}y$$

$$= \frac{2\pi a^2}{b^2} \left(b^2 y - \frac{1}{3} y^3 \right) \Big|_0^b$$

$$= \frac{2\pi a^2}{b^2} \left(b^3 - \frac{1}{3} b^3 \right) = \frac{4}{3} \pi a^2 b$$

5.5.4 平行截面面积已知的立体的体积

设一物体位于平面 $x = a$ 与 $x = b (a < b)$ 之间,如图 5-22 所示,任意一个垂直于 x 轴的平面截此物体所得的截面面积为 $A(x)$,它是 $[a, b]$ 上的连续函数。该物体介于区间 $[x, x + \mathrm{d}x] \subset [a, b]$ 之间的薄片的体积微元 $\mathrm{d}V$,可用底面积是 $A(x)$,高度为 $\mathrm{d}x$ 的柱形薄片的体积近似代替,从而体积微元为

$$\mathrm{d}V = A(x) \mathrm{d}x$$

将其在区间 $[a, b]$ 上积分,得到该立体的体积公式

$$V = \int_a^b A(x) \mathrm{d}x \qquad\qquad 公式(5)$$

例 31 设有一底圆半径为 R 的圆柱,被一与圆柱面交成 α 角且过底圆直径的平面所截,求截下的楔形体积。

解 取这个平面与圆柱体的底面的交线为 x 轴,底面上过圆中心、且垂直于 x 轴的直线为 y 轴。如图 5-23 所示,则底圆的方程为

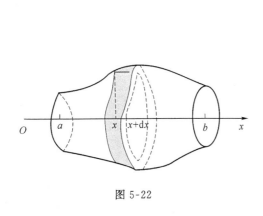

图 5-22

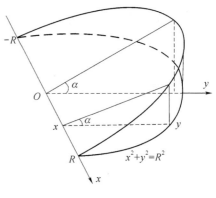

图 5-23

$$x^2 + y^2 = R^2$$

立体在 x 处的截面是一个直角三角形,截面积为

$$A(x) = \frac{1}{2}(R^2 - x^2) \tan \alpha$$

于是所求立体体积为

$$V = \int_{-R}^{R} \frac{1}{2}(R^2 - x^2) \tan \alpha \mathrm{d}x$$

$$= \frac{1}{2} \tan \alpha \left[R^2 x - \frac{1}{3} x^3 \right]_{-R}^{R}$$

$$= \frac{2}{3} R^3 \tan \alpha$$

 **练一练**

1. 求由曲线 $y=e^x$, $x=1$, $x=4$ 及 x 轴所围图形绕 y 轴旋转而成的旋转体的体积。
2. 求由直线 $y=x$, $x=3$ 及 x 轴所围图形分别绕 x、y 轴旋转而成的旋转体的体积。

5.5.5　定积分应用举例

前面我们介绍了定积分的几何应用,下面将介绍定积分在经济管理及物理等方面的应用。

例 32　(**求总产量**)设某产品在时刻 t 总产量的变化率 $f(t)=100+12t-0.6t^2$ kg/h,求从 $t=2$ 到 $t=4$ 这两小时的总产量。

解　设总产量为 $Q(t)$,由已知条件 $Q'(t)=f(t)$,则知总产量 $Q(t)$ 是 $f(t)$ 的一个原函数,所以有

$$
\begin{aligned}
Q &= \int_2^4 f(t)\,dt = \int_2^4 (100+12t-0.6t^2)\,dt \\
&= \left[100t+6t^2-0.2t^3\right]_2^4 \\
&= 260.8 \text{ kg}
\end{aligned}
$$

即所求的总产量为 260.8 kg。

例 33　(**求总成本**)假设当鱼塘中有 x kg 鱼时,每千克鱼的捕捞成本是 $\dfrac{2\,000}{10+x}$ 元,已知鱼塘中现有鱼 10 000 kg,问从鱼塘中再捕捞 6 000 kg 鱼需花费多少成本?

解　设已知捕捞了 x kg 鱼,此时鱼塘中有 $(10\,000-x)$ kg 鱼,再捕捞 dx kg 鱼的成本微元为

$$
dC = \frac{2\,000}{10+(10\,000-x)}\,dx
$$

所以捕捞 6 000 kg 鱼的成本为

$$
\begin{aligned}
C &= \int_0^{6\,000} \frac{2\,000}{10+(10\,000-x)}\,dx = -2\,000\int_0^{6\,000} \frac{d(10\,010-x)}{10\,010-x} \\
&= -2\,000\ln(10\,010-x)\Big|_0^{6\,000} = 2\,000\ln\frac{10\,010}{4\,010} \approx 1\,829.59 \text{ 元}
\end{aligned}
$$

例 34　(**求变力作功**)一个圆柱形的容器,高 4 m,底面半径 3 m,装满水,问:把容器内的水全部抽完需做多少功?

解　由物理学可知,在常力 F 的作用下,物体沿力的方向作直线运动,当物体移动一段距离 S 时,力 F 所作的功为

$$
W = F \cdot S
$$

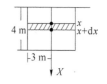

图 5-24

如果作用在物体的力不是常力,或者沿物体的运动方向的力 F 是常力,但移动的距离是变动的,则力 F 对物体作的功要用定积分计算。

建立坐标系如图 5-24 所示,选水深 x 为积分变量,$x\in[0,4]$。在 $[0,4]$ 上任意小区间 $[x,x+dx]$ 上将这小水柱体提到池口的距离为 x,设水的密度为 r,故功微元为

$$
dW = 9\pi rg x\,dx
$$

于是所求功为

$$W = \int_0^4 9\pi rgx \, \mathrm{d}x = 9\pi rg \left. \frac{x^2}{2} \right|_0^4 = 72\pi rg \, (\mathrm{J})$$

例 35 （求引力）设有质量均匀分布的细杆，长为 l，质量为 M，另有一质量为 m 的质点位于细杆所在的直线上，且到杆的近端距离为 a，求杆与质点之间的引力。

解 从中学物理知道：质量为 m_1 和 m_2，相距为 r 的两质点间的引力为

$$F = k \frac{m_1 m_2}{r^2} \quad (k \text{ 为常数})$$

由于细杆上各点与该质点的距离是变化的，且各点对该质点的引力的方向也是变化的，则质点间的引力要用定积分计算。

将细杆分为许多微小的小段，这样可以把每一小段近似看成一个质点，而且这许多小段对质量为 m 的质点的引力都在同一方向上，因此可以相加。

取积分变量为 x，且 $x \in [0, l]$，在 $[0, l]$ 中任取子区间 $[x, x+\mathrm{d}x]$，由于子区间的长度很短，可近似地看成一个质点。这个质点的质量为 $\frac{M}{l}\mathrm{d}x \left(\frac{M}{l} \right.$ 为单位长度上杆的质量，称为线密度$\Big)$，该小段与质点距离近似为 $x+a$，于是该小段与质点的引力近似值，即引力 F 的微元为

$$\mathrm{d}F = k \frac{m \cdot \dfrac{M}{l}\mathrm{d}x}{(x+a)^2}$$

于是细杆与质点的吸引力为

$$F = \frac{kmM}{l} \int_0^l \frac{\mathrm{d}x}{(x+a)^2} = \frac{kMm}{a(a+l)}$$

例 36 （求液体压力）一管道的圆形闸门半径为 3 m，问水平面齐及直径时，闸门所受到的水的静压力为多大？

解 取水平直径为 x 轴，过圆心且垂直于水平直径的直径为 y 轴，则圆的方程为

$$x^2 + y^2 = 9$$

由于在相同深度处水的静压强相同，其值等于水的比重 γ 与深度 x 的乘积，故静压力的微元为

$$\mathrm{d}F = 2\gamma x \sqrt{9-x^2} \, \mathrm{d}x$$

从而闸门上所受的总压力为

$$F = \int_0^3 2\gamma x \sqrt{9-x^2} \, \mathrm{d}x = 18\gamma$$

例 37 （求平均功率）在纯电阻电路中，已知交流电压为

$$V = V_m \sin \omega t$$

求在一个周期 $[0, T] \left(T = \dfrac{2\pi}{\omega} \right)$ 内消耗在电阻 R 上的能量 W，并求与之相当的直流电压。

解 在直流电压 $(V = V_0)$ 下，功率 $P = \dfrac{V_0^2}{R}$，那么在时间 T 内所做的功为

$$W = PT = \frac{V_0^2 T}{R}$$

现在 V 为交流电压，瞬时功率 $P(t) = \dfrac{V_m^2}{R} \sin^2 \omega t$。

这相当于:在任意一小段时间区间$[t,t+\Delta t]\subset[0,T]$上,当 Δt 很小时,可把 V 近似看作恒为 $V_m\sin\omega t$ 的情形。于是取功的微元为

$$dW=P(t)dt$$

并由此求得

$$W=\int_0^T P(t)dt=\int_0^{\frac{2\pi}{\omega}}\frac{V_m^2}{R}\sin^2\omega t\,dt=\frac{\pi V_m^2}{R\omega}$$

而平均功率则为

$$\overline{P}=\frac{1}{T}\int_0^T P(t)dt=\frac{\omega}{2\pi}\frac{\pi\cdot V_m^2}{R\omega}=\frac{V_m^2}{2R}=\frac{\left(\frac{V_m}{\sqrt{2}}\right)^2}{R}$$

上述结果的最后形式,表示交流电压 $V=V_m\sin\omega t$ 在一个周期上的平均功率与直流电压 $\overline{V}=\dfrac{V_m}{\sqrt{2}}$ 的功率是相等的。故称 $\overline{V}$ 为该交流电压的有效值。通常所说的 220 V 交流电,其实是 $V=220\sqrt{2}\sin\omega t$ 的有效值。

练一练

1. 设某产品总产量对时间 t 的变化率$\dfrac{dQ}{dt}=50+12t-\dfrac{3}{2}t^2$ 件/天,求从第 $5\sim10$ 天内的总产量。

2. 设一物体沿直线以 $v=2t+3(t$ 单位:秒,v 单位:米/秒)的速度运动,求该物体在 $3\sim5$ s 行进的路程?

习题 5.5

A. 基本题

1. 求下列平面曲线所围图形的面积。

(1) $y=x^2,y=1$;

(2) $y=\dfrac{1}{x},y=x,x=2$;

(3) $y=x^3,y=x$。

2. 求下列平面曲线所围图形绕指定轴旋转而成的旋转体的体积。

(1) $2x-y+4=0,x=0,y=0$ 绕 x 轴;

(2) $x^2=4y(x>0),y=1,x=0$ 分别绕 x,y 轴。

B. 一般题

3. 求下列各题中平面图形的面积。

(1) 抛物线 $y^2=2+x$ 与直线 $y=x$ 所围成的平面图形;

(2) 抛物线 $y^2=2x$ 把图形 $x^2+y^2=8$ 分成两部分,求这两部分的面积;

(3) 曲线 $y=\dfrac{1}{x}$ 与直线 $y=x,y=2$ 所围成的平面图形;

(4) 求曲线 $y^2=x$ 与半圆 $x^2+y^2=2(x\geqslant0)$ 所围图形的面积;

(5) 曲线 $y=e^x$ 和该曲线的过原点的切线及 y 轴所围成的平面图形。

4. 有一立体,以长半轴 $a=10$,短半轴 $b=5$ 的椭圆为底,而垂直于长轴的截面都是等边三角形,求该立体的体积。

5. 求由星形线 $x^{\frac{2}{3}}+y^{\frac{2}{3}}=a^{\frac{2}{3}}$ 所围成的图形绕 x 轴旋转而成的旋转体的体积。

6. 求曲线 $y=x^3$ 及直线 $x=2,y=0$ 所围成图形分别绕 x 轴及 y 轴旋转而得的旋转体的体积。

7. 某产品的生产是连续进行的,总产量 Q 是时间 t 的函数,如果总产量的变化率为

$$Q'(t)=\frac{324}{t^2}e^{-\frac{9}{t}}\quad \text{吨/日}$$

求投产后从 $t=3$ 到 $t=30$ 这 27 天的总产量。

8. 某产品每天生产 q 单位的固定成本为 20 元,边际成本函数为 $C'(q)=0.4q+2$ 元/单位。求总成本函数 $C(q)$。如果该产品的销售单价为 18 元,且产品可以全部售出,求总利润函数 $L(q)$。问每天生产多少单位时才能获得最大利润?

C. 提高题

9. 求抛物线 $y=-x^2+4x-3$ 及其在点 $(0,-3)$ 和点 $(3,0)$ 处的切线所围图形的面积。

10. 汽车轮胎可视为圆 $(x-a)^2+y^2=R^2(R<a)$ 绕 y 轴旋转而得的旋转体,试求其体积。

复习题 5

(历年专插本考试真题)

一、单项选择题

1. (2011/4) 若 $\displaystyle\int_1^2 xf(x)\mathrm{d}x=2$,则 $\displaystyle\int_0^3 f(\sqrt{x+1})\mathrm{d}x=($　　)。

A. 1 　　　　　　　　B. 2 　　　　　　　　C. 3 　　　　　　　　D. 4

2. (2007/4) 设函数 $\phi(x)=\displaystyle\int_0^x(t-1)\mathrm{d}t$,则下列结论正确的是(　　)。

A. $\phi(x)$ 的极大值为 1 　　　　　　　　B. $\phi(x)$ 的极小值为 1

C. $\phi(x)$ 的极大值为 $-\dfrac{1}{2}$ 　　　　　　　　D. $\phi(x)$ 的极小值为 $-\dfrac{1}{2}$

3. (2006/5) 积分 $\displaystyle\int_0^{-\infty}e^{-x}\mathrm{d}x$ (　　)。

A. 收敛且等于 -1 　　　　　　　　B. 收敛且等于 0

C. 收敛且等于 1 　　　　　　　　D. 发散

4. (2004/8) 曲线 $y=\dfrac{1}{x},y=x,x=2$ 所围成的图形面积为 S,则 $S=($　　)。

A. $\displaystyle\int_1^2\left(\frac{1}{x}-x\right)\mathrm{d}x$ 　　　　　　　　　B. $\displaystyle\int_1^2\left(x-\frac{1}{x}\right)\mathrm{d}x$

C. $\displaystyle\int_1^2\left(2-\frac{1}{y}\right)\mathrm{d}x+\int_1^2(2-y)\mathrm{d}x$ 　　　D. $\displaystyle\int_1^2\left(2-\frac{1}{x}\right)\mathrm{d}x+\int_1^2(2-x)\mathrm{d}x$

5.（2002/14）定积分 $\displaystyle\int_0^1 \mathrm{e}^{\sqrt{x}}\mathrm{d}x$ 的值是（　　）。

A. 0 　　　　　　B. 1 　　　　　　C. 2 　　　　　　D. 3

二、填空题

1.（2011/8）已知函数 $f(x)$ 在 $(-\infty,+\infty)$ 内连续，且 $y=\displaystyle\int_0^{2x}f\left(\frac{1}{2}t\right)\mathrm{d}t-2\displaystyle\int(1+f(x))\mathrm{d}x$，则 $y'=$ _____。

2.（2010/8）由曲线 $y=\dfrac{1}{x}$ 和直线 $x=1$，$x=2$ 及 $y=0$ 围成的平面图形绕 x 轴旋转一周所构成的几何体的体积 $V=$ _____。

3.（2008/8）积分 $\displaystyle\int_{-\frac{\pi}{2}}^{\frac{\pi}{2}}(\sin x+\cos x)\mathrm{d}x=$ _____。

4.（2006/8）积分 $\displaystyle\int_{-\pi}^{\pi}(x\cos x+|\sin x|)\mathrm{d}x=$ _____。

5.（2006/9）曲线 $y=\mathrm{e}^x$ 及直线 $x=0$，$x=1$ 和 $y=0$ 所围成平面图形绕 x 轴旋转所成的旋转体体积 V _____。

6.（2004/4）若函数 $f(x)=\displaystyle\int_0^x\frac{2t-1}{t^2-t+1}\mathrm{d}t$，则 $f\left(\dfrac{1}{2}\right)=$ _____。

7.（2003/一.7）$\displaystyle\int_0^1\left(\frac{1}{1+x}\right)^2\mathrm{d}x=$ _____。

三、计算题

1.（2011/15）设 $f(x)=\begin{cases}\dfrac{x^2}{1+x^2},&x>0\\x\cos x,&x\leqslant 0\end{cases}$。计算定积分 $\displaystyle\int_{-\pi}^1 f(x)\mathrm{d}x$。

2.（2010/15）计算定积分 $\displaystyle\int_{\ln 5}^{\ln 10}\sqrt{\mathrm{e}^x-1}\,\mathrm{d}x$。

3.（2009/11）计算极限 $\displaystyle\lim_{x\to 0}\left(\frac{1}{x^3}\int_0^x\mathrm{e}^{t^2}\mathrm{d}t-\frac{1}{x^2}\right)$。

4.（2009/15）计算定积分 $\displaystyle\int_{-1}^1\frac{|x|+x^3}{1+x^2}\mathrm{d}x$。

5.（2008/15）计算定积分 $\displaystyle\int_0^1\ln(1+x^2)\mathrm{d}x$。

6.（2007/15）计算定积分 $\displaystyle\int_0^{\sqrt{3}}\frac{x^3}{\sqrt{1+x^2}}\mathrm{d}x$。

7.（2007/16）设平面图形由曲线 $y=x^3$ 与直线 $y=0$ 及 $x=2$ 围成，求该图形绕 y 轴旋转所得的旋转体体积。

8.（2006/15）计算定积分 $\displaystyle\int_0^1\ln(\sqrt{1+x^2}+x)\mathrm{d}x$。

9. (2005/12) 求极限 $\lim\limits_{x \to 0} \dfrac{\int_0^x \ln^2(1+t)\mathrm{d}t}{x^2}$。

10. (2005/16) 计算定积分 $\displaystyle\int_{\ln 2}^{2\ln 2} \dfrac{1}{\sqrt{\mathrm{e}^t - 1}}\mathrm{d}t$。

11. (2005/17) 求由两条曲线 $y = \cos x, y = \sin x$ 及两条直线 $x = 0, x = \dfrac{\pi}{6}$ 所围成的平面图形绕 x 轴旋转而成的旋转体体积。

12. (2004/13) 计算定积分 $\displaystyle\int_0^1 x^5 \ln^2 x \mathrm{d}x$。

13. (2003/二.2) $\displaystyle\int_{-\pi}^{\pi} |\sin x| \mathrm{d}x$。

14. (2003/三.1) $\lim\limits_{x \to 0} \dfrac{\int_0^{x^2} \sin t \mathrm{d}t}{\int_0^x t^3 \mathrm{d}t}$。

15. (2002/19) 计算定积分 $\displaystyle\int_1^4 \dfrac{\ln x}{\sqrt{x}}\mathrm{d}x$。

16. (2001/二.4) 计算 $\displaystyle\int_{-\frac{\pi}{2}}^{\frac{\pi}{2}} \sqrt{\cos x} |\sin x| \mathrm{d}x$。

四、综合题

1. (2011/19) 过坐标原点作曲线 $y = \mathrm{e}^x$ 的切线 l, 切线 l 与曲线 $y = \mathrm{e}^x$ 及 y 轴围成的平面图形标记为 G。求：

(1) 切线 l 的方程；

(2) G 的面积；

(3) G 绕 x 轴旋转而成的旋转体体积。

2. (2010/19) 求函数 $\Phi(x) = \displaystyle\int_{-1}^x t(t-1)\mathrm{d}t$ 的单调增减区间和极值。

3. (2010/20) 已知 $\left(1 + \dfrac{2}{x}\right)^x$ 是函数 $f(x)$ 在区间 $(0, +\infty)$ 内的一个原函数。

(1) 求 $f(x)$；

(2) 计算 $\displaystyle\int_1^{+\infty} f(2x)\mathrm{d}x$。

4. (2009/19) 用 G 表示由曲线 $y = \ln x$ 及直线 $x + y = 1, y = 1$ 围成的平面图形。

(1) 求 G 的面积；

(2) 求 G 绕 y 轴旋转一周而成的旋转体的体积。

5. (2008/20) 设函数 $f(x)$ 在区间 $[0,1]$ 上连续，且 $0 < f(x) < 1$, 判断方程 $2x - \displaystyle\int_0^x f(t)\mathrm{d}t = 1$ 在区间 $(0,1)$ 内有几个实根，并证明自己的结论。

6. (2005/23) 已知 $f(\pi) = 2$, 且 $\displaystyle\int_0^{\pi} [f(x) + f''(x)]\sin x \mathrm{d}x = 5$, 求 $f(0)$。

第6章* 二元微积分初步

前面讨论的函数仅含一个自变量,称为一元函数。在许多实际问题中,常常遇到依赖两个或更多自变量的函数,这种函数称为多元函数。本章主要研究二元函数的微积分问题。

6.1 空间解析几何简介

6.1.1 空间直角坐标系

为了确定平面上任意一点的位置,我们建立了平面直角坐标系。现在,为了确定空间任意一点的位置,相应地就要引进空间直角坐标系。

于空间中取定一点 O,过点 O 作三条互相垂直的直线 Ox、Oy、Oz。并按右手系规定 Ox、Oy、Oz 的正方向,即将右手伸直,拇指朝上为 Oz 的正方向,其余四指的指向为 Ox 的正方向,四指弯曲 $90°$ 后的指向为 Oy 的正方向。再规定一个单位长度,如图 6-1 所示。

点 O 称为坐标原点,三条直线分别称为 x 轴、y 轴、z 轴。每两条坐标轴确定一个平面,称为坐标平面。由 x 轴和 y 轴确定的平面称为 xy 平面,由 y 轴和 z 轴确定的平面称为 yz 平面,由 z 轴和 x 轴确定的平面称为 xz 平面,如图 6-1 所示。通常,将 xy 平面配置在水平面上,z 轴放在铅直位置,而且由下向上为 z 轴正方向。三个坐标平面将空间分成 8 个部分,称为 8 个卦限。

对于空间中任意一点 M,过点 M 作三个平面,分别垂直于 x 轴、y 轴、z 轴,且与这三个轴分别交于 P、Q、R 三点,如图 6-1 所示。设 $OP=a$,$OQ=b$,$OR=c$,则点 M 唯一确定了一个三元有序数组 (a,b,c);反之,对任意一个三元有序数组 (a,b,c),在 x、y、z 三轴上分别取点 P、Q、R,使 $OP=a$,$OQ=b$,$OR=c$,然后过 P、Q、R 三点分别作垂直于 x、y、z 轴的平面,这三个平面相交于一点 M,则由一个三元有序数组 (a,b,c) 唯一地确定了空间的一个点 M。

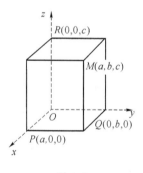

图 6-1

于是,空间任意一点 M 和一个三元有序数组 (a,b,c) 建立了一一对应关系。一般称这个三元有序数组为点 M 的坐标,记为 $M(a,b,c)$。

显然,坐标原点坐标为 $(0,0,0)$;x 轴、y 轴和 z 轴上点的坐标分别为 $(x,0,0)$,$(0,y,0)$ 和 $(0,0,z)$;xy 平面、xz 平面和 yz 平面上点的坐标分别为 $(x,y,0)$,$(x,0,z)$ 和 $(0,y,z)$。

6.1.2 空间任意两点间的距离

给定空间两点 $M_1(x_1,y_1,z_1)$,$M_2(x_2,y_2,z_2)$,过 M_1,M_2 各作三个平面分别垂直于三个

坐标轴。这六个平面构成一个以线段 M_1M_2 为一条对角线的长方体,如图 6-2 所示。

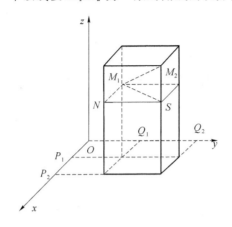

图 6-2

由图可知:

$$|M_1M_2|^2 = |M_2S|^2 + |M_1S|^2$$
$$= |M_2S|^2 + |M_1N|^2 + |NS|^2$$

得
$$|M_1M_2|^2 = |x_2-x_1|^2 + |y_2-y_1|^2 + |z_2-z_1|^2$$
$$= (x_2-x_1)^2 + (y_2-y_1)^2 + (z_2-z_1)^2$$

于是,求得 $M_1(x_1,y_1,z_1)$ 与 $M_2(x_2,y_2,z_2)$ 之间的距离公式为

$$|M_1M_2| = \sqrt{(x_2-x_1)^2 + (y_2-y_1)^2 + (z_2-z_1)^2}$$

6.1.3 曲面与方程

与平面解析几何中建立曲线与方程的对应关系一样,可以建立空间曲面与包含三个变量的方程 $F(x,y,z)=0$ 的对应关系。

定义 1 如果曲面 S 上任意一点的坐标都满足方程 $F(x,y,z)=0$,而不在曲面 S 上的点的坐标都不满足方程 $F(x,y,z)=0$,那么方程 $F(x,y,z)=0$ 称为曲面 S 的方程,而曲面 S 称为方程 $F(x,y,z)=0$ 的图形,如图 6-3 所示。

例 1 一动点 $M(x,y,z)$ 与两定点 $M_1(1,-1,0)$、$M_2(2,0,-2)$ 的距离相等,求此动点 M 的轨迹方程。

解 依题意有

$$|MM_1| = |MM_2|$$

由两点距离公式得

$$\sqrt{(x-1)^2 + (y+1)^2 + z^2} = \sqrt{(x-2)^2 + y^2 + (z+2)^2}$$

化简后可得点 M 的轨迹方程为

$$x+y-2z-3=0$$

由中学几何知识已经知道,动点 M 的轨迹是线段 M_1M_2 的垂直平分面,因此上面所求的方程即该平面的方程。

例 2 求三个坐标平面的方程。

解 容易看到 xy 平面上任意一点的坐标必有 $z=0$,满足 $z=0$ 的点也必然在 xy 平面上,

所以 xy 平面的方程为 $z=0$。

同理，yz 平面的方程为 $x=0$；zx 平面的方程为 $y=0$。

例 3　作 $z=c$（c 为常数）的图形。

解　方程 $z=c$ 中不含 x,y，这意味着 x 和 y 可取任意值而总有 $z=c$，其图形是平行于 xy 平面的平面。可由 xy 平面向上（$c>0$）或向下（$c<0$）移动 $|c|$ 个单位得到，如图 6-4 所示。

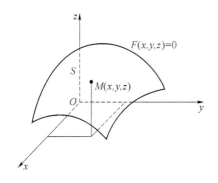
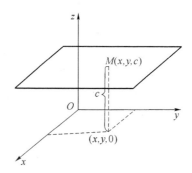

图 6-3　　　　　　　　　　　　　　　　图 6-4

前面三个例子中，所讨论的方程都是一次方程，所考查的图形都是平面。可以证明空间中任意一个平面的方程为三元一次方程

$$Ax+By+Cz+D=0$$

其中，A,B,C,D 均为常数，且 A,B,C 不全为 0。

例 4　求球心为点 $M_0(x_0,y_0,z_0)$，半径为 R 的球面方程。

解　设球面上任意一点为 $M(x,y,z)$，那么有

$$|MM_0|=R$$

由距离公式有

$$\sqrt{(x-x_0)^2+(y-y_0)^2+(z-z_0)^2}=R$$

化简得球面方程为

$$(x-x_0)^2+(y-y_0)^2+(z-z_0)^2=R^2$$

特别是当球心为原点，即 $x_0=y_0=z_0=0$ 时，球面方程为

$$x^2+y^2+z^2=R^2$$

$z=\sqrt{R^2-x^2-y^2}$ 是球面的上半部，如图 6-5 所示。

$z=-\sqrt{R^2-x^2-y^2}$ 是球面的下半部，如图 6-6 所示。

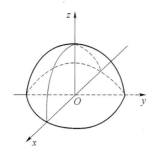
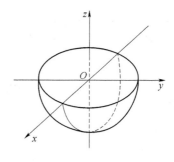

图 6-5　　　　　　　　　　　　　　　　图 6-6

例5 作 $x^2+y^2=R^2$ 的图形。

解 方程 $x^2+y^2=R^2$ 在 xy 平面上表示以原点为圆心,半径为 R 的圆。由于方程不含 z,意味着 z 可取任意值,只要 x 与 y 满足 $x^2+y^2=R^2$ 即可。因此这个方程所表示的曲面,是由平行于 z 轴的直线沿 xy 平面上的圆 $x^2+y^2=R^2$ 移动而形成的圆柱面。$x^2+y^2=R^2$ 称为它的准线,平行于 z 轴的直线称为它的母线,如图 6-7 所示。

例6 作 $z=x^2+y^2$ 的图形。

解 用平面 $z=c$ 截曲面 $z=x^2+y^2$,其截痕方程为
$$x^2+y^2=c,z=c$$

当 $c=0$ 时,只有 $(0,0,0)$ 满足方程。

当 $c>0$ 时,其截痕为以点 $(0,0,c)$ 为圆心,以 $\sqrt{c}$ 为半径的圆。将平面 $z=c$ 向上移动,即让 c 越来越大,则截痕的圆也越来越大。

当 $c<0$ 时,平面与曲面无交点。

如用平面 $x=a$ 或 $y=b$ 去截曲面,则截痕均为抛物线。

我们称 $z=x^2+y^2$ 的图形为旋转抛物面,如图 6-8 所示。

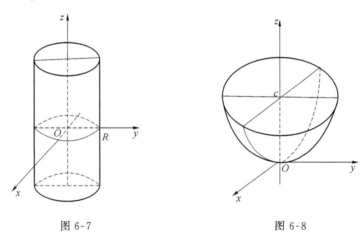

图 6-7   图 6-8

习题 6.1

A. 基本题

1. 设 $M(2,-1,3)$ 是空间中的一点。

(1) 写出点 M 关于 xy 平面,yz 平面及 xz 平面对称的点;

(2) 写出点 M 关于原点对称的点;

(3) 写出点 M 关于 x 轴,y 轴及 z 轴的对称点。

B. 一般题

2. 已知空间三角形的 3 个顶点 $A(0,2,-1),B(-1,0,2),C(2,-1,0)$,证明 $\triangle ABC$ 是等边三角形,并求其周长。

6.2 二元函数及其极限与连续

6.2.1 二元函数的概念

例 7 圆柱体的体积 V 和它的底半径 r、高 h 之间的关系为

$$V = \pi r^2 h$$

这里,当 r、h 在集合 $\{(r,h) \mid r > 0, h > 0\}$ 内取一对值 (r,h) 时,V 的对应值就随之确定。

例 8 设 R 是电阻 R_1、R_2 并联后的总电阻,它们之间的关系为

$$R = \frac{R_1 R_2}{R_1 + R_2}$$

这里,当 R_1、R_2 在集合 $\{(R_1, R_2) \mid R_1 > 0, R_2 > 0\}$ 内取一对值 (R_1, R_2) 时,R 的对应值就随之确定。

上面两个例子的具体意义虽然各不相同,但它们却有共同的性质,由这些共性就可以得出二元函数的定义。

定义 2 已知变量 x、变量 y 及变量 z,当变量 x、y 相互独立地在某范围 D 内任取一组确定的值时,若变量 z 按照一定的规律 f,总有唯一确定的值与之对应,则称变量 z 为变量 x、y 的二元函数,记作

$$z = f(x, y)$$

其中变量 x、y 称为自变量,自变量 x、y 的取值范围 D 称为二元函数的定义域;二元函数 z 也称为因变量,二元函数 z 的取值范围称为二元函数的值域;f 称为对应关系或函数关系。

自变量 x、y 的一组值代表 xy 坐标平面上的一个点 (x, y),因此二元函数 $z = f(x, y)$ 的定义域 D 就是 xy 坐标平面上点的一个集合,简称平面点集。若 D 为满足条件 $P(x, y)$ 的一切点 $((x, y)$ 构成的平面点集,则记作

$$D = \{(x, y) \mid P(x, y)\}$$

整个 xy 面或 xy 面上由几条曲线围成的一部分称为平面区域。围成平面区域的曲线称为区域边界。不包含边界的区域称为开区域;包含全部边界的区域称为闭区域;包含部分边界的区域称为半开半闭区域。不延伸到无穷远处的区域称为有界区域;延伸到无穷远处的区域称为无界区域。设 $P_0(x_0, y_0)$ 是 xy 面上的一个点,δ 是某一正数,xy 面上与点 $P_0(x_0, y_0)$ 距离小于 δ 的点 $P(x, y)$ 的全体,称为点 P_0 的 δ 邻域,记作 $U(P_0, \delta)$。

例 9 确定 $z = x^2 y$ 的定义域。

解 由于自变量 x, y 取值皆不受限制,所以函数定义域为

$$D = \{(x, y) \mid -\infty < x < +\infty, -\infty < y < +\infty\}$$

即整个 xy 面,为无界区域。

例 10 确定 $z = \sqrt{R^2 - x^2 - y^2}$ $(R > 0)$ 的定义域。

解 解不等式 $R^2 - x^2 - y^2 \geqslant 0$,得 $x^2 + y^2 \leqslant R^2$,所以函数定义域为

$$D = \{(x, y) x^2 + y^2 \leqslant R^2\}$$

它是 xy 面上圆 $x^2 + y^2 = R^2$ 及其内部的点构成的平面点集,为有界闭区域。

练一练

1. 设函数 $f(x,y)=x^2-y^2+3xy\sin\dfrac{y}{x}$,求 $f(tx,ty)$。

2. 求下列各函数的定义域。

(1) $z=\sqrt{x^2+y^2-1}+\dfrac{1}{\sqrt{9-x^2-y^2}}$;

(2) $z=\ln(x^2-2xy+y^2-1)$。

6.2.2 二元函数的极限

定义 3 已知二元函数 $f(x,y)$ 在点 (x_0,y_0) 附近有定义,当 $(x,y)\to(x_0,y_0)$ 时,若存在常数 A,使得 $f(x,y)$ 与 A 无限接近,则称常数 A 为二元函数 $f(x,y)$)当 $(x,y)\to(x_0,y_0)$ 时的极限,记作

$$\lim_{(x,y)\to(x_0,y_0)}f(x,y)=A$$

二元函数的极限在形式上与一元函数类似,但它们有着本质的区别。对于一元函数 $y=f(x)$,自变量 $x\to x_0$ 只有两个方向;但对于二元函数 $z=f(x,y)$,自变量 $(x,y)\to(x_0,y_0)$ 却有无穷多个方向。只有当点 (x,y) 沿着这无穷多个方向无限接近点 (x_0,y_0) 时,$f(x,y)$ 的极限都存在且相等,$f(x,y)$ 的极限才存在。从两个方向到无穷多个方向,不仅是数量上的增加,而且有了质的变化,这就是二元微积分的许多结论与一元微积分不同的根源。

例 11 求 $\lim\limits_{\substack{x\to 0\\y\to 2}}\dfrac{\sin(xy)}{x}$。

解 这里 $f(x,y)=\dfrac{\sin(xy)}{x}$ 在区域 $D_1=\{(x,y)\,|\,x<0\}$ 和区域 $D_2=\{(x,y)\,|\,x>0\}$ 内都有定义,$P_0(0,2)$ 同时为 D_1 及 D_2 的边界点。但无论在 D_1 内还是在 D_2 内考虑,下列运算都是正确的:

$$\lim_{\substack{x\to 0\\y\to 2}}\frac{\sin(xy)}{x}=\lim_{xy\to 0}\frac{\sin(xy)}{xy}\cdot\lim_{y\to 2}y=1\cdot 2=2$$

例 12 设函数

$$f(x,y)=\begin{cases}\dfrac{xy}{x^2+y^2}, & x^2+y^2\neq 0\\[2mm] 0, & x^2+y^2=0\end{cases}。$$

求 $\lim\limits_{(x,y)\to(0,0)}f(x,y)$。

解 当点 $P(x,y)$ 沿 x 轴趋于点 $(0,0)$ 时

$$\lim_{x\to 0}f(x,0)=\lim_{x\to 0}0=0$$

同样,当点 $P(x,y)$ 沿 y 轴趋于点 $(0,0)$ 时

$$\lim_{y \to 0} f(0, y) = \lim_{y \to 0} 0 = 0$$

即点 $P(x, y)$ 以上述两种方式(沿 x 轴或沿 y 轴)趋于原点时函数的极限存在并且相等。

但是当点 $P(x, y)$ 沿着直线 $y = kx$ 趋于点 $(0, 0)$ 时,有

$$\lim_{\substack{x \to 0 \\ y = kx \to 0}} \frac{xy}{x^2 + y^2} = \lim_{x \to 0} \frac{kx^2}{x^2 + k^2 x^2} = \frac{k}{1 + k^2}$$

显然它是随着 k 的值的不同而改变的,所以极限 $\lim_{(x, y) \to (0, 0)} f(x, y)$ 不存在。

6.2.3 二元函数的连续性

定义 4 已知二元函数 $z = f(x, y)$ 在点 (x_0, y_0) 处及其附近有定义,若 $\lim_{(x, y) \to (x_0, y_0)} f(x, y) = f(x_0, y_0)$,则称二元函数 $z = f(x, y)$ 在点 (x_0, y_0) 处连续。

如果二元函数 $z = f(x, y)$ 开区域(或闭区域)D 内的每一点连续,那么就称二元函数 $z = f(x, y)$ 在 D 内连续,或者称 $f(x, y)$ 是 D 内的连续函数。

如果函数 $z = f(x, y)$ 在点 $P_0(x_0, y_0)$ 处不连续,则称点 $P_0(x_0, y_0)$ 为函数 $f(x, y)$ 的间断点或不连续点。例如函数

$$z = \sin \frac{1}{x^2 + y^2 - 6}$$

在圆周 $x^2 + y^2 = 6$ 上没有定义,所以该圆周上各点都是间断点。

与一元函数相类似,二元连续函数的和、差、积、商(分母不等于零)仍为二元连续函数;二元连续函数的复合函数也是连续函数。因此二元初等函数在它的定义域内是连续的。计算二元初等函数在其定义域内一点 P_0 的极限,只要计算它在这点的函数值,即

$$\lim_{p \to p_0} f(p) = f(p_0)$$

例 13 求 $\lim\limits_{\substack{x \to 0 \\ y \to 0}} \dfrac{\sqrt{xy + 4} - 2}{3xy}$。

解 $\lim\limits_{\substack{x \to 0 \\ y \to 0}} \dfrac{\sqrt{xy + 4} - 2}{3xy} = \lim\limits_{\substack{x \to 0 \\ y \to 0}} \dfrac{xy + 4 - 4}{3xy(\sqrt{xy + 4} + 2)} = \lim\limits_{\substack{x \to 0 \\ y \to 0}} \dfrac{1}{3(\sqrt{xy + 4} + 2)} = \dfrac{1}{12}$

与闭区间上一元连续函数的性质相类似,在有界闭区域上二元连续函数也有如下性质:

性质 1 (**最大值和最小值定理**)在有界闭区域 D 上的二元连续函数,在 D 上一定有最大值和最小值。

性质 2 (**介值定理**)在有界闭区域 D 上的二元连续函数,如果在 D 上取得两个不同的函数值,则它在 D 上取得介于这两个值之间的任何值至少一次。

 **练一练**

求下列各极限。

(1) $\lim\limits_{\substack{x \to 0 \\ y \to 1}} \dfrac{1 - xy}{x^2 + y^2}$;

(2) $\lim\limits_{\substack{x \to 0 \\ y \to 0}} \dfrac{2 - \sqrt{xy + 4}}{xy}$。

习题 6.2

A. 基本题

1. 设函数 $f(x,y)=x^3-2xy+3y^2$，试求：

(1) $f\left(\dfrac{1}{x},\dfrac{2}{y}\right)$；　　　　　　(2) $f\left(\dfrac{x}{y},\sqrt{xy}\right)$。

2. 求下列各函数的定义域。

(1) $z=\ln(y-x)+\dfrac{\sqrt{x}}{\sqrt{1-x^2-y^2}}$；

(2) $z=\sqrt{x-\sqrt{y}}$；

(3) $z=\arcsin\dfrac{1}{\sqrt{x^2+y^2}}$；

(4) $z=\dfrac{1}{\sqrt{x+y}}+\dfrac{1}{\sqrt{x-y}}$。

B. 一般题

3. 求下列各极限。

(1) $\lim\limits_{\substack{x\to 2\\ y\to 0}}\dfrac{\sin(xy)}{y}$；

(2) $\lim\limits_{\substack{x\to 1\\ y\to 0}}\dfrac{\ln(x+e^y)}{\sqrt{x^2+y^2}}$；

(3) $\lim\limits_{\substack{x\to 0\\ y\to 0}}\dfrac{1-\cos(x^2+y^2)}{(x^2+y^2)e^{x^2 y^2}}$；

(4) $\lim\limits_{\substack{x\to 0\\ y\to 0}}\dfrac{xy}{\sqrt{xy+1}-1}$。

6.3 二元函数的偏导数

6.3.1 二元函数的一阶偏导数

对于二元函数，若同时考虑两个自变量都在变化，则它的变化比较复杂，不便于讨论，于是分别考虑只有一个自变量变化而引起的二元函数的变化情况。

已知二元函数 $z=f(x,y)$，在点 (x_0,y_0) 处及其附近有定义，若只有 x 变化，而 y 不变化，即 y 恒等于 y_0，这时二元函数 $z=f(x,y)$ 就化为自变量为 x 的一元函数 $z=f(x,y_0)$，可以考虑它在点 x_0 处对 x 的导数；同样，若只有 y 变化，而 x 不变化，即 x 恒等于 x_0，这时二元函数 $z=f(x,y)$ 就化为自变量为 y 的一元函数 $z=f(x_0,y)$，可以考虑它在点 y_0 处对于 y 的导数。

定义 5 已知二元函数 $z=f(x,y)$ 在点 (x_0,y_0) 的某一邻域内有定义，当 y 固定在 y_0，而 x 在 x_0 处有改变量 Δx 时，相应地，函数有改变量

$$f(x_0+\Delta x,y_0)-f(x_0,y_0)$$

如果极限

$$\lim_{\Delta x\to 0}\frac{f(x_0+\Delta x,y_0)-f(x_0,y_0)}{\Delta x}$$

存在，则称此极限值为函数 $z=f(x,y)$，在点 (x_0,y_0) 处对 x 的偏导数，记为

$$\frac{\partial z}{\partial x}\bigg|_{\substack{x=x_0\\y=y_0}},\ \frac{\partial f}{\partial x}\bigg|_{\substack{x=x_0\\y=y_0}},\ z_x'\bigg|_{\substack{x=x_0\\y=y_0}}\ \text{或}\ f_x'(x_0,y_0)$$

类似地,当 x 固定在 x_0,而 y 在 y_0 处有改变量 Δy 时,如果极限

$$\lim_{\Delta y \to 0} \frac{f(x_0, y_0 + \Delta y) - f(x_0, y_0)}{\Delta y}$$

存在,则称此极限值为函数 $z = f(x, y)$ 在点 (x_0, y_0) 处对 y 的偏导数,记为

$$\frac{\partial z}{\partial y}\bigg|_{\substack{x=x_0 \\ y=y_0}}, \frac{\partial f}{\partial y}\bigg|_{\substack{x=x_0 \\ y=y_0}}, z_{y}{'}\bigg|_{\substack{x=x_0 \\ y=y_0}} \text{ 或 } f_y'(x_0, y_0)$$

如果函数 $z = f(x, y)$ 在区域 D 内每一点 (x, y) 处对 x 的偏导数都存在,这个偏导数就是 x, y 的函数,称为 $z = f(x, y)$ 对自变量 x 的偏导函数,记作

$$\frac{\partial z}{\partial x}, \frac{\partial f}{\partial x}, z_x' \text{ 或 } f_x'(x, y)$$

类似地,可以定义函数 $z = f(x, y)$ 对自变量 y 的偏导函数,记作

$$\frac{\partial z}{\partial y}, \frac{\partial f}{\partial y}, z_y' \text{ 或 } f_y'(x, y)$$

以后如不混淆,偏导函数简称为偏导数。

至于实际求 $z = f(x, y)$ 的偏导数,并不需要用新的方法,因为这里只有一个自变量在变动,另一个自变量是看作固定的,所以仍旧是一元函数的微分法问题。求 $\frac{\partial f}{\partial x}$ 时,只要把 y 暂时看作常量而对 x 求导数;求 $\frac{\partial f}{\partial y}$ 时,则只要把 x 暂时看作常量而对 y 求导数。

例 14　求 $z = x^3 - 2xy + y^3$ 在 $(1, 3)$ 处的偏导数。

解　把 y 看作常量,得

$$\frac{\partial z}{\partial x} = 3x^2 - 2y$$

把 x 看作常量得

$$\frac{\partial z}{\partial y} = -2x + 3y^2$$

将 $(1, 3)$ 代入上面的结果,得

$$\frac{\partial z}{\partial x}\bigg|_{\substack{x=1 \\ y=3}} = 3 \cdot 1^2 - 2 \cdot 3 = -3, \frac{\partial z}{\partial y}\bigg|_{\substack{x=1 \\ y=3}} = -2 \cdot 1 + 3 \cdot 3^2 = 25$$

例 15　求二元函数 $z = e^{xy}$ 的偏导数。

解　将二元函数 $z = e^{xy}$ 分解为

$$z = e^u, u = xy$$

根据一元复合函数求导运算法则,得

$$\frac{\partial z}{\partial x} = e^{xy}(xy)_x' = ye^{xy}, \qquad \frac{\partial z}{\partial y} = e^{xy}(xy)_y' = xe^{xy}$$

例 16　设 $z = \dfrac{x}{y}\sin(x^2 y^3)$,求 $\dfrac{\partial z}{\partial x}, \dfrac{\partial z}{\partial y}$。

解　求 $\dfrac{\partial z}{\partial x}$ 时,把变量 y 看作常量,利用乘积的求导法则,得

$$\frac{\partial z}{\partial x} = \frac{x}{y} \frac{\partial}{\partial x}[\sin(x^2 y^3)] + \left[\frac{\partial}{\partial x}\left(\frac{x}{y}\right)\right]\sin(x^2 y^3)$$

$$= \frac{x}{y}\cos(x^2 y^3)2xy^3 + \frac{1}{y}\sin(x^2 y^3)$$

$$= 2x^2 y^2 \cos(x^2 y^2) + \frac{1}{y}\sin(x^2 y^3)$$

求 $\frac{\partial z}{\partial y}$ 时,把变量 x 看作常量,得

$$\frac{\partial z}{\partial y} = \frac{x}{y} \frac{\partial}{\partial y}[\sin(x^2 y^3)] + \left[\frac{\partial}{\partial y}\left(\frac{x}{y}\right)\right]\sin(x^2 y^3)$$

$$= \frac{x}{y}\cos(x^2 y^3)3x^2 y^2 - \frac{x}{y^2}\sin(x^2 y^3)$$

$$= 3x^3 y\cos(x^2 y^3) - \frac{x}{y^2}\sin(x^2 y^3)$$

例 17 设 $z = x^y (x > 0, x \neq 1)$,求证:

$$\frac{x}{y}\frac{\partial z}{\partial x} + \frac{1}{\ln x}\frac{\partial z}{\partial y} = 2z$$

证 因为 $\frac{\partial z}{\partial x} = yx^{y-1}, \frac{\partial z}{\partial y} = x^y \ln x$,所以

$$\frac{x}{y} \cdot \frac{\partial z}{\partial x} + \frac{1}{\ln x} \cdot \frac{\partial z}{\partial y} = \frac{x}{y} \cdot yx^{y-1} + \frac{1}{\ln x} \cdot x^y \ln x = x^y + x^y = 2z$$

我们已经知道,如果一元函数在某点具有导数,则它在该点必定连续。但对于二元函数来说,即使各偏导数在某点都存在,也不能保证函数在该点连续。例如,函数

$$z = f(x, y) = \begin{cases} \dfrac{xy}{x^2 + y^2}, & x^2 + y^2 \neq 0 \\ 0, & x^2 + y^2 = 0 \end{cases}。$$

在点 $(0, 0)$ 对 x 的偏导数为

$$f'_x(0, 0) = \lim_{\Delta x \to 0} \frac{f(0 + \Delta x, 0) - f(0, 0)}{\Delta x} = \lim_{\Delta x \to 0} 0 = 0$$

同样有 $$f'_y(0, 0) = \lim_{\Delta y \to 0} \frac{f(0, 0 + \Delta y) - f(0, 0)}{\Delta y} = \lim_{\Delta y \to 0} 0 = 0$$

但是在 6.2 例 12 中已经知道该函数当 $x \to 0, y \to 0$ 时的极限不存在,故该函数在点 $(0, 0)$ 处并不连续。

它表明偏导数的记号是一个整体记号,不能看作分子与分母之商,这是与一元函数导数记号的不同之处。

二元函数 $z = f(x, y)$ 在点 (x_0, y_0) 处的偏导数有下述几何意义: $f'_x(x_0, y_0)$ 表示曲面 $z = f(x, y)$ 与平面 $y = y_0$ 的交线在空间中的点 $P(x_0, y_0, f(x_0, y_0))$ 处切线 PT_x 的斜率;类似地,$f'_y(x_0, y_0)$ 表示曲面 $z = f(x, y)$ 与平面 $x = x_0$ 的交线在点 P $(x_0, y_0, f(x_0, y_0))$ 处切线 PT_y 的斜率,如图 6-9 所示,这与一元函数导数的几何意义是类似的。

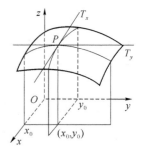

图 6-9

 **练一练**

求下列函数的偏导数。

(1) $z = x^2 y + xy^2$；　　　　　(2) $z = \sqrt{\ln(xy)}$。

6.3.2　二元函数的二阶偏导数

设函数 $z = f(x, y)$ 在区域 D 内具有偏导数

$$\frac{\partial z}{\partial x} = f'_x(x, y),\ \frac{\partial z}{\partial y} = f'_y(x, y)$$

那么在 D 内 $f'_x(x, y), f'_y(x, y)$ 都是 x, y 的函数。如果这两个函数的偏导数也存在，则称它们是函数 $z = f(x, y)$ 的二阶偏导数。按照对变量求导次序的不同有下列四个二阶偏导数：

$$\frac{\partial}{\partial x}\left(\frac{\partial z}{\partial x}\right) = \frac{\partial^2 x}{\partial x^2} = Z''_{xx}, \qquad \frac{\partial}{\partial y}\left(\frac{\partial z}{\partial x}\right) = \frac{\partial^2 z}{\partial x \partial y} = Z''_{xy}$$

$$\frac{\partial}{\partial x}\left(\frac{\partial z}{\partial y}\right) = \frac{\partial^2 z}{\partial y \partial x} = Z''_{yx}, \qquad \frac{\partial}{\partial y}\left(\frac{\partial z}{\partial y}\right) = \frac{\partial^2 z}{\partial y^2} = Z''_{yy}$$

其中第二、第三两个偏导数称为混合偏导数。

例 18　设 $z = x^3 y^2 + \dfrac{x}{y}$，求它的四个二阶偏导数。

解
$$\frac{\partial z}{\partial x} = 3x^2 y^2 + \frac{1}{y}, \qquad \frac{\partial z}{\partial y} = 2x^3 y - \frac{x}{y^2}$$

所以四个二阶偏导数分别为

$$\frac{\partial^2 z}{\partial x^2} = \frac{\partial}{\partial x}\left(\frac{\partial z}{\partial x}\right) = 6xy^2, \qquad \frac{\partial^2 z}{\partial x \partial y} = \frac{\partial}{\partial y}\left(\frac{\partial z}{\partial x}\right) = 6x^2 y - \frac{1}{y^2}$$

$$\frac{\partial^2 z}{\partial y \partial x} = \frac{\partial}{\partial x}\left(\frac{\partial z}{\partial y}\right) = 6x^2 y - \frac{1}{y^2}, \qquad \frac{\partial^2 z}{\partial y^2} = \frac{\partial}{\partial y}\left(\frac{\partial z}{\partial y}\right) = 2x^3 + \frac{2x}{y^3}$$

从该例中可以看到，两个二阶混合偏导数相等，即 $\dfrac{\partial^2 z}{\partial x \partial y} = \dfrac{\partial^2 z}{\partial y \partial x}$，这不是偶然的，事实上有如下定理：

定理 1　如果函数 $z = f(x, y)$ 的两个二阶混合偏导数 $\dfrac{\partial^2 z}{\partial y \partial x}$ 及 $\dfrac{\partial^2 z}{\partial x \partial y}$ 在区域 D 内连续，那么在该区域内这两个二阶混合偏导数必相等。

从该定理可知，二阶混合偏导数在连续的条件下与求导的次序无关。

例 19　求二元函数 $z = x\ln(x + y)$ 的二阶偏导数。

解
$$\frac{\partial z}{\partial x} = \ln(x + y) + x\,\frac{1}{x + y}(x + y)'_x = \ln(x + y) + \frac{x}{x + y}$$

$$\frac{\partial z}{\partial y} = x\,\frac{1}{x + y}(x + y)'_y = \frac{x}{x + y}$$

所以二阶偏导数分别为

$$\frac{\partial^2 z}{\partial x^2} = \frac{1}{x+y}(x+y)'_x + \frac{(x+y)-x}{(x+y)^2} = \frac{1}{x+y} + \frac{y}{(x+y)^2} = \frac{x+2y}{(x+y)^2}$$

$$\frac{\partial^2 z}{\partial x \partial y} = \frac{\partial^2 z}{\partial y \partial x} = \left(\frac{x}{x+y}\right)'_x = \frac{(x+y)-x}{(x+y)^2} = \frac{y}{(x+y)^2}$$

$$\frac{\partial^2 z}{\partial y^2} = -\frac{x}{(x+y)^2}(x+y)'_y = -\frac{x}{(x+y)^2}$$

练一练

1. 求下列函数的二阶偏导数。

(1) $z = x^4 y^4 - 4x^2 y^2$;　　　　(2) $z = e^{xy}$。

2. 验证: $y = e^{-kn^2 t} \sin nx$ 满足 $\dfrac{\partial y}{\partial t} = k \dfrac{\partial^2 y}{\partial x^2}$。

习题 6.3

A. 基本题

1. 求下列函数的偏导数。

(1) $z = e^{x+y} \cos(x-y)$;　　　　(2) $z = (1+xy)^y$;

(3) $z = \ln \tan \dfrac{x}{y}$;　　　　(4) $z = \sec(xy)$。

2. 设 $z = f(x,y) = \ln(y+2x)$, 求 $f'_x(2,1)$ 及 $f'_y(1,y)$。

B. 一般题

3. 设 $z = e^{-\left(\frac{1}{x}+\frac{1}{y}\right)}$, 求证 $x^2 \dfrac{\partial z}{\partial x} + y^2 \dfrac{\partial z}{\partial y} = 2z$。

4. 求下列函数的二阶偏导数。

(1) $z = \arctan \dfrac{y}{x}$;　　　　(2) $z = \ln(e^x + e^y)$。

5. 设 $T = 2\pi \sqrt{\dfrac{l}{g}}$, 求证: $l \dfrac{\partial T}{\partial l} + g \cdot \dfrac{\partial T}{\partial g} = 0$。

6.4　二元函数的全微分

6.4.1　全微分的概念

如果一元函数 $y = f(x)$ 在点 x 可微,那么函数 $y = f(x)$ 的改变量

$$\Delta y = f(x + \Delta x) - f(x)$$

可以表示为 Δx 的线性函数与一个比 Δx 高阶的无穷大小之和,即

$$\Delta y = f(x + \Delta x) - f(x) = A\Delta x + o(\Delta x)$$

其中 A 与 Δx 无关,仅与 x 有关,$o(\Delta x)$ 是当 $\Delta x \to 0$ 时,比 Δx 高阶的无穷小。

对于二元函数 $z = f(x,y)$ 在点 (x,y) 的全改变量

$$\Delta z = f(x + \Delta x, y + \Delta y) - f(x,y)$$

与一元函数的情况类似,希望能分离出自变量的改变量 Δx、Δy 的线性函数,从而引入如下定义。

定义 6 设二元函数 $z = f(x,y)$ 在点 (x,y) 的某邻域内有定义,如果函数 $z = f(x,y)$ 在点 (x,y) 的全改变量

$$\Delta z = f(x + \Delta x, y + \Delta y) - f(x,y)$$

可以表示为
$$\Delta z = A\Delta x + B\Delta y + o(\rho)$$

其中 A、B 与 Δx、Δy 无关,仅与 x、y 有关,$\rho = \sqrt{(\Delta x)^2 + (\Delta y)^2}$,$o(\rho)$ 是当 $\rho \to 0$ 时比 ρ 高阶的无穷小,则称函数 $z = f(x,y)$ 在点 (x,y) 处可微分,并称 $A\Delta x + B\Delta y$ 是函数 $z = f(x,y)$ 在点 (x,y) 处的全微分,记作 $\mathrm{d}z$,即

$$\mathrm{d}z = A\Delta x + B\Delta y$$

如果函数在区域 D 内各点处都可微分,那么称该函数在 D 内可微分。

二元函数在某点的各个偏导数即使都存在,却不能保证函数在该点连续,但是,由上述定义可知,如果函数 $z = f(x,y)$,在点 (x,y) 可微分,那么此函数在该点必定连续。

事实上,由 $\Delta z = A \cdot \Delta x + B\Delta y + o(\rho)$ 可得

$$\lim_{\substack{\Delta x \to 0 \\ \Delta y \to 0}} \Delta z = 0$$

从而
$$\lim_{\substack{\Delta x \to 0 \\ \Delta y \to 0}} f(x + \Delta x, y + \Delta y) = \lim_{\substack{\Delta x \to 0 \\ \Delta y \to 0}} [f(x,y) + \Delta z] = f(x,y)$$

因此函数 $z = f(x,y)$ 在点 (x,y) 处连续。

下面进一步讨论函数 $z = f(x,y)$ 在点 (x,y) 可微分的条件。

定理 2(必要条件) 如果函数 $z = f(x,y)$ 在点 (x,y) 可微分,则该函数在点 (x,y) 的偏导数 $\dfrac{\partial z}{\partial x}$,$\dfrac{\partial z}{\partial y}$ 必定存在,且函数 $z = f(x,y)$ 在点 (x,y) 的全微分为

$$\mathrm{d}z = \frac{\partial z}{\partial x}\Delta x + \frac{\partial z}{\partial y}\Delta y$$

一般地,自变量的改变量 Δx,Δy 分别为 $\mathrm{d}x$,$\mathrm{d}y$,故函数 $z = f(x,y)$ 在点 (x,y) 处的全微分可写成

$$\mathrm{d}z = \frac{\partial z}{\partial x}\mathrm{d}x + \frac{\partial z}{\partial y}\mathrm{d}y$$

定理 3(充分条件) 如果函数 $z = f(x,y)$ 的偏导数 $\dfrac{\partial z}{\partial x}$,$\dfrac{\partial z}{\partial y}$ 在点 (x,y) 连续,则函数在该点可微分。

该定理的证明从略。

例 20 求二元函数 $z = x^3 + y^3$ 的全微分。

解 因 $\dfrac{\partial z}{\partial x} = 3x^2$,$\dfrac{\partial z}{\partial y} = 3y^2$,故 $\mathrm{d}z = 3x^2\,\mathrm{d}x + 3y^2\,\mathrm{d}y$。

例 21 求二元函数的 $z = x e^y$ 的全微分。

解 因 $\dfrac{\partial z}{\partial x} = e^y, \dfrac{\partial z}{\partial y} = x e^y, dz = e^y dx + x e^y dy$。

例 22 求二元函数 $z = \sqrt{x^2 + y^2}$ 在 $x = 3, y = 4$ 处，当 $\Delta x = 0.02, \Delta y = -0.01$ 时改变量的近似值。

解 因 $\dfrac{\partial z}{\partial x} = \dfrac{2x}{2\sqrt{x^2+y^2}} = \dfrac{x}{\sqrt{x^2+y^2}}, \dfrac{\partial z}{\partial y} = \dfrac{2y}{2\sqrt{x^2+y^2}} = \dfrac{y}{\sqrt{x^2+y^2}}$，

故 $dz = \dfrac{x}{\sqrt{x^2+y^2}} \Delta x + \dfrac{y}{\sqrt{x^2+y^2}} \Delta y$。

在 $x = 3, y = 4$ 处，当 $\Delta x = 0.02, \Delta y = -0.01$ 时，全微分

$$dz = \frac{3}{\sqrt{3^2+4^2}} \times 0.02 + \frac{4}{\sqrt{3^2+4^2}} \times (-0.01) = 0.004,$$

所以二元函数改变量 $\Delta z \approx dz = 0.004$

练一练

1. 求函数 $z = \ln(1 + x^2 + y^2)$ 当 $x = 1, y = 2$ 时的全微分。

2. 求下列函数的全微分。

(1) $z = x^2 y + \dfrac{y}{x}$；　　　　　(2) $z = \dfrac{y}{\sqrt{x^2+y^2}}$。

6.4.2 全微分在近似计算中的应用

由二元函数全微分的定义及关于全微分存在的充分条件可知，当二元函数 $z = f(x, y)$ 在点 $p(x, y)$ 的两个偏导数 $f_x(x, y), f_y(x, y)$ 连续，并且 $|\Delta x|$、$|\Delta y|$ 都较小时，就有近似等式

$$\Delta z \approx dz = f'_x(x, y) \Delta x + f'_y(x, y) \Delta y$$

上式也可以写成

$$f(x + \Delta x, y + \Delta y) \approx f(x, y) + f'_x(x, y) \Delta x + f'_y(x, y) \Delta y$$

例 23 计算 $(1.04)^{2.02}$ 的近似值。

解 设函数 $f(x, y) = x^y$。显然，要计算的值就是函数在 $x = 1.04, y = 2.02$ 时的函数值 $f(1.04, 2.02)$。由于

$$f(1, 2) = 1$$
$$f_x(x, y) = y x^{y-1}, f_y(x, y) = x^y \ln x$$
$$f_x(1, 2) = 2, f_y(1, 2) = 0$$

所以，应用公式可得

$$(1.04)^{2.02} \approx 1 + 2 \times 0.04 + 0 \times 0.02 \approx 1.08$$

例 24 有一圆柱体，受压后发生形变，它的半径由 20 cm 增大到 20.05 cm，高度由 100 cm 减少到 99 cm，求此圆柱体体积变化的近似值。

解 设圆柱体的半径、高和体积依次为 r、h 和 V，则有

$$V = \pi r^2 h$$

记 r、h 和 V 的增量依次为 Δr、Δh 和 ΔV。由公式得

$$\Delta V \approx dV = V_r' \Delta r + V_h' \Delta h = 2\pi r h \Delta r + \pi r^2 \Delta h$$

即 $\qquad \Delta V \approx 2\pi \times 20 \times 100 \times 0.05 + \pi \times 20^2 \times (-1) = -200\pi \ cm^3$

 练一练

利用全微分计算 $\arctan \dfrac{1.02}{0.95}$ 的近似值。

习题 6.4

A. 基本题

1. 求函数 $z = x^2 y^3$ 当 $x = 2, y = -1, \Delta x = 0.02, \Delta y = 0.01$ 时的全微分和全改变量。

2. 求下列函数的全微分。

(1) $z = e^{3xy + y^2}$；　　　　　(2) $z = e^{\frac{y}{x}}$；

(3) $z = \arcsin(xy)$；　　　　(4) $z = x \cos(x - y)$。

3. 求函数 $z = e^{xy}$ 当 $x = 1, y = 1, \Delta x = 0.15, \Delta y = 0.1$ 的全微分。

4. 利用全微分计算 $\sqrt{(1.02)^3 + (1.97)^3}$ 的近似值。

B. 一般题

5. 求函数 $z = \arctan \dfrac{x^2}{y}$ 的全微分。

6. 求函数 $z = x^2 \arctan \dfrac{y}{x} - y^2 \arctan \dfrac{x}{y}$ 的全微分。

6.5　二重积分的概念与性质

由一元函数积分学可知,定积分是某种确定形式的和的极限,将这种和式极限的概念推广到二元函数中,便得到二重积分。本节将介绍二重积分的概念和基本性质。

6.5.1　二重积分的概念

例 25　求曲顶柱体的体积。

设有一立体,它的底是 xy 面上的有界闭区域 D, 它的侧面是以 D 的边界曲线为准线而母线平行于 z 轴的柱面,它的顶是曲面 $z = f(x, y)$,这里 $f(x, y) \geqslant 0$ 且在 D 上连续,如图 6-10 所示,这种立体称为曲顶柱体。现在要计算此曲顶柱体的体积 V。

如果曲顶柱体的顶是与 xy 面平行的平面,也就是该柱体的高是不变的,那么它的体积可以用

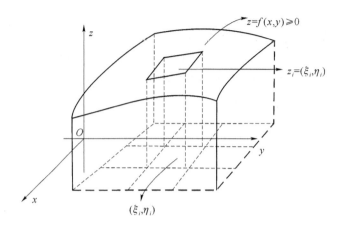

图 6-10

公式

$$体积 = 底面积 \times 高$$

来计算。现在柱体的顶是曲面 $z = f(x, y)$，当点 (x, y) 在区域 D 上变动时，高度 $f(x, y)$ 是个变量，因此它的体积不能直接用上式来计算。下面，仿照求曲边梯形面积的方法和步骤来解决求曲顶柱体的体积问题。

第一步，分割。

将区域 D 任意分成 n 个小区域 $\Delta\sigma_1, \Delta\sigma_2, \cdots, \Delta\sigma_n$，且以 $\Delta\sigma_i$ 表示第 i 个小区域的面积，分别以这些小区域的边界曲线为准线，作母线平行于 z 轴的柱面，这些柱面把原来的曲顶柱体分为 n 个小曲顶柱体。

第二步，作近似。

对于第 i 个小曲顶柱体，当小区域 $\Delta\sigma_i$ 的直径（即区域上任意两点间距离最大者）足够小时，由于 $f(x, y)$ 连续，在区域 $\Delta\sigma_i$ 上，其高度 $f(x, y)$ 变化很小，因此可将这个小曲顶柱体近似看作以 $\Delta\sigma_i$ 为底、$f(\xi_i, \eta_i)$ 为高的平顶柱体，如图 6-10 所示，其中 (ξ_i, η_i) 为 $\Delta\sigma_i$ 上任意一点，从而得到第 i 个小曲顶柱体体积 ΔV_i 的近似值为

$$\Delta V_i \approx f(\xi_i, \eta_i) \Delta\sigma_i \quad (i = 1, 2, \cdots, n)$$

第三步，求和。

把求得的 n 个小曲顶柱体的体积的近似值相加，便得到所求曲顶柱体体积的近似值

$$V = \sum_{i=1}^{n} \Delta V_i \approx \sum_{i=1}^{n} f(\xi_i, \eta_i) \Delta\sigma_i$$

第四步，取极限。

当区域 D 分割得越细密，上式右端的和式越接近于体积 V。令 n 个小区域中的最大直径 $d \to 0$，则上述和式的极限就是曲顶柱体的体积 V，即

$$V = \lim_{d \to 0} \sum_{i=1}^{n} f(\xi_i, \eta_i) \Delta\sigma_i$$

例 26　求平面薄片的质量。

设有一质量非均匀分布的平面薄片，占有 xy 面上的区域 D，它在点 (x, y) 处的面密度 $\rho(x, y)$ 在 D 上连续，且 $\rho(x, y) > 0$，现在要计算该薄片的质量 m。

仍然采用求曲顶柱体体积的方法来解决这个问题。

第一步,分割。

将区域 D 任意分割成 n 个小区域 $\Delta\sigma_1,\Delta\sigma_2,\cdots,\Delta\sigma_n$,并且以 $\Delta\sigma_i$ 表示第 i 个小区域的面积,如图 6-11 所示。

第二步,作近似。

由于 $\rho(x,y)$ 连续,只要每个小区域 $\Delta\sigma_1,\Delta\sigma_2,\cdots,\Delta\sigma_n$ 的直径很小,相应于第 i 个小区域的小薄片的质量 Δm_i 的近似值为

$$\Delta m_i \approx \rho(\xi_i,\eta_i)\Delta\sigma_i \quad (i=1,2,\cdots,n)$$

其中 (ξ_i,η_i) 是 $\Delta\sigma_i$ 上任意一点。

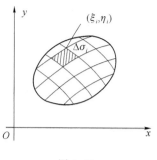

图 6-11

第三步,求和。

将求得的 n 个小薄片的质量的近似值相加,便得到整个薄片的质量的近似值

$$m = \sum_{i=1}^{n} \Delta m_i \approx \sum_{i=1}^{n} \rho(\xi_i,\eta_i)\Delta\sigma_i$$

第四步,取极限。

将 D 无限细分,即 n 个小区域中的最大直径 $d \to 0$ 时,和式的极限就是薄片的质量,即

$$m = \lim_{d\to 0} \sum_{i=1}^{n} \rho(\xi_i,\eta_i)\Delta\sigma_i$$

上面两个问题的实际意义虽然不同,但都是把所求的量归结为求二元函数的同一类型的和式的极限,这种数学模型在研究其他实际问题时也会经常遇到,为此引进二重积分的概念。

定义 设 $z=f(x,y)$ 是定义在有界闭区域 D 上的有界函数,将区域 D 任意分割成 n 个小区域 $\Delta\sigma_1,\Delta\sigma_2,\cdots,\Delta\sigma_n$ 并以 $\Delta\sigma_i$ 表示第 i 个小区域的面积。在每个小区域上任取一点 (ξ_i,η_i),作乘积 $f(\xi_i,\eta_i)\Delta\sigma_i(i=1,2,\cdots,n)$,并作和式 $\sum_{i=1}^{n} f(\xi_i,\eta_i)\Delta\sigma_i$。如果当各小区域的直径中的最大值 d 趋于零时,此和式的极限存在,则称此极限值为函数 $f(x,y)$ 在区域 D 上的二重积分,记作 $\iint\limits_{D} f(x,y)\mathrm{d}\sigma$,即

$$\iint\limits_{D} f(x,y)\mathrm{d}\sigma = \lim_{d\to 0} \sum_{i=1}^{n} f(\xi_i,\eta_i)\Delta\sigma_i$$

其中,$f(x,y)$ 称为被积函数;D 称为积分区域;$f(x,y)\mathrm{d}\sigma$ 称为被积表达式;$\mathrm{d}\sigma$ 称为面积微元;x 与 y 称为积分变量。

可以证明,当 $f(x,y)$ 在有界闭区域 D 上连续时,这个和式的极限必定存在。今后,总假定所讨论的二元函数 $f(x,y)$ 在区域 D 上是连续的,所以它在 D 上的二重积分总是存在的。

在二重积分的定义中,对区域 D 的划分是任意的,如果在直角坐标系中用平行于坐标轴的直线段来划分区域 D,那么除了靠近边界曲线的一些小区域外,其余绝大部分的小区域都是矩形的,小矩形 $\Delta\sigma$ 的边长为 Δx 和 Δy,则 $\Delta\sigma$ 的面积 $\Delta\sigma = \Delta x \cdot \Delta y$,因此在直角坐标系中面积微元 $\mathrm{d}\sigma$ 可记作 $\mathrm{d}x\mathrm{d}y$,从而二重积分也常记作

$$\iint\limits_{D} f(x,y)\mathrm{d}x\mathrm{d}y$$

由二重积分的定义可以知道:

曲顶柱体的体积 $$V = \iint\limits_{D} f(x,y)\mathrm{d}\sigma$$

平面薄片的质量 $$m = \iint\limits_{D} \rho(x,y)\mathrm{d}\sigma$$

二重积分的几何意义十分明显,当 $f(x,y) \geqslant 0$ 时,$\iint\limits_{D} f(x,y)\mathrm{d}\sigma$ 表示以 D 为底,以 $z = f(x,y)$ 为顶的曲顶柱体的体积;当 $f(x,y) \leqslant 0$ 时,柱体就在 xy 坐标面的下方,二重积分的绝对值仍等于柱体的体积,但二重体积的值是负的;特别地,当 $f(x,y) = 1$ 时,$\iint\limits_{D} f(x,y)\mathrm{d}\sigma = \iint\limits_{D}\mathrm{d}\sigma$ 表示区域 D 的面积,即

$$\iint\limits_{D}\mathrm{d}\sigma = \sigma \ (\sigma \text{ 表示区域 } D \text{ 的面积})$$

 练一练

1. 设 $I_1 = \iint\limits_{D_1} (x^2 + y^2)^3 \mathrm{d}\sigma$,其中 D_1 是矩形闭区域:$-1 \leqslant x \leqslant 1, -2 \leqslant y \leqslant 2$;

又 $I_2 = \iint\limits_{D_2} (x^2 + y^2)^3 \mathrm{d}\sigma$,其中 D_2 是矩形闭区域:$0 \leqslant x \leqslant 1, 0 \leqslant y \leqslant 2$。利用二重积分的几何意义说明 I_1 与 I_2 之间的关系。

2. 设有一平面薄板(不计算其厚度),占有 xy 坐标平面上的闭区域 D,薄板上分布有面密度为 $\sigma = \sigma(x,y)$ 的电荷,且 $\sigma(x,y)$ 在 D 上连续,试用二重积分表达该板上的全部电荷 Q。

6.5.2 二重积分的性质

比较定积分与二重积分的定义可以知道,二重积分与定积分有类似的性质,现叙述于下。

性质 3 被积函数的常数因子可以提到二重积分号的外面,即

$$\iint\limits_{D} kf(x,y)\mathrm{d}\sigma = k\iint\limits_{D} f(x,y)\mathrm{d}\sigma \ (k \text{ 为常数})$$

性质 4 函数的和(或差)的二重积分等于各个函数的二重积分的和(或差),即

$$\iint\limits_{D}[f(x,y) \pm g(x,y)]\mathrm{d}\sigma = \iint\limits_{D} f(x,y)\mathrm{d}\sigma \pm \iint\limits_{D} g(x,y)\mathrm{d}\sigma$$

性质 5 如果闭区域 D 被有限条曲线分为有限个部分闭区域,则在 D 上的二重积分等于在各部分闭区域上的二重积分的和,例如 D 分为两个闭区域 D_1 与 D_2,则

$$\iint\limits_{D} f(x,y)\mathrm{d}\sigma = \iint\limits_{D_1} f(x,y)\mathrm{d}\sigma + \iint\limits_{D_2} f(x,y)\mathrm{d}\sigma$$

这个性质表示二重积分对于积分区域具有可加性。

性质 4 如果在 D 上，$f(x,y) \leqslant g(x,y)$ 则有不等式

$$\iint\limits_D f(x,y)\mathrm{d}\sigma \leqslant \iint\limits_D g(x,y)\mathrm{d}\sigma$$

特殊地，由于 $\qquad -|f(x,y)| \leqslant f(x,y) \leqslant |f(x,y)|$

所以有不等式

$$\left|\iint\limits_D f(x,y)\mathrm{d}\sigma\right| \leqslant \iint\limits_D |f(x,y)|\mathrm{d}\sigma$$

性质 6 设 M、m 分别是 $f(x,y)$ 在闭区域 D 上的最大值和最小值，σ 是 D 的面积，则有

$$m\sigma \leqslant \iint\limits_D f(x,y)\mathrm{d}\sigma \leqslant M\sigma$$

性质 7 （二重积分的中值定理）设函数 $f(x,y)$ 在闭区域 D 上连续，σ 是 D 的面积，则在 D 上至少存在一点 (ξ,η) 使得下式成立：

$$\iint\limits_D f(x,y)\mathrm{d}\sigma = f(\xi,\eta) \cdot \sigma$$

当 $f(x,y) \geqslant 0$ 时，上式的几何意义是：二重积分所确定的曲顶柱体的体积，等于以积分区域 D 为底，$f(\xi,\eta)$ 为高的平顶柱体的体积。

关于二重积分的计算相对高职层次要求过高，不在本书讨论范围，详情参看参考文献[1]。

习题 6.5

A. 基本题

1. 根据二重积分的性质，比较下列积分的大小。

(1) $\iint\limits_D (x+y)^2 \mathrm{d}\sigma$ 与 $\iint\limits_D (x+y)^3 \mathrm{d}\sigma$，其中积分区域，其中积分区域 D 是由 x 轴，y 轴与直线 $x+y=1$ 所围成；

(2) $\iint\limits_D (x+y)^2 \mathrm{d}\sigma$ 与 $\iint\limits_D (x+y)^3 \mathrm{d}\sigma$，其中积分区域 D 是由圆周 $(x-2)^2+(y-1)^2=2$ 所围成。

B. 一般题

2. 利用二重积分的性质估计下列积分的值。

(1) $I = \iint\limits_D xy(x+y)\mathrm{d}\sigma$，其中 D 是矩形闭区域：$0 \leqslant x \leqslant 1, 0 \leqslant y \leqslant 1$；

(2) $I = \iint\limits_D \sin^2 x \sin^2 y \mathrm{d}\sigma$，其中 D 是矩形闭区域：$0 \leqslant x \leqslant \pi, 0 \leqslant y \leqslant \pi$。

复习题 6

(历年专插本考试真题)

一、单项选择题

1. (2011/5) 设 $f(x,y)=\begin{cases}\dfrac{\sin(2x^2-y^2)}{y},y\neq0,\\0,y=0。\end{cases}$ 则 $f'_y(0,0)=(\qquad)$。

A. -1 B. 0 C. 1 D. 2

2. (2010/5) 设 $f(x+y,xy)=x^2+y^2-xy$，则 $\dfrac{\partial f(x,y)}{\partial y}=(\qquad)$。

A. $2y-x$ B. -1 C. $2x-y$ D. -3

3. (2008/5) 已知函数 $z=e^{xy}$，则 $\mathrm{d}z=(\qquad)$。

A. $e^{xy}(\mathrm{d}x+\mathrm{d}y)$ B. $y\mathrm{d}x+x\mathrm{d}y$

C. $e^{xy}(x\mathrm{d}x+y\mathrm{d}y)$ D. $e^{xy}(y\mathrm{d}x+x\mathrm{d}y)$

4. (2006/4) 设 $z=\ln(xy)$，则 $\mathrm{d}z=(\qquad)$。

A. $\dfrac{1}{x}\mathrm{d}x+\dfrac{1}{y}\mathrm{d}y$ B. $\dfrac{1}{y}\mathrm{d}x+\dfrac{1}{x}\mathrm{d}y$

C. $\dfrac{\mathrm{d}x+\mathrm{d}y}{xy}$ D. $y\mathrm{d}x+x\mathrm{d}y$

5. (2005/5) 已知 $u=(xy)^x$，则 $\dfrac{\partial u}{\partial y}=(\qquad)$。

A. $x^2(xy)^{x-1}$ B. $x^2\ln(xy)$ C. $x(xy)^{x-1}$ D. $y^2\ln(xy)$

二、填空题

1. (2011/9) 若二元函数 $z=\dfrac{4x-3y}{y^2}(y\neq0)$，则 $\dfrac{\partial^2 z}{\partial x\partial y}-\dfrac{\partial^2 z}{\partial y\partial x}=$ _____。

2. (2011/10) 设平面区域 D 由直线 $y=x$，$y=2$ 及 $x=1$ 围成，则二重积分 $\iint\limits_{D}x\mathrm{d}\sigma$ = _____。

3. (2009/9) 已知二元函数 $z=f(x,y)$ 的全微分 $\mathrm{d}z=y^2\mathrm{d}x+2xy\mathrm{d}y$，则 $\dfrac{\partial^2 z}{\partial x\partial y}=$ _____。

4. (2008/9) 设 $u=e^x\cos y$，$v=e^x\sin y$，则 $\dfrac{\partial u}{\partial y}+\dfrac{\partial v}{\partial x}=$ _____。

三、计算题

1. (2011/17) 已知二元函数 $z=(3x+y)^{2y}$，求偏导数 $\dfrac{\partial z}{\partial x}$ 及 $\dfrac{\partial z}{\partial y}$。

2. (2009/16) 设隐函数 $z=f(x,y)$ 由方程 $x^y+z^3+xz=0$ 所确定，求 $\dfrac{\partial z}{\partial x}$ 及 $\dfrac{\partial z}{\partial y}$。

第7章　常微分方程

函数是客观事物的内部联系在数量方面的反映,利用函数关系可以对客观事物的规律性进行研究。因此如何寻找出所需要的函数关系,在实践中具有重要意义。在许多问题中往往不能直接找出所需要的函数关系,但是根据问题所提供的情况,有时可以列出含有要找的函数及其导数的关系式,这样的关系就是所谓微分方程。微分方程建立以后,对它进行研究,找出未知函数来,这就是解微分方程。

7.1　微分方程的基本概念

先看下面两个实例。

例 1　一曲线通过点$(1,2)$,且在该曲线上任一点$M(x,y)$处的切线的斜率为$2x$,求该曲线的方程。

解　设所求曲线的方程为$y=y(x)$,根据导数的几何意义,可知未知函数$y=y(x)$应满足关系式(称为微分方程)

$$\frac{\mathrm{d}y}{\mathrm{d}x}=2x \tag{7.1}$$

此外,未知函数$y=y(x)$还应满足下列条件:

$$x=1 \text{ 时},y=2,\text{简记为 } y\Big|_{x=1}=2 \tag{7.2}$$

把式(7.1)两端积分,得

$$y=\int 2x\mathrm{d}x,\text{即 } y=x^2+C \tag{7.3}$$

其中C是任意常数。上式也称为微分方程的通解。

把条件"$x=1$ 时,$y=2$"代入式(7.3),得

$$2=1+C$$

由此定出$C=1$,把$C=1$代入式(7.3),得所求曲线方程(称为微分方程满足条件$y\Big|_{x=1}=2$的解):$y=x^2+1$。

例 2　列车在平直线路上以 $20\ \mathrm{m/s}$(相当于 $72\ \mathrm{km/h}$)的速度行驶。当制动时列车获得加速度$-0.4\ \mathrm{m/s^2}$,问开始制动后多少时间列车才能停住,以及列车在这段时间里行驶了多少路程?

解 设列车在开始制动后 t 秒时行驶了 s 米,

$$s'' = -0.4, 并且 s\Big|_{t=0} = 0, s'\Big|_{t=0} = 20$$

把等式 $s'' = -0.4$ 两端积分一次,得

$$s' = -0.4t + C_1, 即 v = -0.4t + C_1 (C_1 是任意常数)$$

再积分一次,得

$$s = -0.2t^2 + C_1t + C_2 (C_1, C_2 是任意常数)$$

由 $v\Big|_{t=0} = 20$ 得 $20 = C_1$,于是 $v = -0.4t + 20$;由 $s\Big|_{t=0} = 0$ 得 $0 = C_2$,于是 $s = -0.2t^2 + 20t$. 令 $v = 0$,得 $t = 50$ s。于是列车在制动阶段行驶的路程

$$s = -0.2 \times 50^2 + 20 \times 50 = 500 \text{ m}$$

由以上两个例子我们给出以下定义。

常微分方程:微分方程就是联系着自变量、未知函数以及它的导数的关系式。如果在微分方程中,自变量的个数只有一个,称这种微分方程为常微分方程,例如:

$$\frac{d^2y}{dt^2} + b\frac{dy}{dt} + cy = f(t)$$

$$\left(\frac{dy}{dt}\right)^2 + t\frac{dy}{dt} + y = 0$$

是常微分方程的例子,这里 y 是未知函数,t 是自变量。

偏微分方程:未知函数是多元函数的微分方程,称为偏微分方程,例如:

$$\frac{\partial \omega}{\partial x} + \frac{\partial^2 \omega}{\partial y} + \frac{\partial \omega}{\partial z} + 4 = 0$$

微分方程的阶:微分方程中出现的未知函数最高阶导数的阶数称为微分方程的阶数。一般的 n 阶常微分方程具有形式

$$F\left(x, y, \frac{dy}{dx}, \cdots, \frac{d^ny}{dx^n}\right) = 0$$

这里 $F\left(x, y, \frac{dy}{dx}, \cdots, \frac{d^ny}{dx^n}\right)$ 是 $x, y, \frac{dy}{dx}, \cdots, \frac{d^ny}{dx^n}$ 的已知函数,而且一定含有 $\frac{d^ny}{dx^n}$;y 是未知函数,x 是自变量。

微分方程的解:满足微分方程的函数(把函数代入微分方程能使该方程成为恒等式)称为该微分方程的解。确切地说,设函数 $y = \varphi(x)$ 在区间 I 上有 n 阶连续导数,如果在区间 I 上,

$$F[x, \varphi(x), \varphi'(x), \cdots, \varphi^{(n)}(x)] = 0$$

那么函数 $y = \varphi(x)$ 就称为微分方程 $F(x, y, y', \cdots, y^{(n)}) = 0$ 在区间 I 上的解。

通解:如果微分方程的解中含有任意常数,且任意常数的个数与微分方程的阶数相同,这样的解称为微分方程的通解。

初始条件:用于确定通解中任意常数的条件称为初始条件。如

$$x = x_0 时, y = y_0, y' = y'_0$$

一般写成

$$y\Big|_{x=x_0} = y_0, y'\Big|_{x=x_0} = y'_0$$

特解:确定了通解中的任意常数以后,就得到微分方程的特解,即不含任意常数的解。

初值问题:求微分方程满足初始条件的解的问题称为初值问题。如求微分方程 $y' = f(x, y)$ 满足初始条件 $y\big|_{x=x_0} = y_0$ 的解的问题,记为

$$\begin{cases} y' = f(x, y) \\ y\big|_{x=x_0} = y_0 \end{cases}$$

积分曲线:微分方程的解的图形是一条曲线,称为微分方程的积分曲线。

例 3 验证函数 $y = 2\sin x + \cos x$ 是一阶微分方程 $y'' + y = 0$ 的特解。

解 由已知函数可得

$$y' = 2\cos x - \sin x, \quad y'' = -2\sin x - \cos x$$

则函数 $y = 2\sin x + \cos x$ 是微分方程 $y'' + y = 0$ 的特解。

例 4 验证:函数 $x = C_1\cos kt + C_2\sin kt$ 是微分方程

$$\frac{d^2 x}{dt^2} + k^2 x = 0$$

的通解。

解 求所给函数的导数

$$\frac{dx}{dt} = -kC_1\sin kt + kC_2\cos kt$$

$$\frac{d^2 x}{dt^2} = -k^2 C_1\cos kt - k^2 C_2\sin kt = -k^2(C_1\cos kt + C_2\sin kt)$$

将 $\dfrac{d^2 x}{dt^2}$ 及 x 的表达式代入所给方程,得

$$-k^2(C_1\cos kt + C_2\sin kt) + k^2(C_1\cos kt + C_2\sin kt) \equiv 0$$

这表明函数 $x = C_1\cos kt + C_2\sin kt$ 满足方程 $\dfrac{d^2 x}{dt^2} + k^2 x = 0$,因此所给函数是所给方程的解。

例 5 已知函数 $x = C_1\cos kt + C_2\sin kt (k \neq 0)$ 是微分方程 $\dfrac{d^2 x}{dt^2} + k^2 x = 0$ 的通解,求满足初始条件 $x\big|_{t=0} = A, x'\big|_{t=0} = 0$ 的特解。

解 由条件 $x\big|_{t=0} = A$ 及 $x = C_1\cos kt + C_2\sin kt$,得 $C_1 = A$。再由条件 $x'\big|_{t=0} = 0$,及 $x'(t) = -kC_1\sin kt + kC_2\cos kt$,得 $C_2 = 0$。把 C_1、C_2 的值代入 $x = C_1\cos kt + C_2\sin kt$ 中,得 $x = A\cos kt$。

习题 7.1

A. 基本题

1. 验证函数 $y = Ce^{x^2}$ 是一阶微分方程 $y' = 2xy$ 的通解。

2. 指出下面微分方程的阶数,并判断方程是常微分方程还是偏微分方程。

(1) $\dfrac{d^3 y}{dx^3} + \dfrac{dy}{dx} - 3x = 0$;

(2) $6y - \dfrac{dy}{dt} = t$。

3. 给定一阶微分方程

$$\frac{\mathrm{d}y}{\mathrm{d}x} = 4x$$

(1) 求出它的通解；

(2) 求通过点 $(1,4)$ 的特解。

B. 一般题

4. 试确定 α 的值，使函数 $y = e^{\alpha x}$ 是方程 $y'' + 3y' - 4y = 0$ 的解。

5. 设 $y = x^2 - 1$,

(1) 验证函数 $y = \frac{x^4}{12} - \frac{x^2}{2} + C_1 x + C_2$ 是方程的通解；

(2) 求满足初始条件 $y\Big|_{x=0} = 1, y'\Big|_{x=0} = 2$ 的特解；

(3) 求满足初始条件 $y\Big|_{x=1} = 2, y'\Big|_{x=3} = 5$ 的特解。

C. 提高题

6. 一容器内盛盐水 $10\,\mathrm{L}$，含盐 $2\,\mathrm{g}$。现将含 $1\,\mathrm{g/L}$ 的盐水注入容器内，流速为 $3\,\mathrm{L/min}$，同时以流速为 $4\,\mathrm{L/min}$ 流出。试求容器内在任意时刻所含盐量的微分方程式。

7.2 可分离变量的微分方程

微分方程的一个中心问题是"求解"。但是，微分方程的求解问题通常并不是容易解决的。本节将介绍一阶方程的初等解法，即把微分方程的求解问题化为积分问题。一般的一阶方程是没有初等解法的，本节的任务就在于介绍若干能有初等解法的方程类型及其求解的一般方法，虽然这些类型是很有限的，但它们却反映了实际问题中出现的微分方程的相当部分。

(1) 求微分方程 $y' = 2x$ 的通解。为此把方程两边积分，得

$$y = x^2 + C$$

一般地，方程 $y' = f(x)$ 的通解为 $y = \int f(x)\mathrm{d}x + C$（此处积分后不再加任意常数）。

(2) 求微分方程 $y' = 2xy^2$ 的通解。

因为 y 是未知的，所以积分 $\int 2xy^2\mathrm{d}x$ 无法进行，方程两边直接积分不能求出通解。为求通解可将方程变为 $\frac{1}{y^2}\mathrm{d}y = 2x\mathrm{d}x$，两边积分，得

$$-\frac{1}{y} = x^2 + C, \text{或 } y = -\frac{1}{x^2 + C}$$

可以验证函数 $y = -\frac{1}{x^2 + C}$ 是原方程的通解。

一般地，如果一阶微分方程 $y' = \varphi(x, y)$ 能写成

$$g(y)\mathrm{d}y = f(x)\mathrm{d}x$$

形式，则两边积分可得一个不含未知函数的导数的方程

$$G(y) = F(x) + C$$

由方程 $G(y) = F(x) + C$ 所确定的隐函数就是原方程的通解。

7.2.1　可分离变量的微分方程

如果一个一阶微分方程能写成

$$g(y)\mathrm{d}y = f(x)\mathrm{d}x \text{（或写成 } y' = \varphi(x)\psi(y)\text{）}$$

的形式,就是说,能把微分方程写成一端只含 y 的函数和 $\mathrm{d}y$,另一端只含 x 的函数和 $\mathrm{d}x$,那么原方程就称为可分离变量的微分方程。

下列方程中哪些是可分离变量的微分方程?

(1) $y' = 2xy \Rightarrow y^{-1}\mathrm{d}y = 2x\mathrm{d}x$。是。

(2) $3x^2 + 5x - y' = 0 \Rightarrow \mathrm{d}y = (3x^2 + 5x)\mathrm{d}x$。是。

(3) $(x^2 + y^2)\mathrm{d}x - xy\mathrm{d}y = 0$。不是。

(4) $y' = 1 + x + y^2 + xy^2 \Rightarrow y' = (1+x)(1+y^2)$。是。

(5) $y' = 10^{x+y} \Rightarrow 10^{-y}\mathrm{d}y = 10^x\mathrm{d}x$。是。

(6) $y' = \dfrac{x}{y} + \dfrac{y}{x}$。不是。

7.2.2　可分离变量的微分方程的解法

第一步　分离变量,将方程写成 $g(y)\mathrm{d}y = f(x)\mathrm{d}x$ 的形式;

第二步　两端积分 $\displaystyle\int g(y)\mathrm{d}y = \int f(x)\mathrm{d}x$,设积分后得 $G(y) = F(x) + C$;

第三步　求出由 $G(y) = F(x) + C$ 所确定的隐函数 $y = \varPhi(x)$ 或 $x = \varPsi(y)$,其中 $G(y) = F(x) + C$, $y = \varPhi(x)$ 或 $x = \varPsi(y)$ 都是方程的通解,并且 $G(y) = F(x) + C$ 称为隐式(通)解。

如果存在 y_0,使 $g(y_0) = 0$,直接代入,可知 $g(y_0) = 0$ 也是 $g(y)\mathrm{d}y = f(x)\mathrm{d}x$ 的解。可能它不包含在方程的隐式通解中,必须予以补上。

例 6　求微分方程 $\dfrac{\mathrm{d}y}{\mathrm{d}x} = 2xy$ 的通解。

解　此方程为可分离变量方程,分离变量后得

$$\frac{1}{y}\mathrm{d}y = 2x\mathrm{d}x$$

两边积分得

$$\int \frac{1}{y}\mathrm{d}y = \int 2x\mathrm{d}x$$

即

$$\ln|y| = x^2 + C_1$$

从而

$$y = \pm \mathrm{e}^{x^2 + C_1} = \pm \mathrm{e}^{C_1}\mathrm{e}^{x^2}$$

因为 $\pm \mathrm{e}^{C_1}$ 仍是任意常数,把它记做 C,便得所给方程的通解

$$y = C\mathrm{e}^{x^2}$$

例 7　求微分方程 $x^2 y' - y = 1$ 的通解。

解　将方程分离变量得

$$\frac{\mathrm{d}y}{y+1} = \frac{\mathrm{d}x}{x^2}$$

两边求积分得

$$\int \frac{\mathrm{d}y}{y+1} = \int \frac{\mathrm{d}x}{x^2}$$

则

$$\ln|y+1| = -\frac{1}{x} + C_1$$

即

$$y = \pm e^{-\frac{1}{x}+C_1} - 1 = \pm e^{C_1} e^{-\frac{1}{x}} - 1$$

由 $\pm e^{C_1}$ 仍是任意常数,因此设 $C = \pm e^{C_1}$,则方程通解为 $y = Ce^{-\frac{1}{x}} - 1$。

注:为方便起见可将 $\ln|y|$ 写成 $\ln y$,只需知道后面得到任意常数 C 是可正可负即可。

例 8　求微分方程 $y' = y\cos x$ 满足 $y\Big|_{x=0} = e$ 的特解。

解　分离变量得

$$\frac{\mathrm{d}y}{y} = \cos x \mathrm{d}x$$

两边积分得

$$\int \frac{\mathrm{d}y}{y} = \int \cos x \mathrm{d}x$$

则

$$\ln y = \sin x + C$$

将 $y\Big|_{x=0} = e$ 代入方程得 $C = 1$,则微分方程的特解为

$$y = e^{\sin x + 1}$$

例 9　求微分方程 $\dfrac{\mathrm{d}y}{\mathrm{d}x} = 1 + x + y^2 + xy^2$ 的通解。

解　方程可化为

$$\frac{\mathrm{d}y}{\mathrm{d}x} = (1+x)(1+y^2)$$

分离变量得

$$\frac{1}{1+y^2}\mathrm{d}y = (1+x)\mathrm{d}x$$

两边积分得

$$\int \frac{1}{1+y^2}\mathrm{d}y = \int (1+x)\mathrm{d}x$$

即

$$\arctan y = \frac{1}{2}x^2 + x + C$$

于是原方程的通解为

$$y = \tan\left(\frac{1}{2}x^2 + x + C\right)$$

例 10　设降落伞从跳伞塔下落后,所受空气阻力与速度成正比,并设降落伞离开跳伞塔时速度为零,求降落伞下落速度与时间的函数关系。

解　设降落伞下落速度为 $v(t)$,降落伞所受外力为 $F = mg - kv(k$ 为比例系数)。根据牛顿第二运动定律 $F = ma$,得函数 $v(t)$ 应满足的方程为

$$m \frac{\mathrm{d}v}{\mathrm{d}t} = mg - kv$$

初始条件为

$$v \Big|_{t=0} = 0$$

方程分离变量,得

$$\frac{\mathrm{d}v}{mg - kv} = \frac{\mathrm{d}t}{m}$$

两边积分,得

$$\int \frac{\mathrm{d}v}{mg - kv} = \int \frac{\mathrm{d}t}{m}, \quad -\frac{1}{k} \ln(mg - kv) = \frac{t}{m} + C_1$$

即

$$v = \frac{mg}{k} + C\mathrm{e}^{-\frac{k}{m}t} \left(C = -\frac{\mathrm{e}^{-kC_1}}{k} \right)$$

将初始条件 $v \Big|_{t=0} = 0$ 代入通解得 $C = -\dfrac{mg}{k}$,于是降落伞下落速度与时间的函数关系为 $v = \dfrac{mg}{k}(1 - \mathrm{e}^{-\frac{k}{m}t})$。

习题 7.2

A. 基本题

1. 求微分方程 $\dfrac{\mathrm{d}y}{\mathrm{d}x} = \dfrac{x^2}{y^2}$ 的通解。

2. 求微分方程 $\dfrac{\mathrm{d}y}{\mathrm{d}x} = 2xy^2$ 的通解。

3. 求微分方程 $y' = \mathrm{e}^{x-y}$ 的通解。

B. 一般题

4. 求解方程 $(1+x^2)\mathrm{d}y + (1+y^2)\mathrm{d}x = 0$。

5. 求解方程 $(\mathrm{e}^{x+y} - \mathrm{e}^x)\mathrm{d}x + (\mathrm{e}^{x+y} + \mathrm{e}^y)\mathrm{d}y = 0$。

7.3　齐次微分方程

7.3.1　齐次微分方程的概念

如果一阶微分方程 $\dfrac{\mathrm{d}y}{\mathrm{d}x} = f(x,y)$ 中的函数 $f(x,y)$ 可写成 $\dfrac{y}{x}$ 的函数,即 $f(x,y) = \varphi\left(\dfrac{y}{x}\right)$,则称该方程为齐次微分方程。

试判断下列方程哪些是齐次方程？

(1) $xy' - y - \sqrt{y^2 - x^2} = 0$

$$\Rightarrow \frac{dy}{dx} = \frac{y + \sqrt{y^2 - x^2}}{x} \Rightarrow \frac{dy}{dx} = \frac{y}{x} + \sqrt{\left(\frac{y}{x}\right)^2 - 1}. \quad 是齐次方程。$$

(2) $\sqrt{1-x^2}\, y' = \sqrt{1-y^2} \Rightarrow \frac{dy}{dx} = \sqrt{\frac{1-y^2}{1-x^2}}.$ 不是齐次方程。

(3) $(x^2 + y^2)dx - xy\,dy = 0 \Rightarrow \frac{dy}{dx} = \frac{x^2 + y^2}{xy} \Rightarrow \frac{dy}{dx} = \frac{x}{y} + \frac{y}{x}.$ 是齐次方程。

(4) $(2x + y - 4)dx + (x + y - 1)dy = 0 \Rightarrow \frac{dy}{dx} = -\frac{2x + y - 4}{x + y - 1}.$ 不是齐次方程。

(5) $\left(2x \operatorname{sh} \dfrac{y}{x} + 3y \operatorname{ch} \dfrac{y}{x}\right)dx - 3x \operatorname{ch} \dfrac{y}{x}\,dy = 0$

$$\Rightarrow \frac{dy}{dx} = \frac{2x \operatorname{sh} \dfrac{y}{x} + 3y \operatorname{ch} \dfrac{y}{x}}{3x \operatorname{ch} \dfrac{y}{x}} \Rightarrow \frac{dy}{dx} = \frac{2}{3} \operatorname{th} \frac{y}{x} + \frac{y}{x} \ 是齐次方程。$$

注：要判断 $\dfrac{dy}{dx} = f(x, y)$ 是否为齐次微分方程，只需要用 tx, ty 分别替换 $f(x, y)$ 中的 x，y，如果 $f(tx, ty) = f(x, y)$，则该方程就是齐次微分方程。

7.3.2　齐次方程的解法

在齐次方程 $\dfrac{dy}{dx} = \varphi\left(\dfrac{y}{x}\right)$ 中，令 $u = \dfrac{y}{x}$，即 $y = ux$，有

$$u + x\frac{du}{dx} = \varphi(u)$$

分离变量，得

$$\frac{du}{\varphi(u) - u} = \frac{dx}{x}$$

两端积分，得

$$\int \frac{du}{\varphi(u) - u} = \int \frac{dx}{x}$$

求出积分后，再用 $\dfrac{y}{x}$ 代替 u，便得所给齐次方程的通解。

例 11　解方程 $y^2 + x^2 \dfrac{dy}{dx} = xy \dfrac{dy}{dx}$。

解　原方程可写成

$$\frac{dy}{dx} = \frac{y^2}{xy - x^2} = \frac{\left(\dfrac{y}{x}\right)^2}{\dfrac{y}{x} - 1}$$

因此原方程是齐次方程,令 $\dfrac{y}{x}=u$,则

$$y=ux,\frac{\mathrm{d}y}{\mathrm{d}x}=u+x\frac{\mathrm{d}u}{\mathrm{d}x}$$

于是原方程变为

$$u+x\frac{\mathrm{d}u}{\mathrm{d}x}=\frac{u^2}{u-1}$$

即

$$x\frac{\mathrm{d}u}{\mathrm{d}x}=\frac{u}{u-1}$$

分离变量,得

$$\left(1-\frac{1}{u}\right)\mathrm{d}u=\frac{\mathrm{d}x}{x}$$

两边积分,得

$$u-\ln|u|+C=\ln|x|$$

或写成

$$\ln|xu|=u+C$$

以 $\dfrac{y}{x}$ 代上式中的 u,便得所给方程的通解 $\ln|y|=\dfrac{y}{x}+C$。

例 12　求微分方程 $xy'=y(\ln y-\ln x)$ 的通解。

解　整理方程得

$$y'=\frac{y}{x}\ln\left(\frac{y}{x}\right)$$

令 $u=\dfrac{y}{x}$,则 $y=ux$,$y'=u'x+u$,则原方程变为

$$u'x+u=u\ln u$$

分离变量可得

$$\frac{\mathrm{d}u}{u(\ln u-1)}=\frac{\mathrm{d}x}{x}$$

两边积分得

$$\int\frac{\mathrm{d}u}{u(\ln u-1)}=\int\frac{\mathrm{d}x}{x}, 即 \int\frac{\mathrm{d}(\ln u-1)}{\ln u-1}=\int\frac{\mathrm{d}x}{x}$$

$$\ln(\ln u-1)=\ln x+\ln C=\ln Cx, \ln u-1=Cx$$

将 $u=\dfrac{y}{x}$ 代入方程得通解为

$$\ln\frac{y}{x}=1+Cx, 即\ y=x\mathrm{e}^{Cx+1}$$

例 13　有旋转曲面形状的凹镜,假设由旋转轴上一点 O 发出的一切光线经此凹镜反射后都与旋转轴平行,求该旋转曲面的方程。

解　设此凹镜是由 xOy 面上曲线 $L:y=y(x)(y>0)$ 绕 x 轴旋转而成,光源在原点。在 L 上任取一点 $M(x,y)$,作 L 的切线交 x 轴于 A。点 O 发出的光线经点 M 反射后是一条平行于 x 轴的射线。由光学及几何原理可以证明 $OA=OM$,因为

$$OA = AP - OP = PM\cot\alpha - OP = \frac{y}{y'} - x$$

而
$$OM = \sqrt{x^2 + y^2}$$
于是得微分方程

$$\frac{y}{y'} - x = \sqrt{x^2 + y^2}$$

整理得

$$\frac{\mathrm{d}x}{\mathrm{d}y} = \frac{x}{y} + \sqrt{\left(\frac{x}{y}\right)^2 + 1}$$

这是齐次方程。问题归结为解齐次方程 $\dfrac{\mathrm{d}x}{\mathrm{d}y} = \dfrac{x}{y} + \sqrt{\left(\dfrac{x}{y}\right)^2 + 1}$。

令 $\dfrac{x}{y} = v$，即 $x = yv$，得

$$v + y\frac{\mathrm{d}v}{\mathrm{d}y} = v + \sqrt{v^2 + 1}$$

即
$$y\frac{\mathrm{d}v}{\mathrm{d}y} = \sqrt{v^2 + 1}$$

分离变量，得

$$\frac{\mathrm{d}v}{\sqrt{v^2 + 1}} = \frac{\mathrm{d}y}{y}$$

两边积分，得

$$\ln(v + \sqrt{v^2 + 1}) = \ln y - \ln C$$

$$v + \sqrt{v^2 + 1} = \frac{y}{C}$$

$$\left(\frac{y}{C} - v\right)^2 = v^2 + 1, \frac{y^2}{C^2} - \frac{2yv}{C} = 1$$

以 $yv = x$ 代入上式，得

$$y^2 = 2C\left(x + \frac{C}{2}\right)$$

这是以 x 轴为轴、焦点在原点的抛物线，它绕 x 轴旋转所得旋转曲面的方程为

$$y^2 + z^2 = 2C\left(x + \frac{C}{2}\right)$$

这就是所求的旋转曲面方程。

习题 7.3

A. 基本题

1. 求微分方程 $2xy\mathrm{d}x - (x^2 + y^2)\mathrm{d}y = 0$ 的通解。

2. 求微分方程 $x\dfrac{\mathrm{d}y}{\mathrm{d}x} + 2\sqrt{xy} = y(x < 0)$ 的通解。

B. 一般题

3. 求微分方程 $\dfrac{\mathrm{d}y}{\mathrm{d}x} = \dfrac{y}{x} + \cot\dfrac{y}{x}$ 的通解。

4. 求微分方程 $y' = \dfrac{y}{x} + \sec\dfrac{y}{x}$ 的通解。

C. 提高题

5. 解微分方程 $\dfrac{\mathrm{d}y}{\mathrm{d}x} = \dfrac{y}{x - \sqrt{x^2 + y^2}}\ (y \neq 0)$。

7.4　一阶线性微分方程

7.4.1　一阶线性微分方程的概念

形如 $\dfrac{\mathrm{d}y}{\mathrm{d}x} + P(x)y = Q(x)$ 的一阶微分方程称为一阶线性微分方程,其中 $P(x)$、$Q(x)$ 都是 x 的连续函数。

如果 $Q(x) \equiv 0$,则方程称为齐次线性方程,否则方程称为非齐次线性方程。

方程 $\dfrac{\mathrm{d}y}{\mathrm{d}x} + P(x)y = 0$ 称为对应于非齐次线性方程 $\dfrac{\mathrm{d}y}{\mathrm{d}x} + P(x)y = Q(x)$ 的齐次线性方程。

下列方程各是什么类型的方程?

(1) $(x-2)\dfrac{\mathrm{d}y}{\mathrm{d}x} = y \Rightarrow \dfrac{\mathrm{d}y}{\mathrm{d}x} - \dfrac{1}{x-2}y = 0$。是齐次线性方程。

(2) $3x^2 + 5x - 5y' = 0 \Rightarrow y' = 3x^2 + 5x$。是非齐次线性方程。

(3) $y' + y\cos x = \mathrm{e}^{-\sin x}$。是非齐次线性方程。

(4) $\dfrac{\mathrm{d}y}{\mathrm{d}x} = 10^{x+y}$。不是线性方程。

(5) $(y+1)^2 \dfrac{\mathrm{d}y}{\mathrm{d}x} + x^3 = 0 \Rightarrow \dfrac{\mathrm{d}y}{\mathrm{d}x} - \dfrac{x^3}{(y+1)^2} = 0$ 或 $\dfrac{\mathrm{d}x}{\mathrm{d}y} - \dfrac{(y+1)^2}{x^3}$,不是线性方程。

7.4.2　齐次线性方程的解法

下面我们先讨论 $\dfrac{\mathrm{d}y}{\mathrm{d}x} + P(x)y = Q(x)$ 所对应的齐次线性方程 $\dfrac{\mathrm{d}y}{\mathrm{d}x} + P(x)y = 0$ 的通解问题。分离变量后得

$$\frac{\mathrm{d}y}{y} = -P(x)\mathrm{d}x$$

两边积分,得

$$\ln|y| = -\int P(x)\mathrm{d}x + C_1$$

或
$$y = Ce^{-\int P(x)\mathrm{d}x}(C = \pm\, e^{C_1})$$

这就是齐次线性方程的通解(积分中不再加任意常数)。

例 14 求方程 $(x-2)\dfrac{\mathrm{d}y}{\mathrm{d}x} = y$ 的通解。

解 这是齐次线性方程,分离变量得

$$\frac{\mathrm{d}y}{y} = \frac{\mathrm{d}x}{x-2}$$

两边积分得

$$\ln|y| = \ln|x-2| + \ln C$$

方程的通解为

$$y = C(x-2)$$

容易验证,不论 C 取什么值,$y = Ce^{-\int P(x)\mathrm{d}x}(C = \pm\, e^{C_1})$ 只能是 $\dfrac{\mathrm{d}y}{\mathrm{d}x} + P(x)y = 0$ 的通解,而不是非齐次线性方程 $\dfrac{\mathrm{d}y}{\mathrm{d}x} + P(x)y = Q(x)$ 的通解。要求非齐次方程的通解,不妨将齐次线性方程通解中的常数换成 x 的未知函数 $C(x)$,把 $y = C(x)e^{-\int P(x)\mathrm{d}x}$ 设想成非齐次线性方程的通解,代入非齐次线性方程求得

$$C'(x)e^{-\int P(x)\mathrm{d}x} - C(x)e^{-\int P(x)\mathrm{d}x}P(x) + P(x)C(x)e^{-\int P(x)\mathrm{d}x} = Q(x)$$

化简得

$$C'(x) = Q(x)e^{\int P(x)\mathrm{d}x}$$

$$C(x) = \int Q(x)e^{\int P(x)\mathrm{d}x}\mathrm{d}x + C$$

于是非齐次线性方程的通解为

$$y = e^{-\int P(x)\mathrm{d}x}\left[\int Q(x)e^{\int P(x)\mathrm{d}x}\mathrm{d}x + C\right]$$

或
$$y = Ce^{-\int P(x)\mathrm{d}x} + e^{-\int P(x)\mathrm{d}x}\int Q(x)e^{\int P(x)\mathrm{d}x}\mathrm{d}x$$

非齐次线性方程的通解等于对应的齐次线性方程通解与非齐次线性方程的一个特解之和。这种将常数变易为待定函数的方法,通常称为**常数变易法**。可以看到,常数变易法实际上是一种变量变换的方法,它不但适用于一阶线性方程,而且也适用于高阶线性方程和线性方程组。

例 15 求方程 $\dfrac{\mathrm{d}y}{\mathrm{d}x} - \dfrac{2y}{x+1} = (x+1)^{\frac{5}{2}}$ 的通解。

解 这是一个非齐次线性方程。先求对应的齐次线性方程 $\dfrac{\mathrm{d}y}{\mathrm{d}x} - \dfrac{2y}{x+1} = 0$ 的通解。分离变量得

$$\frac{\mathrm{d}y}{y} = \frac{2\mathrm{d}x}{x+1}$$

两边积分得

$$\ln y = 2\ln(x+1) + \ln C$$

齐次线性方程的通解为
$$y = C(x+1)^2$$

用常数变易法，把 C 换成 u，即令 $y = u(x+1)^2$，代入所给非齐次线性方程，得

$$u'(x+1)^2 + 2u(x+1) - \frac{2}{x+1}u(x+1)^2 = (x+1)^{\frac{5}{2}}, u' = (x+1)^{\frac{1}{2}}$$

两边积分，得

$$u = \frac{2}{3}(x+1)^{\frac{3}{2}} + C$$

再把上式代入 $y = u(x+1)^2$ 中，即得所求方程的通解为

$$y = (x+1)^2 \left[\frac{2}{3}(x+1)^{\frac{3}{2}} + C \right]$$

例 16　解方程 $\dfrac{\mathrm{d}y}{\mathrm{d}x} = \dfrac{1}{x+y}$。

解　若把所给方程变形为

$$\frac{\mathrm{d}x}{\mathrm{d}y} = x + y$$

即为一阶线性方程，则按一阶线性方程的解法可求得通解。但这里用变量代换来解所给方程。

令 $x + y = u$，则原方程化为 $\dfrac{\mathrm{d}u}{\mathrm{d}x} - 1 = \dfrac{1}{u}$，即 $\dfrac{\mathrm{d}u}{\mathrm{d}x} = \dfrac{u+1}{u}$。

分离变量，得

$$\frac{u}{u+1}\mathrm{d}u = \mathrm{d}x$$

两端积分得

$$u - \ln|u+1| = x - \ln|C|$$

以 $u = x + y$ 代入上式，得

$$y - \ln|x+y+1| = -\ln|C|，或 x = Ce^y - y - 1。$$

习题 7.4

A. 基础题

1. 求微分方程 $2y' - y = e^x$ 的通解。

2. 求微分方程 $y' + \dfrac{1}{x}y = \dfrac{\sin x}{x}$ 的通解。

B. 一般题

3. 求微分方程 $y' - y\tan x = \sec x$ 满足条件 $y\big|_{x=0} = 0$ 的特解。

4. 求微分方程 $xy' + y = \ln x$ 的通解。

C. 提高题

5. 求微分方程 $(y^2 - 6x)y' + 2y = 0$ 满足初始条件 $y(1) = 1$ 的特解。

附录 A　微积分发展简史

微积分的产生一般分为三个阶段:极限概念;求积的无限小方法;积分与微分的互逆关系。最后一步是由牛顿、莱布尼茨完成的。前两阶段的工作,欧洲的大批数学家一直追溯到古希腊的阿基米德都做出了各自的贡献。对于这方面的工作,古代中国毫不逊色于西方,微积分思想在古代中国早有萌芽,甚至是古希腊数学不能比拟的。公元前 7 世纪老庄哲学中就有无限可分性和极限思想;公元前 4 世纪《墨经》中有了有穷、无穷、无限小(最小无内)、无穷大(最大无外)的定义和极限、瞬时等概念。刘徽公元 263 年首创的割圆术求圆面积和方锥体积,求得圆周率约等于 3.141 6,他的极限思想和无穷小方法,是世界古代极限思想的深刻体现。

微积分思想虽然可追溯到古希腊,但它的概念和法则却是 16 世纪下半叶,开普勒、卡瓦列利等求积的不可分量思想和方法基础上产生和发展起来的。而这些思想和方法从刘徽对圆锥、圆台、圆柱的体积公式的证明到公元 5 世纪祖暅求球体积的方法中都可找到。北宋大科学家沈括的《梦溪笔谈》独创了"隙积术"、"会圆术"和"棋局都数术"开创了对高阶等差级数求和的研究。

南宋大数学家秦九韶于 1274 年撰写了划时代巨著《数书九章》十八卷,创举世闻名的"大衍求一术"——增乘开方法解任意次数字(高次)方程近似解,比西方早 500 多年。

特别是 13 世纪 40 年代到 14 世纪初,在主要领域都达到了中国古代数学的高峰,出现了现通称贾宪三角形的"开方作法本源图"和增乘开方法、"正负开方术"、"大衍求一术"、"大衍总数术"(一次同余式组解法)、"垛积术"(高阶等差级数求和)、"招差术"(高次差内差法)、"天元术"(数字高次方程一般解法)、"四元术"(四元高次方程组解法)、勾股数学、弧矢割圆术、组合数学、计算技术改革和珠算等都是在世界数学史上有重要地位的杰出成果,中国古代数学有了微积分前两阶段的出色工作,其中许多都是微积分得以创立的关键。中国已具备了 17 世纪发明微积分前夕的全部内在条件,已经接近了微积分的大门。可惜中国元朝以后,八股取士制造成了学术上的大倒退,封建统治的文化专制和盲目排外致使包括数学在内的科学日渐衰落,在微积分创立的最关键一步落伍了。

1. 微积分的诞生

微积分的产生是数学史上的伟大创造。它从生产技术和理论科学的需要中产生,又反过来广泛影响着生产技术和科学的发展。如今,微积分已是广大科学工作者以及技术人员不可缺少的工具。

微积分是微分学和积分学的统称,它的萌芽、发生与发展经历了漫长的时期。早在古希腊时期,欧多克斯提出了穷竭法。这是微积分的先驱,而我国庄子的《天下篇》中也有"一尺之锤,日取其半,万世不竭"的极限思想,公元 263 年,刘徽为《九章算术》作注时提出了"割圆术",用正多边形来逼近圆周。这是极限论思想的成功运用。

积分概念是由求某些面积、体积和弧长引起的,古希腊数学家阿基米德在《抛物线求积法》中用穷竭法求出抛物线弓形的面积,仍没有用极限,但阿基米德的贡献真正成为积分学的萌芽。

微分是联系到对曲线作切线的问题和函数的极大值、极小值问题而产生的。微分方法的第一个真正值得注意的先驱工作起源于 1629 年费马(Fermat)陈述的概念,他给出了如何确定极大值和极小值的方法。其后英国剑桥大学三一学院的教授巴罗(Barrow)又给出了求切线的方法,进一步推动了微分学概念的产生。前人的工作终于使牛顿和莱布尼茨在 17 世纪下半叶各自独立创立了微积分。1665 年 5 月 20 日,在牛顿手写的一份文件中开始有"流数术"的记载,微积分的诞生不妨以这一天为标志。牛顿(Newton)关于微积分的著作很多写于 1665—1676 年间,但这些著作发表很迟。他完整地提出微积分是一对互逆运算,并且给出换算的公式,就是后来著名的牛顿-莱布尼茨公式。

牛顿是那个时代的科学巨人。在他之前,已有了许多积累:哥伦布发现新大陆,哥白尼创立日心说,伽利略出版《力学对话》,开普勒发现行星运动规律——航海的需要,矿山的开发提出了一系列的力学和数学的问题,微积分在这样的条件下诞生是必然的。

牛顿于 1642 年出生于一个贫穷的农民家庭,艰苦的成长环境造就了人类历史上的一位伟大的科学天才,他对物理问题的洞察力和他用数学方法处理物理问题的能力,都是空前卓越的。尽管取得无数成就,他仍保持谦逊的美德,终身未婚。

如果说牛顿从力学导致"流数术",那莱布尼茨则是从几何学上考查切线问题得出微分法。他的第一篇论文刊登于 1684 年的《都市期刊》上,这比牛顿公开发表微积分著作早 3 年,这篇文章给一阶微分以明确的定义。

莱布尼茨 1646 年生于莱比锡,终身未婚。15 岁进入莱比锡大学攻读法律,勤奋地学习各门科学,不到 20 岁就熟练地掌握了一般课本上的数学、哲学、神学和法学知识。莱布尼茨对数学有超人的直觉,并且对于设计符号很擅长。他的微分符号"dx"和积分符号"$\int$"已被证明是很有用的。

牛顿和莱布尼茨总结了前人的工作,经过各自独立的研究,掌握了微分法和积分法,并洞悉了两者之间的联系。因而将他们两人并列为微积分的创始人是完全正确的,尽管牛顿的研究比莱布尼茨早 10 年,但论文的发表要晚 3 年,由于彼此都是独立发现的,长期争论谁是最早的发明者毫无意义。牛顿和莱布尼茨的晚年就是在这场不幸的争论中度过的。

2. 微积分的思想

从微积分成为一门学科来说,是在 17 世纪,但是,微分和积分的思想早在古代就已经产生了。公元前 3 世纪,古希腊的数学家、力学家阿基米德(公元前 287—前 212 年)的著作《圆的测量》和《论球与圆柱》中就已含有微积分的萌芽,他在研究解决抛物线下的弓形面积、球和球冠面积、螺线下面积和旋转双曲体的体积的问题中就隐含着近代积分的思想。

3. 解析几何为微积分的创立奠定了基础

由于 16 世纪以后欧洲封建社会日趋没落,取而代之的是资本主义的兴起,为科学技术的发展开创了美好前景。

　　笛卡儿 1637 年发表了《科学中的正确运用理性和追求真理的方法论》(简称《方法论》),从而确立了解析几何,表明了几何问题不仅可以归结为代数形式,而且可以通过代数变换来发现几何性质,证明几何性质。他不仅用坐标表示点的位置,而且把点的坐标运用到曲线上。他认为点移动成线,所以方程不仅可表示已知数与未知数之间的关系,表示变量与变量之间的关系,还可以表示曲线,于是方程与曲线之间建立起对应关系,几何图形各种量之间可以化为代数量之间的关系,使得几何与代数在数量上统一起来。笛卡儿就这样把相互对立着的"数"与"形"统一起来,从而实现了数学史的一次飞跃,而且更重要的是它为微积分的成熟提供了必要的条件,从而开拓了变量数学的广阔空间。

4. 牛顿的"流数术"

　　数学史的另一次飞跃就是研究"形"的变化。17 世纪生产力的发展推动了自然科学和技术的发展,不但已有的数学成果得到进一步巩固、充实和扩大,而且由于实践的需要,开始研究运动着的物体和变化的量,这样就获得了变量的概念,研究变化着的量的一般性和它们之间的依赖关系。到了 17 世纪下半叶,在前人创造性研究的基础上,英国大数学家、物理学家艾萨克·牛顿(1642—1727 年)是从物理学的角度研究微积分的,他为了解决运动问题,创立了一种和物理概念直接联系的数学理论,即牛顿称之为"流数术"的理论,这实际上就是微积分理论。牛顿的有关"流数术"的主要著作是《求曲边形面积》、《运用无穷多项方程的计算法》和《流数术和无穷极数》。这些概念是力学概念的数学反映。牛顿认为任何运动存在于空间,依赖于时间,因而他把时间作为自变量,把和时间有关的固变量作为流量,不仅这样,他还把几何图形——线、角、体,都看作力学位移的结果。因而,一切变量都是流量。

　　牛顿指出,"流数术"基本上包括三类问题:

　　(1) 已知流量之间的关系,求它们的流数的关系,这相当于微分学。

　　(2) 已知表示流数之间的关系的方程,求相应的流量间的关系。这相当于积分学,牛顿意义下的积分法不仅包括求原函数,还包括解微分方程。

　　(3) "流数术"应用范围包括计算曲线的极大值、极小值,求曲线的切线和曲率,求曲线长度及计算曲边形面积等。

　　牛顿已完全清楚上述(1)与(2)两类问题中运算是互逆的运算,于是建立起微分学和积分学之间的联系。

　　牛顿在 1665 年 5 月 20 日的一份手稿中提到"流数术",因而有人把这一天作为微积分诞生的标志。

5. 莱布尼茨使微积分更加简洁和准确

　　而德国数学家莱布尼茨(G. W. Leibniz,1646—1716 年)则是从几何方面独立发现了微积分,在牛顿和莱布尼茨之前至少有数十位数学家研究过,他们为微积分的诞生作了开创性贡献。但是他们这些工作是零碎的,不连贯的,缺乏统一性。莱布尼茨创立微积分的途径与方法与牛顿是不同的。莱布尼茨是经过研究曲线的切线和曲线包围的面积,运用分析学方法引进微积分概念、得出运算法则的。牛顿在微积分的应用上更多地结合了运动学,造诣较莱布尼茨高一等,但莱布尼茨的表达形式即所采用的数学符号却又远远优于牛顿一筹,简洁又准确地揭示出微积分的实质,强有力地促进了高等数学的发展。

　　莱布尼茨创造的微积分符号,正像印度、阿拉伯数码促进了算术与代数发展一样,促进了微积分学的发展。莱布尼茨是数学史上最杰出的符号创造者之一。牛顿当时采用的微分和积分符号现在不用了,而莱布尼茨所采用的符号现今仍在使用。莱布尼茨比别人更早更明确地认识到,好的符号能大大节省思维劳动,运用符号的技巧是数学成功的关键之一。

6. 阿基米德先于牛顿阐述微积分 险改人类历史

据美国媒体近日报道,1666 年,牛顿(1642—1727 年)发现了微积分,世界科学界公认近代物理学从这一年开始。然而美国科学家根据一本失传 2 000 多年的古希腊遗稿发现,早在公元前 200 年左右,古希腊数学家阿基米德(公元前 287 年—前 212 年)就阐述了现代微积分学理论的精粹,并发明出了一种用于微积分计算的特殊工具。美国科学家克里斯·罗里斯称,如果这本阿基米德"失传遗稿"早牛顿 100 年被世人发现,那么人类科技进程可能就会提前 100 年,人类现在说不定都已经登上了火星。

7. 遗稿 800 年前遭蹂躏

据报道,这本阿基米德失传遗稿如今躺在美国马里兰州巴尔的摩市的"沃特斯艺术博物馆"里,该馆珍稀古籍手稿保管专家阿比盖尔·库恩特接受美国记者采访时称,大约 800 年前,这本羊皮纸遗稿被一名中世纪修道院的僧侣所保管,当时这名僧侣在写祈祷书时,显然用光了纸张,于是他竟然拿出了修道院收藏的阿基米德遗稿,一页页洗去上面的墨水,然后在羊皮纸上继续抄写祈祷书。幸运的是,这名僧侣当时并没有完全洗尽遗稿上的字迹,羊皮纸上还留着一些淡淡的阿基米德遗稿的痕迹。许多美国科学家目前正在辛苦地破解这本"阿基米德失传遗稿"中的古老秘密,这本阿基米德遗稿很可能包含了近代科学家殚心竭虑几世纪都没有发现的东西。

8. 留给后人的思考

从始创微积分的时间来看牛顿比莱布尼茨大约早 10 年,但从正式公开发表论文的时间来看牛顿却比莱布尼茨要晚。牛顿系统论述"流数术"的重要著作《流数术和无穷极数》是 1671 年写成的,但因 1676 年伦敦大火殃及印刷厂,致使该书 1736 年才发表,这比莱布尼茨的论文要晚半个世纪。另外也有书中记载:牛顿于 1687 年 7 月,用拉丁文发表了他的巨著《自然哲学的数学原理》,在此文中提出了微积分的思想。他用"0"表示无限小增量,求出瞬时变化率,后来他把变量 x 称为流量,x 的瞬时变化率称为流数,整个微积分学称为"流数学"。事实上,他们二人是各自独立地建立了微积分。最后还应当指出的是,牛顿的"流数术",在概念上是不够清晰的,理论上也不够严密,在运算步骤中具有神秘的色彩,还没有形成无穷小及极限概念。牛顿和莱布尼茨的特殊功绩在于,他们站在更高的角度,分析和综合了前人的工作,将前人解决各种具体问题的特殊技巧,统一为两类普通的算法微分与积分,并发现了微分和积分互为逆运算,建立了所谓的微积分基本定理(现今称为牛顿-莱布尼茨公式),从而完成了微积分发明中最关键的一步,并为其深入发展和广泛应用铺平了道路。由于受当时历史条件的限制,牛顿和莱布尼茨建立的微积分的理论基础还不十分牢靠,有些概念比较模糊,因此引发了长期关于微积分的逻辑基础的争论和探讨。经过 18~19 世纪一大批数学家的努力,特别是在法国数学家柯西首先成功地建立了极限理论之后,以极限的观点定义微积分的基本概念,并简洁而严格地证明了微积分基本定理即牛顿-莱布尼茨公式,才给微积分建立了一个基本严格的完整体系。

不幸的是牛顿和莱布尼茨各自创立了微积分之后,历史上发生了优先权的争论,从而使数学家分为两派,欧洲大陆的数学家,尤其是瑞士数学家雅科布·贝努利(1654—1705 年)和约翰·贝努利(1667—1748 年)兄弟支持莱布尼茨,而英国数学家捍卫牛顿,两派争吵激烈,甚至尖锐到互相敌对、嘲笑。牛顿死后,经过调查核实,事实上,他们各自独立地创立了微积分。这件事的结果致使英国和欧洲大陆的数学家停止了思想交流,使英国人在数学上落后了一百多年,因为牛顿在《自然哲学的数学原理》中使用的是几何方法,英国人差不多在一百多年中照旧使用几何工具,而大陆的数学家继续使用莱布尼茨的分析方法,并使微积分更加完善,在这 100 年中英国甚至连大陆通用的微积分都不认识。虽然如此,科学家对待科学谨慎和刻苦的精神还是值得我们学习的。

附录 B 初等数学常用公式

1. 代数

(1) 绝对值

① 定义：$|x| = \begin{cases} x, x \geqslant 0 \\ -x, x < 0 \end{cases}$

② 性质：

$$|x| = |-x|, \quad |xy| = |x||y|, \quad \left|\frac{x}{y}\right| = \left|\frac{x}{y}\right| (y \neq 0)$$

$$|x| \leqslant a \Leftrightarrow -a \leqslant x \leqslant a (a \geqslant 0), \quad |x+y| \leqslant |x| + |y|, \quad |x-y| \leqslant |x| - |y|$$

(2) 指数

① $a^m \cdot a^n = a^{m+n}$ ② $\dfrac{a^m}{a^n} = a^{m-n}$ ③ $(ab)^m = a^m \cdot b^m$ ④ $(a^n)^m = a^{mn}$

⑤ $a^{\frac{m}{n}} = \sqrt[n]{a^m}$ ⑥ $a^{-m} = \dfrac{1}{a^m}$ ⑦ $a^0 = 1 (a \neq 0)$ ⑧ $\sqrt{a^2} = |a| = \begin{cases} a, a > 0 \\ 0, a = 0 \\ -a, a < 0 \end{cases}$

(3) 对数

① 定义：$b = \log_a N \Leftrightarrow a^b = N (a > 0, a \neq 1)$

② 性质：$\log_a 1 = 0, \log_a a = 1, a^{\log_a N} = N$

③ 运算法则：$\log_a(xy) = \log_a x + \log_a y$

$$\log_a \frac{x}{y} = \log_a x - \log_a y$$

$$\log_a x^p = p \log_a x$$

④ 换底公式：$\log_a b = \dfrac{\log_c b}{\log_c a}, \quad \log_a b = \dfrac{1}{\log_b a}$

(4) 数列

① 等差数列

通项公式：$a_n = a_1 + (n-1)d$

求和公式：$S_n = \dfrac{n(a_1 + a_n)}{2} = na_1 + \dfrac{n(n-1)d}{2}$

② 等比数列

通项公式：$a_n = a_1 q^{n-1}$

求和公式：$S_n = \dfrac{a_1(1-q^n)}{1-q} (q \neq 1)$

2. 几何

在下面的公式中, S 表示面积, $S_{侧}$ 表示侧面积, $S_{全}$ 表示全面积, V 表示体积。

(1) 三角形的面积

$$S = \frac{1}{2}ah \quad (a \text{ 为底}, h \text{ 为高})$$

$$S = \frac{1}{2}ab\sin\theta \quad (a, b \text{ 为两边}, \text{夹角是 } \theta)$$

(2) 平行四边形的面积

$$S = ah \, (a \text{ 为一边}, h \text{ 是 } a \text{ 边上的高})$$

$$S = ab\sin\theta \, (a, b \text{ 为两邻边}, \theta \text{ 为这两边的夹角})$$

(3) 梯形的面积

$$S = \frac{1}{2}(a+b)h \quad (a, b \text{ 为两底边}, h \text{ 为高})$$

(4) 圆、扇形的面积

① 圆的面积: $S = \pi r^2 (r \text{ 为半径})$

② 扇形的面积

$$S = \frac{\pi n r^2}{360} (r \text{ 为半径}, n \text{ 为圆心角的度数})$$

$$S = \frac{1}{2}rL (r \text{ 为半径}, L \text{ 为弧长})$$

(5) 圆柱、球的面积和体积

① 圆柱

$$S_{侧} = 2\pi r H, S_{全} = 2\pi r(H+r)$$

$$V = \pi r^2 H (r \text{ 为底面半径}, H \text{ 为高})$$

② 球

$$S_{全} = 4\pi R^2$$

$$V = \frac{4}{3}\pi R^3 (R \text{ 为球的半径})$$

3. 三角

(1) 度与弧度的关系

$$1° = \frac{\pi}{180}\text{rad}, \quad 1\text{rad} = \frac{180°}{\pi}$$

(2) 三角函数的符号

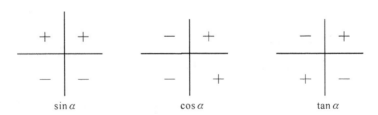

（3）特殊角的三角函数值如下表所示。

α	0	$\dfrac{\pi}{6}$	$\dfrac{\pi}{4}$	$\dfrac{\pi}{3}$	$\dfrac{\pi}{2}$
$\sin\alpha$	0	$\dfrac{1}{2}$	$\dfrac{\sqrt{2}}{2}$	$\dfrac{\sqrt{3}}{2}$	1
$\cos\alpha$	1	$\dfrac{\sqrt{3}}{2}$	$\dfrac{\sqrt{2}}{2}$	$\dfrac{1}{2}$	0
$\tan\alpha$	0	$\dfrac{\sqrt{3}}{3}$	1	$\sqrt{3}$	不存在
$\cot\alpha$	不存在	$\sqrt{3}$	1	$\dfrac{\sqrt{3}}{3}$	0

（4）同角三角函数的关系

① 平方和关系

$$\sin^2 x+\cos^2 x=1,1+\tan^2 x=\sec^2 x,1+\cot^2 x=\csc^2 x$$

② 倒数关系

$$\sin x\csc x=1,\cos x\sec x=1,\tan x\cot x=1$$

③ 商数关系

$$\tan x=\frac{\sin x}{\cos x},\qquad \cot x=\frac{\cos x}{\sin x}$$

（5）和差公式

$$\sin(x\pm y)=\sin x\cos y\pm\cos x\sin y$$
$$\cos(x\pm y)=\cos x\cos y\mp\sin x\sin y$$
$$\tan(x\pm y)=\frac{\tan x\pm\tan y}{1\mp\tan x\tan y}$$

（6）二倍角公式

$$\sin 2x=2\sin x\cos x$$
$$\cos 2x=\cos^2 x-\sin^2 x=2\cos^2 x-1=1-2\sin^2 x$$
$$\tan 2x=\frac{2\tan x}{1-\tan^2 x}$$

（7）半角公式

$$\sin\frac{x}{2}=\pm\sqrt{\frac{1-\cos x}{2}},\qquad \cos\frac{x}{2}=\pm\sqrt{\frac{1+\cos x}{2}}$$
$$\tan\frac{x}{2}=\pm\sqrt{\frac{1-\cos x}{1+\cos x}}=\frac{\sin x}{1+\cos x}=\frac{1-\cos x}{\sin x}$$

（8）和差化积公式

$$\sin x+\sin y=2\sin\frac{x+y}{2}\cos\frac{x-y}{2}$$

$$\sin x-\sin y=2\cos\frac{x+y}{2}\sin\frac{x-y}{2}$$

$$\cos x+\cos y=2\cos\frac{x+y}{2}\cos\frac{x-y}{2}$$

$$\cos x - \cos y = -2\sin\frac{x+y}{2}\sin\frac{x-y}{2}$$

（9）积化和差公式

$$\sin x \cos y = \frac{1}{2}[\sin(x+y)+\sin(x-y)]$$

$$\cos x \sin y = \frac{1}{2}[\sin(x+y)-\sin(x-y)]$$

$$\cos x \cos y = \frac{1}{2}[\cos(x+y)+\cos(x-y)]$$

$$\sin x \sin y = -\frac{1}{2}[\cos(x+y)-\cos(x-y)]$$

4. 平面解析几何

（1）两点间的距离

已知两点 $P_1(x_1,y_1),P_2(x_2,y_2)$，则

$$|P_1P_2| = \sqrt{(x_2-x_1)^2+(y_2-y_1)^2}$$

（2）直线方程

① 直线的斜率

已知直线的倾斜角为 α，则 $k=\tan\alpha\left(\alpha\neq\frac{\pi}{2}\right)$。

已知直线过两点 $P_1(x_1,y_1),P_2(x_2,y_2)$，则 $k=\dfrac{y_2-y_1}{x_2-x_1}(x_2\neq x_1)$。

② 直线方程的几种形式

点斜式：$y-y_1=k(x-x_1)$

斜截式：$y=kx+b$

两点式：$\dfrac{y-y_1}{y_2-y_1}=\dfrac{x-x_1}{x_2-x_1}$

截距式：$\dfrac{x}{a}+\dfrac{y}{b}=1$

参数式：$\begin{cases} x=x_0+t\cos\alpha \\ y=y_0+t\sin\alpha \end{cases}$　　　（t 为参数）

（3）二次曲线的方程

① 圆：$(x-a)^2+(y-b)^2=r^2$，(a,b) 为圆心，r 为半径。

② 椭圆：$\dfrac{x^2}{a^2}+\dfrac{y^2}{b^2}=1(a>b>0)$，焦点在 x 轴上。

③ 双曲线：$\dfrac{x^2}{a^2}-\dfrac{y^2}{b^2}=1(a>b>0)$，焦点在 x 轴上。

④ 抛物线：

$y^2=2px(p>0)$，焦点为 $\left(\dfrac{p}{2},0\right)$，准线为 $x=-\dfrac{p}{2}$；

$x^2=2py(p>0)$，焦点为 $\left(0,\dfrac{p}{2}\right)$，准线为 $y=-\dfrac{p}{2}$；

$y=ax^2+bx+c(a\neq0)$，顶点为 $\left(-\dfrac{b}{2a},\dfrac{4ac-b^2}{4a}\right)$，对称轴为 $x=-\dfrac{b}{2a}$。

附录 C 习题参考答案

第 1 章

习题 1.1

1. 不同 相同 不同 相同

2. $f(-1)=1$；$f(0)=2$；$f(3)=\dfrac{1}{2}$；$f(6)=2$。

3. $f(0)=7$；$f(4)=27$；$f(-\dfrac{1}{2})=9$；$f(a)=2a^2-3a+7$；$f(x+1)=2x^2+x+6$。

4. (1) $D=(-\infty,1]\cup[3,+\infty)$；(2) $D=(-1,2]$；(3) $D=(-2,+\infty)$。

5. (1) $y=\sqrt{u}$，$u=3x-1$； (2) $y=u^5$，$u=1+\lg x$；

   (3) $y=\mathrm{e}^u$，$u=-x$； (4) $y=\ln u$，$u=1-x$。

6. (1) $D=[2,4]$； (2) $D=(-1,1)$； (3) $D=[3,+\infty)$；

   (4) $D=[-4,-3]\cup[2,3]$； (5) $D=(-\infty,-1)\cup(-1,1)\cup(1,3)$。

7. 偶；奇；偶；非奇非偶；奇

8. (1) $y=\dfrac{2(x+1)}{(x-1)}$； (2) $y=\sqrt[3]{x-2}$； (3) $y=\dfrac{10^x}{20}+\dfrac{3}{2}$。

9. (1) $y=\ln u$，$u=\sqrt{v}$，$v=1+x$； (2) $y=\arccos u$，$u=1-x^2$；

   (3) $y=\mathrm{e}^u$，$u=\sqrt{v}$，$v=x+1$； (4) $y=u^3$，$u=\sin v$，$v=2x^2+3$；

   (5) $y=\ln u$，$u=\sin v$，$v=w^2$，$w=2x+1$； (6) $y=u^2$，$u=\arctan v$，$v=\dfrac{2x}{1-x^2}$

10. $f(f(x))=x^4$，$f(\varphi(x))=4^x$，$\varphi(f(x))=2^{x^2}$

11. 证明略。

12. $y=\ln(\sqrt{x^2+1}+x)$，$x\in\mathbf{R}$

13. $A=2\left(\pi r^2+\dfrac{V}{r}\right)$

14. 有界

习题 1.2

1. (1) 收敛,其极限等于 1； (2) 发散； (3) 收敛,其极限等于 0。

2. (1) 5；(2) 1。

习题 1.3

1. (1) 4； (2) 4； (3) 0； (4) 4。

2. $\lim\limits_{x\to 1^-}f(x)=2$，$\lim\limits_{x\to 1^+}f(x)=2$，$\lim\limits_{x\to 1}f(x)=2$。

3. $\lim\limits_{x\to 1^-}f(x)=4$， $\lim\limits_{x\to 1^+}f(x)=4$；$\lim\limits_{x\to 1}f(x)=4$。

4. (1) $\lim\limits_{x\to\infty}\dfrac{1}{x^3}=0$； (2) $\lim\limits_{x\to\frac{\pi}{2}}\sin x=1$。

习题 1.4

1. (1) 无穷小； (2) 无穷小； (3) 无穷小； (4) 无穷大。

2. x^2-x^3。

3. 当 $x\to 3$ 时函数是无穷大；当 $x\to\infty$ 时函数是无穷小。

4. (1)∞； (2)0； (3)0； (4)0。

习题 1.5

1. (1) 2； (2) 0； (3)$\dfrac{5}{3}$； (4) ∞； (5) $\dfrac{2}{3}$。

2. (1) -9； (2) ∞； (3) $\dfrac{2}{3}$； (4) 0； (5) $\dfrac{3}{20}$；

　　(6) ∞； (7) -1； (8) 0； (9) 1； (10) ∞。

3. $a=-7$；$b=6$。

习题 1.6

1. (1)$\dfrac{3}{2}$； (2) 2； (3) $\dfrac{1}{2}$； (4) $e^{-\frac{1}{2}}$； (5) e^2。

2. (1) $\dfrac{2}{5}$； (2) $\dfrac{1}{16}$； (3) e^5； (4) $e^{\frac{1}{3}}$； (5) e^{-3}； (6) e。

3. (1) $\dfrac{25}{2}$； (2) $3\sqrt{2}$。

习题 1.7

1. 1.75；-1.25。

2. (1) $x=0$ 是第一类间断点。 (2) $x=0$ 是第二类间断点。

　　(3) $x=1$ 是第一类间断点。

3. 连续，因$\lim\limits_{x\to 1}f(x)=f(1)=1$。

4. 不连续，因$\lim\limits_{x\to 1^-}f(x)=0$，$\lim\limits_{x\to 1^+}f(x)=4$。

5. $k=2$。

6. (1) 不连续, 因 $\lim\limits_{x \to 0^-} f(x) = 0$, $\lim\limits_{x \to 0^+} f(x) = 2$; 　(2) 连续, 因 $\lim\limits_{x \to 0} f(x) = f(0) = 2$。

7. $a = 4, b = -2$。

8. (1) 1; 　(2) $\dfrac{2\sqrt{2}}{3}$。

复习题 1

一、1. C　2. B　3. B　4. A　5. C　6. A　7. C　8. C　9. B　10. C

　　11. B　12. B　13. B　14. D　15. D　16. B

二、1. 16; 　2. 0; 　3. -4; 　4. e^{-2}; 　5. $\dfrac{1}{4}$; 　6. e^2; 　7. $[-1,0) \bigcup (0,1]$;

　　8. $\dfrac{2}{5}$; 　9. $e^{\frac{1}{a}}$; 　10. 1; 　11. 3; 　12. $\dfrac{1}{2}$; 　13. e^{km}。

三、1. $\dfrac{1}{2}$; 　2. $\dfrac{1}{2}$。

四、连续

第 2 章

习题 2.1

1. (1) -2; 　(2) -6。

2. (1) $2x - 1$; 　(2) $\dfrac{1}{2\sqrt{x}}$。

3. $y - 6x + 9 = 0$。

4. $(6, 36)$; $\left(\dfrac{3}{2}, \dfrac{9}{4}\right)$。

5. 连续, 不可导。

6. $a = 4, b = -4$。

7. $a = 2, b = -2$。

习题 2.2

1. (1) $y' = 6x - 1$; 　(2) $y' = 4x + \dfrac{5}{2}x^{\frac{3}{2}}$; 　(3) $y' = 2x - \dfrac{5}{2}x^{-\frac{7}{2}} - 3x^{-4}$;

　　(4) $y' = \dfrac{1}{\sqrt{x}} + \dfrac{1}{x^2}$; 　(5) $y' = 3\sqrt{x} - \dfrac{3}{2\sqrt{x}} - \dfrac{2}{\sqrt{x^3}}$;

　　(6) $y' = -\dfrac{1}{2\sqrt{x^3}} - \dfrac{1}{2\sqrt{x}}$; 　(7) $y' = x - \dfrac{4}{x^3}$。

2. (1) $(\pi + 2)\dfrac{\sqrt{2}}{8}$; 　(2) $\dfrac{8}{(\pi + 2)^2}$。

3. (1) $y'=\dfrac{2}{(1-x)^2}$; (2) $y'=20x+65$;

(3) $y'=x\mathrm{e}^x(2+x)$; (4) $y'=\dfrac{3^x(x^3\ln3+\ln3-3x^2)+3x^2}{(x^3+1)^2}$;

(5) $y'=\sec^2 x$; (6) $y'=\dfrac{\sin x-x\ln x\cos x}{x\,\sin^2 x}$;

(7) $y'=\dfrac{x(1+x^2)\cos x+(1-x^2)\sin x}{(1+x^2)^2}$。

4. $(0,1)$。 5. $y'=\mathrm{e}^x(\cos x+x\cos x-x\sin x)$。 6. $y=2x$; $y=-2x+4$。

习题 2.3

1. (1) $y'=2x\cos(x^2+1)$; (2) $y'=\dfrac{1}{\sqrt{2x+3}}$;

(3) $y'=-\mathrm{e}^{-x}$; (4) $y'=\dfrac{2x+1}{x^2+x+1}$;

(5) $y'=-3x^2\sin x^3$; (6) $y'=-3\sin x\cos^2 x$;

(7) $y'=3x^2\cos x^3$; (8) $y'=3\sin^2 x\cos x$。

2. (1) $y'=4x(1+x^2)$; (2) $y'=(3x-5)^3(5x+4)^2(105x-27)$;

(3) $y'=\dfrac{2+x-4x^2}{\sqrt{1-x^2}}$; (4) $y'=\dfrac{45x^3+16x}{\sqrt{1+5x^2}}$; (5) $y'=\dfrac{(2x+5)(6x+1)}{(3x+4)^2}$;

(6) $y'=\dfrac{x-1}{\sqrt{x^2-2x+5}}$; (7) $y'=\dfrac{3+x}{(1-x^2)^{\frac{3}{2}}}$; (8) $y'=\dfrac{4x}{3+2x^2}$;

(9) $y'=2x\mathrm{e}^{x^2-1}$; (10) $y'=2\sin x\cos 3x$; (11) $y'=-\dfrac{3}{4}\cos\dfrac{x}{2}\sin x$;

(12) $y'=2x\sin\dfrac{1}{x}-\cos\dfrac{1}{x}$; (13) $y'=-\mathrm{e}^{-x}(\cos 3x+3\sin 3x)$。

3. $(\mathrm{e}^x+\mathrm{e}x^{\mathrm{e}-1})f'(\mathrm{e}^x+x^{\mathrm{e}})$。 4. 证明略。

习题 2.4

1. (1) $\dfrac{2x-y}{x+2y}$; (2) $-\dfrac{\sqrt{y}}{\sqrt{x}}$; (3) $y'=\dfrac{-\mathrm{e}^y-y\mathrm{e}^x}{x\mathrm{e}^y+\mathrm{e}^x}$; (4) $y'=\dfrac{2xy-x^2}{y^2-x^2}$。

2. (1) $y'=(\cos x)^{\sin x}\left(\cos x\ln\cos x-\dfrac{\sin^2 x}{\cos x}\right)$; (2) $y'=\sqrt{\dfrac{1-x}{1+x}}\cdot\dfrac{1-x-x^2}{1-x^2}$;

(3) $y'=\dfrac{\sqrt{x+2}(3-x)}{(2x+1)^5}\left[\dfrac{1}{2(x+2)}-\dfrac{1}{3-x}-\dfrac{10}{2x+1}\right]$;

(4) $y'=2x^{\sqrt{x}}\left(\dfrac{\ln x}{2\sqrt{x}}+\dfrac{1}{\sqrt{x}}\right)$; (5) $y'=(\sin x)^{\ln x}\dfrac{1}{x}\ln\sin x+\cot x\ln x$。

3. $y-2=\dfrac{2}{3}(x-1)$。

4. (1) $2-\dfrac{1}{x^2}$; (2) $-2\sin x-x\cos x$; (3) $\dfrac{4}{(1+x)^3}$; (4) $\dfrac{512-32\pi^2}{(16+\pi^2)^2}$。

5. (1) $\dfrac{1-y\cos x}{\sin x+e^y}$；　(2) -1。

6. $x+y-8=0$；　$x-y=0$。

7. $\dfrac{t}{2}$。

8. (1) $y''=\dfrac{-2(1+x^2)}{(1-x^2)^2}$；　(2) $y''=-4\sin 2x$；　(3) $y^{(4)}=\dfrac{6}{x}$。

9. (1) $y^{(n)}=e^x(x+n)$；　(2) $y^{(n)}=\dfrac{(-1)^{n-1}(n-1)!}{(1+x)^n}$。

习题 2.5

1. (1) $\Delta y=dy=0.06$；　(2) $\Delta y=-0.2975$；　$dy=-0.3$

2. (1) $dy\Big|_{x=0}=dx,\ dy\Big|_{x=1}=\dfrac{1}{4}dx$；　(2) $dy\Big|_{x=0}=dx,\ dy\Big|_{x=\frac{\pi}{4}}=e^{\frac{\sqrt{2}}{2}}\dfrac{\sqrt{2}}{2}dx$

3. (1) $dy=(4x^3+5)dx$；　(2) $dy=(-\dfrac{1}{x^2}+\dfrac{1}{\sqrt{x}})dx$；　(3) $dy=3\cos 3x\,e^{\sin 3x}dx$；

4. (1) $dy=2(e^{2x}-e^{-2x})dx$；　(2) $dy=\dfrac{1}{(1+x^2)^{\frac{3}{2}}}dx$；　(3) $dy=\dfrac{\sin x-1}{(x+\cos x)^2}dx$

5. (1) 10.0333　(2) 1.01667

6. (1) 如果 R 不变，α 减少 $30'$，面积大约改变了 $\Delta S_1\approx 43.63$；

   (2) 如果 α 不变，R 增加 $1\,cm$，面积大约改变了 $\Delta S_2\approx 104.72$。

7. $dy=-\dfrac{y}{x+e^y}dx$。

复习题 2

一、1. A　2. A　3. D　4. C　5. D

二、1. $\ln 2$；　2. $x+y=0$；　3. 4；　4. $x-y-1=0$；　5. $x+2y-3=0$；

　6. $-\dfrac{8}{9}$；　7. $2e^x\sin x$；　8. $e^x\cot(e^x)$；　9. $x-2y+3=0$；　10. $-\sqrt{2}$。

三、1. $\dfrac{1}{\sqrt{2}}$；　2. 2；　3. e^2；　4. 2；　5. $\dfrac{1+e^{-t}}{2e^{2t}}$；

　6. $-2\cos 2x+\dfrac{1-x^2}{(1+x^2)^2}$；　7. $\dfrac{2}{3}$；　8. $-\dfrac{1}{x^2}\sin\dfrac{2}{x}-2^x\ln 2$；　9. 1；

　10. $\dfrac{x\ln x}{\sqrt{(x^2-1)^3}}$；　11. $\dfrac{x+y}{x-y}$；　12. $x+y-1=0$。

第 3 章

习题 3.1

1. (1) $\xi=0.25$；　(2) $\xi=0$。

2. (1) $\xi = 1$；　(2) $\xi = e - 1$；　(3) $\xi = \dfrac{5 - 2\sqrt{7}}{3}$。

3. 证明略。

4. $(2,4)$。　5. 证明略。

习题 3.2

1. (1) 2；　(2) 1；　(3) 2；　(4) $-\dfrac{1}{2}$；　(5) 0；　(6) 0；　(7) $-\dfrac{3}{5}$。

2. (1) $-\dfrac{\sqrt{2}}{4}$；　(2) $\dfrac{1}{2}$；　(3) $\dfrac{1}{2}$；　(4) 0；　(5) $\dfrac{1}{2}$；　(6) 1。

3. (1) $\dfrac{1}{2}$，不可；　(2) 0，不可。

习题 3.3

1. (1) $(-\infty,+\infty)$ 单调增加；(2) $(0,2)$ 单调减少，$(2,+\infty)$ 单调增加；

(3) $(0,+\infty)$ 单调减少；(4) $(0,1)$ 单调增加。

2. (1) $[-1,3]$ 单调减少；$(-\infty,-1]$，$[3,+\infty)$ 单调增加；

(2) $(-\infty,-2)$，$(-1,1)$ 单调减少，$(-2,-1)$，$(1,+\infty)$ 单调增加；

(3) $(0,+\infty)$ 单调增加，$(-1,0)$ 单调减少；

(4) $(-\infty,-2)$，$(0,+\infty)$ 单调增加，$(-2,-1)$，$(-1,0)$ 单调减少；

(5) $(-\infty,-1)$，$(0,1)$ 单调减少，$(-1,0)$，$(1,+\infty)$ 单调增加；

(6) $(0,+\infty)$ 单调增加，$(-\infty,0)$ 单调减少；

(7) $(-\infty,-1)$ 单调减少；$(-1,+\infty)$ 单调增加；

(8) $(0,\dfrac{1}{2})$ 单调减少，$(\dfrac{1}{2},+\infty)$ 单调增加。

3. 证明略。　4. 证明略。

习题 3.4

1. (1) 极大值 $y(0) = 0$，极小值 $y(1) = -1$；　(2) 极小值 $y(-1) = -5$；

(3) 极小值 $y(e^{-\frac{1}{2}}) = -\dfrac{1}{2e}$；　(4) 极大值 $y(2) = 4e^{-2}$，极小值 $y(0) = 0$。

2. (1) 极小值 $y(2) = -5$；　(2) 极小值 $y(0) = 0$；　(3) 无极值；

(4) 极大值 $y(1) = 1$，极小值 $y(-1) = -1$；

(5) 极大值 $y\left(\dfrac{12}{5}\right) = \dfrac{1}{24}$；　(6) 极大值 $y(2) = 3$。

3. (1) 极大值 $y(-1) = 0$，极小值 $y(3) = -32$；

(2) 极大值 $y\left(\dfrac{7}{3}\right) = \dfrac{4}{27}$，极小值 $y(3) = 0$；

(3) 极小值 $y(-\dfrac{1}{2}\ln 2) = 2\sqrt{2}$；

(4) 极大值 $y(1) = y(-1) = 1$，极小值 $y(0) = 0$。

4. $a=2$；当 $x=\dfrac{\pi}{3}$ 时，函数取得极大值 $f(\dfrac{\pi}{3})=\sqrt{3}$。

习题 3.5

1. (1) 最小值 $y\big|_{x=0}=0$，最大值 $y\big|_{x=4}=8$；

  (2) 最小值 $y\big|_{x=2}=2$，最大值 $y\big|_{x=10}=66$；

  (3) 最大值 $y\big|_{x=0.01}=1\,000.001$，最小值 $y\big|_{x=1}=2$；

  (4) 最小值 $y\big|_{x=0}-1$，最大值 $y\big|_{x=4}\dfrac{3}{5}$。

2. 当小正方形的边长为 $\dfrac{1}{3}(10-2\sqrt{7})$ 时，盒子的容积最大。

3. 取 $\dfrac{24\pi}{4+\pi}$ cm 的一段作圆，$\dfrac{96}{4+\pi}$ cm 的一段作正方形。

4. 底半径为 $\sqrt[3]{\dfrac{150}{\pi}}$ m，高为底半径的两倍。

5. $x=0$。

习题 3.6

1. (1) $x=b,y=c$；　(2) $x=0,y=-3$；　(3) $x=2,y=0$；　(4) $y=1$。
2. (1) 拐点 $\left(\dfrac{5}{3},-\dfrac{250}{27}\right)$，$\left(-\infty,\dfrac{5}{3}\right)$ 下凹，$\left(\dfrac{5}{3},+\infty\right)$ 上凹；

  (2) 拐点 $(0,0)$，$(-\infty,0)$ 下凹，$(0,+\infty)$ 上凹；

  (3) 拐点 $\left(\dfrac{2}{3},\dfrac{16}{27}\right)$，$\left(-\infty,\dfrac{2}{3}\right)$ 上凹，$\left(\dfrac{2}{3},+\infty\right)$ 下凹；

  (4) 拐点 $(1,\ln 2)$，$(-1,\ln 2)$。区间 $(-1,1)$ 上凹，$(-\infty,-1)$，$(1,+\infty)$ 下凹。
3. (1) 拐点 $(2,2e^{-2})$，$(-\infty,2)$ 凸的，$(2,+\infty)$ 凹的；

  (2) 拐点 $(2,0)$，$(-\infty,2)$ 凸的，$(2,+\infty)$ 凹的。
4. 略。　5. $a=3,b=-9,c=8$。

复习题 3

一、1. A

二、1. $y=0$；　2. $\dfrac{1}{2}$；　3. $y=1$；　4. $-\dfrac{3}{2},\dfrac{9}{2}$。

三、1. -1；　2. $-\dfrac{1}{8}$；　3. $a=-\dfrac{2}{e},b=3$；　4. 2；

  5. 最大值为 2；最小值为 0。　6. 0。　7. 1。

四、1. 凸函数；

  2. 单调递增区间为 $(-1,1)$；单调递减区间为 $(-\infty,-1)$、$(1,+\infty)$；极大值为 $e^{-\frac{1}{2}}$；

  极小值为 $-e^{-\frac{1}{2}}$。

第 4 章

习题 4.1

1. (1) $\frac{1}{3}x^3-\frac{3}{2}x^2+2x+C$;　(2) $12\arctan x+C$;

　　(3) $\arctan x+\arcsin x+C$;　(4) $2x-\dfrac{5\left(\dfrac{2}{3}\right)^x}{\ln 2-\ln 3}+C$。

2. $y=\frac{1}{3}x^3+1$。

3. (1) $-\frac{2}{3}x^{-\frac{3}{2}}+C$;　(2) $-\frac{4}{x}+\frac{4}{3}x+\frac{1}{27}x^3+C$;　(3) $e^{x+1}+C$;

　　(4) $\sin x+\cos x+C$;　(5) $-\cot x-x+C$;　(6) $x-\arctan x+C$。

　　(7) $\frac{1}{4}x^4+\frac{1}{\ln 3}3^x+C$　(8) $\frac{1}{2}x^2-x+2\sqrt{x}-\ln|x|+C$;

　　(9) $x-e^x+C$;　(10) $-\frac{1}{x}-\arctan x+C$;　(11) $\sin x+\cos x+C$;

　　(12) $\frac{1}{2}x-\frac{1}{2}\sin x+C$。

4. (1) $\sec x+C$;　(2) $\tan x+\sec x+C$;

　　(3) $2\arctan x+\ln|x|+C$;　(4) $\frac{1}{2}\tan x+C$。

5. $f(x)=x^3-6x^2-15x+2$。

习题 4.2

1. (1) $-\frac{1}{7}$;　(2) $\frac{1}{9}$;　(3) -2;　(4) $-\frac{3}{2}$;　(5) $-\frac{1}{5}$;　(6) $\frac{1}{3}$;

　　(7) -1;　(8) -1。

2. (1) $-\frac{1}{2}\ln|1-2x|+C$;　(2) $-\frac{1}{18}(1-3x)^6+C$;　(3) $\arcsin\frac{x}{\sqrt{2}}+C$;

　　(4) $-\frac{1}{2}\ln(1-x^2)+C$;　(5) $e^{e^x}+C$;　(6) $\frac{1}{\cos x}+C$。

3. (1) $-\frac{1}{2}(2-3x)^{\frac{2}{3}}+C$;　(2) $-\frac{1}{3}e^{1-3x}+C$;

　　(3) $-\frac{1}{3}\cot 3x+C$;　(4) $-\frac{1}{2}\ln[\cos(2x-5)]+C$;

　　(5) $\arcsin(\ln x)+C$;　(6) $\arctan e^x+C$;　(7) $\frac{1}{6}\tan^6 x+C$;

　　(8) $\frac{1}{2}\arctan(\sin^2 x)+C$;　(9) $\cos\frac{1}{x}+C$;　(10) $\cos x+\sec x+C$。

4. (1) $\sqrt{x^2-9}-3\arccos\dfrac{3}{x}+C$;　　(2) $\dfrac{1}{4}x\sqrt{4-x^2}\,(x^2-2)+2\arcsin\dfrac{x}{2}+C$;

(3) $\arccos\dfrac{1}{x}+C$;　　(4) $\dfrac{x}{\sqrt{1+x^2}}+C$;　　(5) $-\dfrac{\sqrt{a^2-x^2}}{x}+\arcsin\dfrac{x}{a}+C$;

(6) $2\arctan[\sqrt{e^x-1}]+C$。

5. (1) $-6\ln[1+x^{\frac{1}{6}}]+\ln x+C$;　　(2) $\sqrt{3+2x}-2\ln[2+\sqrt{3+2x}]+C$;

(3) $\arcsin x-\sqrt{1-x^2}+C$;　　(4) $\arcsin(2x-1)+C$。

6. (1) $\tan\dfrac{x}{2}+C$;　　(2) $\dfrac{2}{(1+\sqrt[4]{x})^2}-\dfrac{4}{1+\sqrt[4]{x}}+C$。

7. $f(x)=x+e^x+C$

习题 4.3

1. (1) $\dfrac{1}{2}xe^{2x}-\dfrac{1}{4}e^{2x}+C$;　　(2) $\dfrac{x^3}{3}\ln x-\dfrac{x^3}{9}+C$;

(3) $\dfrac{x}{2}\sin 2x-\dfrac{1}{4}\cos 2x+C$;　　(4) $(x^2-1)\sin x+2x\cos x-2\sin x+C$。

2. (1) $-\dfrac{1}{4}x\cos 2x+\dfrac{1}{8}\sin 2x+C$;　　(2) $x\ln^2 x-2x\ln x+2x+C$;

(3) $-e^{-x}(x^2+2x+2)+C$;　　(4) $-\dfrac{1}{x}(1+\ln x)+C$。

3. (1) $(\sqrt{2x-1}-1)e^{\sqrt{2x-1}}+C$;　　(2) $\dfrac{1}{2}e^{-x}(\sin x-\cos x)+C$。

4. $\dfrac{1-2\ln x}{x}+C$。

习题 4.4

1. (1) $\ln\left|\dfrac{x+1}{x+2}\right|+C$;　　(2) $-5\ln|x-2|+6\ln|x-3|+C$;

(3) $2\ln(x^2-2x+5)+\arctan\dfrac{(x-1)}{2}+C$;

(4) $\dfrac{x^2}{2}+x+6\ln|x-3|-5\ln|x-2|+C$。

2. (1) $\tan x-x+\sec x+C$;　　(2) $\dfrac{1}{\sqrt{5}}\arctan\dfrac{3\tan\dfrac{x}{2}+1}{\sqrt{5}}+C$;

(3) $\dfrac{2}{5}\ln|\cos x+2\sin x|+\dfrac{1}{5}x+C$;　　(4) $\tan\dfrac{x}{2}+C$。

3. (1) $-\dfrac{1}{2(x^2-2x+5)}+C$;　　(2) $\ln|x|-\dfrac{2}{x-1}+C$。

复习题 4

一、1. D　2. D　3. D　4. B　5. A

二、1. $(1-x)e^{-x}$；2. $\dfrac{1}{6}[f(x^3)]^2+C$。

三、1. $\dfrac{\sqrt{x^2-1}}{x}+C$；2. $-\dfrac{1}{\sin x}-\cot x-x+C$；

3. $x\arctan\sqrt{x}-\sqrt{x}+\arctan\sqrt{x}+C$；

4. $-\ln(1+\cos x)+x-\sin x+C$；5. $\dfrac{2^x}{\ln 2}+\dfrac{1}{6(3x+2)^2}+\arcsin\dfrac{x}{2}+C$；

6. $\arcsin(2x-1)+C$；7. $\dfrac{3}{2}x^{\frac{2}{3}}-\ln|x|+\dfrac{3^x}{\ln 3}-\cot x+C$；8. $\dfrac{1}{\cos x}+C$。

第 5 章

习题 5.1

1. $\displaystyle\int_{-1}^{2}(x^2+1)dx$。

2. (1) $\dfrac{26}{3}$；　(2) $-\dfrac{10}{3}$。

3. 略。

4. (1) $1\leqslant\displaystyle\int_{0}^{1}e^x dx\leqslant e$；　(2) $6\leqslant\displaystyle\int_{1}^{4}(x^2+1)dx\leqslant 51$。

5. (1) $\displaystyle\int_{0}^{1}x^2 dx\geqslant\int_{0}^{1}x^3 dx$；　(2) $\displaystyle\int_{1}^{2}\ln x dx\geqslant\int_{1}^{2}(\ln x)^2 dx$；

(3) $\displaystyle\int_{0}^{1}e^x dx\geqslant\int_{0}^{1}(1+x)dx$；　(4) $\displaystyle\int_{0}^{\frac{\pi}{2}}x dx\geqslant\int_{0}^{\frac{\pi}{2}}\sin x dx$。

6. $\displaystyle\int_{0}^{1}x^2 dx=\dfrac{1}{3}$。

习题 5.2

1. (1) $-e^{2x}\sin x$；　(2) $xe^{\sqrt{x}}$；　(3) $2xe^{-x^4}-e^{-x^2}$；　(4) $\cos^3 x+\sin^3 x$。

2. (1) 20；　(2) $a^3-\dfrac{a^2}{2}+a$；　(3) $\dfrac{21}{8}$；　(4) $\dfrac{271}{6}$。

3. (1) $\dfrac{40}{3}$；　(2) $1-\dfrac{\pi}{4}$；　(3) -1；　(4) $\dfrac{\pi}{2}$；　(5) $\sqrt{3}-1-\dfrac{\pi}{12}$。

4. (1) 0；　(2) 1；　(3) $\dfrac{1}{2}$。

5. 极小值为 0。

6. $\dfrac{5}{6}$。　7. $f(x)=\dfrac{x}{2}$。　8. $f(x)=x-1$。

习题 5.3

1. (1) $\arctan 2-\dfrac{\pi}{4}$；　(2) $\dfrac{3}{2}$；　(3) $1-e^{-\frac{1}{2}}$；

(4) $\dfrac{5}{3}$； (5) $\dfrac{3}{2}[-2\sqrt[3]{3}+\sqrt[3]{3^2}+2\ln(1+\sqrt[3]{3})]$； (6) 0；

(7) 0； (8) $\dfrac{2}{3}$。

2. (1) $\dfrac{1}{2}\ln\dfrac{3}{2}$； (2) π； (3) $\dfrac{\sqrt{2}}{2}$；

  (4) $\dfrac{\pi^2}{32}$； (5) $2(\sqrt{2}-1)$； (6) $\arctan e-\dfrac{\pi}{4}$。

3. (1) 1； (2) $\dfrac{\pi}{8}$； (3) $\dfrac{1}{2}(1+e^{\frac{\pi}{2}})$； (4) $\dfrac{\pi^2}{72}+\dfrac{\sqrt{3}}{6}\pi-1$；

  (5) $-\dfrac{\sqrt{3}}{2}+\ln(2+\sqrt{3})$； (6) 1；

  (7) $\left(\dfrac{1}{2}-\dfrac{1}{2e^2}\right)\ln3$； (8) $1-e^{-\pi}-\pi$。

4. 8。 5. 证明略。

习题 5.4

1. (1) $\dfrac{1}{3}$；(2) 发散。(3) 发散；(4) π；(5) 发散；(6) 1。

2. 3。

习题 5.5

1. (1) $\dfrac{4}{3}$； (2) $\dfrac{3}{2}-\ln2$； (3) $\dfrac{1}{2}$。

2. (1) $V_x=\dfrac{32\pi}{3}$； (2) $V_x=\dfrac{8\pi}{5}, V_y=2\pi$。

3. (1) $\dfrac{9}{2}$； (2) $2\pi+\dfrac{4}{3}, 6\pi-\dfrac{4}{3}$； (3) $\dfrac{3}{2}-\ln2$； (4) $\dfrac{\pi}{4}+\dfrac{1}{2}$； (5) $\dfrac{e}{2}-1$。

4. $\dfrac{1\,000\sqrt{3}}{3}$。

5. $\dfrac{32}{105}\pi a^3$。

6. $\dfrac{128}{7}\pi, \dfrac{64}{5}\pi$。

7. 24.9 吨。

8. $C(q)=0.2q^2+2q+20$；$L(q)=-0.2q^2+16q-20$；$q=40$ 时利润最大。

9. $\dfrac{9}{4}$。

10. $2a\pi^2R^2$。

复习题 5

一、1. D 2. D 3. C 4. B 5. C

二、1. -2；　2. $\dfrac{\pi}{2}$；　3. 2；　4. 4；　5. $\dfrac{1}{2}\pi(\mathrm{e}^2-1)$；　6. $\ln\dfrac{3}{4}$；　7. $\dfrac{1}{2}$。

三、1. $3-\dfrac{\pi}{4}$；　2. $2-2(\arctan 3-\arctan 2)$；　3. $\dfrac{1}{3}$；　4. $\ln 2$；　5. $\ln 2-2+\dfrac{\pi}{2}$；

　　6. $\dfrac{4}{3}$；　7. $\dfrac{64}{5}\pi$；　8. $\ln(\sqrt{2}+1)-\sqrt{2}+1$；　9. 0；　10. $\dfrac{\pi}{6}$；　11. $\dfrac{\sqrt{3}}{4}\pi$；

　　12. $\dfrac{1}{108}$；　13. 4；　14. 2；　15. $8\ln 2-4$；　16. $\dfrac{4}{3}$。

四、1. (1) $y=\mathrm{e}^x$；　(2) $\dfrac{\mathrm{e}}{2}-1$；　(3) $\dfrac{\pi}{6}\mathrm{e}^2-\dfrac{\pi}{2}$。

　　2. 单调递增区间为：$(-\infty,0),(1,+\infty)$；单调递减区间为：$(0,1)$；

　　　极大值为 0；极小值为 $-\dfrac{1}{6}$。

　　3. (1) $f(x)=\left(1+\dfrac{2}{x}\right)^x\left[\ln\left(1+\dfrac{2}{x}\right)-\dfrac{2}{x+2}\right]$；　(2) $\dfrac{1}{2}\mathrm{e}^2-2$。

　　4. (1) $\mathrm{e}-\dfrac{3}{2}$；　(2) $\left(\dfrac{1}{2}\mathrm{e}^2-\dfrac{5}{6}\right)\pi$。

　　5. 有且仅有一实根。

　　6. 3。

第6章

习题 6.1

1. (1) $(2,-1,-3);(-2,-1,3);(2,1,3)$。

　　(2) $(-2,1,-3)$。

　　(3) $(2,1,-3);(-2,-1,-3);(-2,1,3)$。

2. $3\sqrt{14}$。

习题 6.2

1. (1) $f\left(\dfrac{1}{x},\dfrac{2}{y}\right)=\dfrac{1}{x^3}-\dfrac{4}{xy}+\dfrac{12}{y^2}$；　(2) $f\left(\dfrac{x}{y},\sqrt{xy}\right)=\left(\dfrac{x}{y}\right)^3-2\,\dfrac{x\sqrt{xy}}{y}+3xy$。

2. (1) $\{(x,y)\mid y-x>0,x\geqslant 0,x^2+y^2<1\}$；

　　(2) $\{(x,y)\mid x\geqslant 0,y\geqslant 0,x^2\geqslant y\}$；

　　(3) $\{(x,y)\mid x^2+y^2\geqslant 1\}$；

　　(4) $\{(x,y)\mid x+y>0,x-y>0\}$。

习题 6.3

1. (1) $\dfrac{\partial z}{\partial x}=\mathrm{e}^{x+y}[\cos(x-y)-\sin(x-y)],\dfrac{\partial z}{\partial y}=\mathrm{e}^{x+y}[\sin(x-y)+\cos(x-y)]$；

(2) $\dfrac{\partial z}{\partial x}=y^2(1+xy)^{y-1},\dfrac{\partial z}{\partial y}=(1+xy)^y\Big[\ln(1+xy)+\dfrac{xy}{1+xy}\Big]$;

(3) $\dfrac{\partial z}{\partial x}=\dfrac{2}{y}\csc\dfrac{2x}{y},\dfrac{\partial z}{\partial y}=-\dfrac{2x}{y^2}\csc\dfrac{2x}{y}$;

(4) $\dfrac{\partial z}{\partial x}=y\tan(xy)\sec(xy),\dfrac{\partial z}{\partial y}=x\tan(xy)\sec(xy)$。

2. $f'_x(2,1)=\dfrac{2}{5},f'_y(1,y)=\dfrac{2}{2+y}$。　3. 证明略。

4. (1) $\dfrac{\partial^2 z}{\partial x^2}=\dfrac{2xy}{(x^2+y^2)^2},\dfrac{\partial^2 z}{\partial y^2}=-\dfrac{2xy}{(x^2+y^2)^2},\dfrac{\partial^2}{\partial x\partial y}=\dfrac{y^2-x^2}{(x^2+y^2)^2}$;

(2) $\dfrac{\partial^2 z}{\partial x^2}=\dfrac{\partial^2 z}{\partial y^2}=\dfrac{e^{x+y}}{e^x+e^y},\dfrac{\partial^2 z}{\partial x\partial y}e=-\dfrac{e^{x+y}}{e^x+e^y}$。

5. 证明略。

习题 6.4

1. $\Delta z=0.040\,792,dz=0.04$。

2. (1) $e^{3xy+y^2}[3ydx+(3x+2y)dy]$;

(2) $-\dfrac{1}{x}e^{\frac{x}{x}}(\dfrac{y}{x}dx-dy)$;

(3) $\dfrac{1}{\sqrt{1-(xy)^2}}(ydx+xdy)$;

(4) $[\cos(x-y)-x\sin(x-y)]dx+x\sin(x-y)dy$。

3. $0.25e$。　4. 2.95。　5. $\dfrac{2xy}{x^2+y^2}dx-\dfrac{x^2}{x^2+y^2}dy$。

6. $(2x\arctan\dfrac{y}{x}-y)dx+(x-2y\arctan\dfrac{x}{y})dy$。

习题 6.5

1. (1) $\iint\limits_D\ln(x+y)dxdy\geqslant\iint\limits_D[\ln(x+y)]^2dxdy$;

(2) $\iint\limits_D[\ln(x+y)]^2dxdy\geqslant\iint\limits_D\ln(x+y)dxdy$。

2. (1) $0\leqslant I\leqslant2$;　(2) $0\leqslant I\leqslant\pi^2$。

复习题 6

一、1. A　2. D　3. D　4. A　5. A

二、1. 0;　2. $\dfrac{1}{3}$;　3. $2y$;　4. 0。

三、1. $\dfrac{\partial z}{\partial x}=6y(3x+y)^{2y-1},\dfrac{\partial z}{\partial y}=(3x+y)^{2y}\Big[2\ln(3x+y)+\dfrac{2y}{3x+y}\Big]$;

2. $\dfrac{\partial z}{\partial x}=-\dfrac{yx^{y-1}+z}{3z^2+x},\dfrac{\partial z}{\partial y}=-\dfrac{x^y\ln x}{3z^2+x}$。

第 7 章

习题 7.1

1. 证明略。

2. 三阶,常微分方程;一阶,常微分方程。

3. 通解为 $y = 2x^2 + C$,特解为 $y = 2x^2 + 2$。

4. $\alpha = 1$ 或 $\alpha = -4$。

5. (1) 证明略;(2) 特解为 $y = \dfrac{x^4}{12} - \dfrac{x^2}{x} + x + 2$;(3) 特解为 $y = \dfrac{x^4}{12} - \dfrac{x^2}{x} - x + \dfrac{47}{12}$。

6. $\begin{cases} \dfrac{\mathrm{d}x}{\mathrm{d}t} + \dfrac{4}{10-t}x = 3 \\ x(t)\big|_{t=0} = 2 \end{cases}$。

习题 7.2

1. $y = \sqrt[3]{x^3 + C}$。

2. $y = -\dfrac{1}{x^2 + C}$。

3. $y = \ln(e^x + C)$。

4. $y = \tan(-\arctan x + C)$。

5. $y = \ln\left(\dfrac{e^c}{e^x + 1} + 1\right)$。

习题 7.3

1. $x^2 = cy + y^2$。

2. $y = \begin{cases} x[\ln(-x) + C]^2 & (\ln(-x) + C > 0) \\ 0 & (\ln(-x) + C \leqslant 0) \end{cases}$。

3. $\cos\dfrac{y}{x} = \dfrac{c}{x}$。

4. $\sin\dfrac{y}{x} = \ln cx$。

5. $x + \sqrt{x^2 + y^2} = c$ 或 $x + \sqrt{x^2 + y^2} = cy^2$。

习题 7.4

1. $y = ce^{\frac{x}{2}} + e^x$。

2. $y = \dfrac{1}{x}(\int \sin x \, \mathrm{d}x + C) = \dfrac{1}{x}(-\cos x + C)$。

3. $y = \dfrac{x}{\cos x}$。

4. $y = \ln x - 1 + \dfrac{C}{x}$。

5. $x = \dfrac{1}{2}y^2(y + 1)$。

参 考 文 献

［1］ 同济大学数学教研室.高等数学.5 版.北京:高等教育出版社,2004.

［2］ 那顺布和,林娇燕.应用高等数学.长沙:湖南师范大学出版社,2011.

［3］ 皮利利.经济应用数学.2 版.北京:机械工业出版社,2010.

［4］ 方晓华.高等数学.2 版.北京:机械工业出版社,2004.

［5］ 顾静相.高等数学基础.2 版.北京:高等教育出版社,2004.

［6］ 武锡环,郭宗明.数学史与数学教育.成都:电子科技大学出版社,2003.

［7］ 于亮,钟谦.数学发现旅程.呼和浩特:远方出版社,2006.

［8］ 张奠宙.20 世纪数学经纬.上海:华东师范大学出版社,2002.

［9］ ［英］斯科特,著.数学史.侯德闰,张兰,译.桂林:广西师范大学出版社,2002.

［10］ 陈笑缘,刘萍.经济数学.北京:北京交通大学出版社,2006.

［11］ 《高等数学》编写组.高等数学.2 版.苏州:苏州大学出版社,2003.